新 视 界

始 于 未 知　去 往 浩 瀚

杠精的诡计

赵传栋———著

上海远东出版社

图书在版编目(CIP)数据

杠精的诡计 / 赵传栋著. —上海：上海远东出版社，2023
（语言与逻辑丛书）
ISBN 978 - 7 - 5476 - 1901 - 8

Ⅰ.①杠… Ⅱ.①赵… Ⅲ.①诡辩-研究 Ⅳ.①B812.5

中国国家版本馆 CIP 数据核字(2023)第 049341 号

责任编辑　陈占宏
封面设计　徐羽心

语言与逻辑丛书

杠精的诡计

赵传栋　著

出　　版　**上海远东出版社**
　　　　　（201101　上海市闵行区号景路 159 弄 C 座）
发　　行　上海人民出版社发行中心
印　　刷　上海信老印刷厂
开　　本　890×1240　　　1/32
印　　张　14.375
插　　页　1
字　　数　320,000
版　　次　2023 年 7 月第 1 版
印　　次　2023 年 7 月第 1 次印刷
ISBN　978 - 7 - 5476 - 1901 - 8/B・30
定　　价　68.00 元

前　言

杠精，一类诡异的社会存在。

"杠精"是当今一个网络流行词。杠，即抬杠；精，即精灵。杠精，指"抬杠成精"的人。这种人总是唱反调，往往不问真相，不求是非，为反对而反对，为争论而争论，以歪理去颠覆常理。不管再千真万确的言论，都可被杠精们无情地批判、彻底地推翻。举例来说，假如你说一句：

"如果一个人被砍头，那么他就会死亡。"

这话再明确不过为真，可是杠精们却可以反驳得振振有词：

"如果一个人被砍头，那么他就会死亡。可是，俄罗斯大文豪高尔基没有被砍头，他还活着吗？托尔斯泰也没有被砍头，他还活着吗？契诃夫没有被砍头，他还活着吗？普希金没有被砍头，他还活着吗？……他们都没有被砍头，可有谁还活着呢?!"

他们也会这样反驳得气壮如牛：

"如果一个人被砍头，那么他就会死亡。可是，俄罗斯大文豪高尔基死了，他被砍头了吗？托尔斯泰死了，他被砍头了吗？契诃夫死了，他被砍头了吗？普希金死了，他被砍头了吗？……他们都死了，可有谁被砍头了呢?!"

这就是杠精。

面对杠精这种形式咄咄逼人的发问，有的逻辑学者都被怼翻，更何况普通老百姓呢？

"杠精"虽是近年才有的网络词语，但抬杠却是自古就有的一种文化现象。古代没有"杠精"一词，古代将"杠精术"称为"诡辩术"。

什么是诡辩？德国哲学家黑格尔给"诡辩"一词下的定义是：诡辩这个词通常意味着以任意的方式，凭借虚假的根据，或者将一个真的道理否定了，弄得动摇了；或者将一个虚假的道理弄得非常动听，好像真的一样。

诡辩，就是一些人为谬误所作的似是而非的论证。

虽然，杠精术与诡辩术有若干细微的差别，但它们的本质都是维护谬误、攻击常理。因而，两者是相通的。就诡辩与杠精都是"将一个真的道理否定了，弄得动摇了；或者将一个虚假的道理弄得非常动听，好像真的一样"来说，它们有着共同的本质属性。

杠精术与诡辩术有着不解之缘，杠精与诡辩是语言肌体生长的一个赘瘤，是论辩之树结出的一个毒果。凡是有杠精与诡辩肆虐的地方，是非颠倒，黑白混淆，谬误变成了真理，真理却变成了谬误；本来理直气壮的一方落得缄口无言，暗自憋气，而歪词邪语的一方却振振有词、趾高气扬！一般人明明知道杠精与诡辩错了，却又说不出他们错在什么地方；一般人想澄清是非，却又不知该如何反驳……对于杠精与诡辩，一般人只能张口结舌，心中不服，生闷气。正如《庄子·天下》中所说：

"桓团、公孙龙辩者之徒，饰人之心，易人之意，能胜人之口，不能服人之心。"

桓团、公孙龙这些诡辩家们，可以迷惑人心，改变人意，能在口头上把人驳倒，却不能服人之心。

我们要有效地制服杠精与诡辩，在论辩中永远立于不败之地，就必须具备对杠精与诡辩的敏锐的识别与分析能力，就有必要研究他们的手法和特征。

本书广泛汇集五百余则古今中外奇异怪诞的杠精故事，深刻剖析了两百三十余种诡谲狡诈的杠精魔法。本书以当代逻辑学、语言学、谋略学为依据，对古今中外千奇百怪的诡辩伎俩进行了鞭辟入里的精细剖析。每一则都介绍一种独立的、扑朔迷离、令人头晕目眩的诡辩伎俩，有利于碎片化阅读；汇集起来又是一个完美、崭新的知识体系，在轻松愉悦中引领您进入现代逻辑学恢宏壮丽的宫殿，直接跨入当代逻辑科学的最前沿。

我们对古今诡辩术加以研究，有助于认识当代杠精术；我们研究当代的杠精术，又有助于对诡辩术加深了解。在您茶余饭后的消遣"悦"读中，本书一定能给您一双洞察杠精的火眼金睛，剥开他们的巧妙伪装，撕下他们的迷人面纱！

赵传栋

2023 年 3 月

目　录

第二节　谓词逻辑的障眼法　166

第三章　杠精的语言魔术

第一节　诡辩的语义幻术

第一章

对思维规律的蔑视

思维规律是客观世界的规律在人们意识中的反映，是思维对事物发展过程中的本质联系和发展的必然趋势的再现。思维的基本规律有同一律、矛盾律、排中律、充足理由律。在人类的整个思维过程中，任何人都必须遵守思维的基本规律，如果违背了，就可能导致谬误，甚至诡辩。而诡辩的一大特征，就是一些人故意违反思维规律，以达到他们为谬误进行狡辩的目的。

第一节　对同一律的亵渎

同一律是人类思维的一条最基本的规律。同一律,是指在一个思维过程中,我们的思想必须具有确定性和首尾一贯性,不能随便改变它的含义。同样,在某一论辩过程中,我们的思想也必须具有确定性,不能随便加以改变。而诡辩的一大特点就是无视思维的确定性。

1　偷换概念

炒面我没吃给什么钱呢?

偷换概念式诡辩,就是偷换论辩中概念含义的诡辩伎俩。

在宋小宝的小品《海参炒面》中,宋小宝先点了一份海参炒面,觉得被忽悠了,然后换了一份汤面。他吃完汤面准备走人时,发生了怪异的一幕。

服务员:"哥,你还没给钱哪!"

宋小宝："什么钱?"

服务员："汤面钱啊!"

宋小宝："汤面拿炒面换的给什么钱?"

服务员："那炒面你也没给钱哪!"

宋小宝："炒面我没吃给什么钱呢?"

小品中的宋小宝违犯了同一律,是在玩弄偷换概念式诡辩术。宋小宝用没有付钱的炒面换没有付钱的汤面,还是等于没有付汤面的钱,可是宋小宝故意偷换没有付钱的汤面和付了钱的汤面之间的含义,来胡搅蛮缠。

偷换概念式诡辩术是一种极为拙劣的诡辩伎俩,在论辩中我们千万不可掉以轻心。如果我们对此缺乏理性的剖析能力,有时反而会形成窘境的转换,理直气壮的一方反而暗自憋气,胡言乱语的一方却趾高气扬。又如:

有个人到一家新开张的布店里要买两匹布,挑好之后问多少钱。

店主说:"开张大喜,今天只收半价。"

于是这个人还给店主一匹布,拿起另外一匹布便走。

店主急忙说:"先生还没付钱呢?"

这个人却说:"不是已经给你了吗?"

店主莫名其妙地说:"没有啊!"

此人大怒:"真是个奸商,我买你两匹布,你说只收半价。我已经把一匹布折合一半的价钱给你了,你怎么还要钱?"

这个买布人在"两匹布的半价等于一匹布"的诡辩中,故意混淆了"布匹"和"布价"这两个不同的概念,一匹布是两匹布的一半,但却不是两匹布的布价的一半。

偷换概念式诡辩术的破斥:精确辨析诡辩者前后使用的有关概

念含义的细微差别，以同一律为工具牢牢地钳住它，不允许随意改变。

在柏拉图的对话《欧德谟斯篇》中，描写了古希腊狄翁尼索多鲁斯和克特西普斯之间的一则论辩。

狄翁：你说你有一条狗，是吗？

克特：是的，一条顶凶的狗。

狄翁：它有小狗了吧？

克特：是的，它们都跟它长得很像。

狄翁：那条狗是它们的爸爸？

克特：是的，我明明看见它跟小狗的妈妈在一块。

狄翁：它不是你的吗？

克特：确确实实是我的。

狄翁：如此说来，它又是爸爸，又是你的。故而它是你的爸爸，小狗就是你的兄弟了。

在这段论辩中，狄翁尼索多鲁斯就是在诡辩。其中的"它是爸爸"是指"它是小狗的爸爸"，"它是你的"是指"它是你家的狗"，可是狄翁尼索多鲁斯却偷换了这其中的含义，得出"它是你的爸爸"的荒谬结论，他使用的就是偷换概念式诡辩术。

2 偷换论题
不肖之子的诡辩

诡辩者或者为了掩饰理屈，或是为了回避尖锐的矛盾，或是企图浑水摸鱼，故意偷换辩题的含义，将所要论辩的辩题悄悄地偷换

成另一个辩题,这就是偷换辩题式诡辩。比如:

有一次上历史课,老师讲完了"郑成功收复台湾"这一节,开始提问。老师叫起了一个思想正在开小差的学生,提问道:

"你来说说,郑成功是什么人?"

学生摸了摸头皮答不上来,过了一会儿才吞吞吐吐地说:

"我不晓得郑成功是啥人,可我知道他的母亲。"

全班同学都惊奇地看着他。连老师也奇怪了:"你知道他的母亲?"

"是的,他的母亲叫失败,失败是成功之母嘛!"

这个学生是在诡辩,他因为思想开小差没听讲,回答不出"郑成功是什么人"的问题,便换成了"郑成功的母亲是谁"的问题,并且用一句俗语"失败是成功之母"来应付,这就叫偷换论题式诡辩。又比如:

爸爸:"孩子呀,你咋就考了这点儿分数呢?你看邻居家的小王,人家考了98分!你才考了个89!"

孩子:"爸爸呀,你怎么不跟小王的爸爸比比呢?他爸爸可有钱了!他要啥他爸爸就给他买啥!"

爸爸与儿子在讨论为什么考试成绩不如邻居家小王的问题,儿子说的却是自己爸爸和邻居小王的爸爸谁更有钱的问题,把辩题给偷换掉了。

明人冯梦龙编的《古今谭概》里,不肖子智怼内阁大学士父亲也与此类似:

明代有位姓靳的内阁大学士,他的父亲不太出名,他的儿子很不成材,可他的孙子却考中了进士。这位内阁大学士经常责骂他的儿子,骂他是不肖之子,是不成材的东西。后来,这个不肖子实在忍

受不了责骂,就和内阁大学士怼了起来:

"你的父亲不如我的父亲,你的儿子不如我的儿子,我有什么不成材的呢?"

这位内阁大学士听了后,放声大笑,就不再责备儿子了。

在当时情况下,这个不肖子所要论辩的是自己是否成材的问题,但是却故意将这一辩题偷换成你的儿子和我的儿子相比怎么样,你的父亲和我的父亲相比怎么样,这恰好将原来所要论辩的辩题回避了。

偷换辩题式诡辩术的破斥:在论辩过程中,如果没有一个统一的论题,论辩就无法正常进行。对于旨在通过偷换论题以求阴谋得逞于一时的诡辩者,我们要制服他,就必须揭穿对方偷换论题的企图,并像钳子一样紧紧夹住它!

3 　　　　　　　　**红鲱鱼**
有本事你自己下个好蛋

"红鲱鱼"指的是一种熏制的红棕色的盐渍鲱鱼,又腥又臭,非常刺鼻,但却是欧洲人过去经常吃的美味小菜,类似中国的臭豆腐、广西螺蛳粉。红鲱鱼这种强烈的气味,对狗来说也极具诱惑力,被用作猎犬的训练方法。

在英国,有猎狐的传统,猎狐少不了猎犬。驯犬师将刺鼻的红鲱鱼在林间小路上拖曳,直到小狗学会跟随气味。之后,当猎犬被训练去追随狐狸或獾的微弱气味时,驯犬师会将一条红鲱鱼在有动物踪迹的小路上不时拖曳,以迷惑猎犬。最终,这只猎犬学会跟随猎物的气味而不是更强烈的红鲱鱼气味。

逻辑学者也将人们干扰猎犬的"红鲱鱼"技术用于人们的思维训练中,用红鲱鱼来比喻歪曲论题、逃避话题的谬误,即所谓"红鲱鱼"谬误。而**红鲱鱼诡辩术就是诡辩者将辩题重点作出转移,从而赢得论战的伎俩。**比如:

一位幼儿园的年轻老师在上算术课。她问一个同学:"佳佳,你现在手上有一个苹果,你姐姐又给了你一个苹果。现在你手上一共有几个苹果?"

"可是我现在手上没有苹果呀?"佳佳很奇怪地问道。

"我只是打比方。假如你现在手上有一个苹果——"

"可是我手上真的没有苹果呀!"佳佳很委屈地说。

"你听好了,我现在只是在打比方。"老师有些生气。她又继续说道:"你现在手上有一个苹果,你姐姐又给了你一个苹果……"

"她根本不会给我苹果,她还想问我要苹果呢!"佳佳的语气很肯定地抢着回答。

"好吧。"无可奈何的老师又换了个说法:"你现在手上有一个苹果,你姐姐手上也有一个苹果,现在你俩手上一共有几个苹果?"

"一个。"

"那另一个苹果去哪了?"

"我姐姐给吃掉了。她从来都是这样,上次她刚有一块蛋糕……"

这位年轻的老师没等听完,早已气得说不出话来了。

这个小朋友要回答的是"数学计算结果是多少"的问题,可她却一次又一次把它变换成"自己手上是否真的有苹果"的问题。

有些论点看似相关,实则已经偏离了主题,分散了辩论者的注意力,这些论点就叫"红鲱鱼"。比如:

(1)孙子:"爷爷,为什么那个人打枪的时候睁一只眼闭一只眼哪?"

爷爷:"因为如果他把两只眼睛都闭上了就看不见靶子了。"

这位爷爷的回答实际上已经偏离了论题。又如:

(2)A:你买的鸡蛋不好。

B:有本事你自己下个好的蛋。

在这例中,B将"蛋好不好"的辩题,偷换成了"你能不能下蛋"。

(3)一位老人在餐厅吃饭,他向服务员抱怨道:"你们的烧鸡为什么只有皮和头?"

服务员:"难道要我把鸡毛也端出来吗?"

服务员把"为什么没有鸡肉"的问题偷换成"为什么没有鸡毛"。

(4)甲:"我比你长得高。"

乙:"你再高能有姚明高?"

明明是甲和乙在比较身高,乙却把论题转移到了甲和姚明身上。

(5)病人:"大夫,你说我患癌症,可开刀后什么也没有……"

医生:"没有不是更好吗? 难道你就那么希望非有癌症不可?"

本来医生是要回答"为什么误诊有癌症"的问题,可他却将其偷换成了"没患癌症好不好"的问题,还盛气凌人地倒打一耙。

红鲱鱼式诡辩术的破斥:这种诡辩的本质是违反了同一律,论题没有保持同一,我们要制服他,就必须紧扣论题,不容对方偷换。

4　　　　　　　　　稻 草 人

将对手变成不堪一击的稻草人

　　农夫在田间架起稻草人,是为了抵御麻雀对农作物的侵害。在论辩中,诡辩者也会使用稻草人的方法。**诡辩者为了反驳对方的观点,首先将对方的观点扭曲为对己方更有利或对对方更不利的观点,替换掉对手的原本主张,然后展开凌厉的攻势,并将其击倒,犹如捆绑了一个稻草人,因为稻草人不是真的人,它比真人更容易受到攻击,这就是稻草人式诡辩术。**比如:

　　有一个地方叫赵家庄,赵家庄有个地主叫赵员外。他为人不是很厚道,收租总是喜欢多收。张三是乡民的代表,代表乡亲去和赵员外谈判。张三说:

　　"赵员外,您的租子收得太多了,行行好吧,今年收成都不好,能不能少收点? 大家都是乡里乡亲的,心别太黑。"

　　赵员外说:"可别忘了,去年乡里的桥坏了,还是我出钱修的呢,我心怎么就黑了呢? 你可不能这样抹黑我修桥的善举。"

　　当时要讨论的是收租太多的论题,然而赵员外硬是说张三批评自己修桥的善举,这就等于立了一个"稻草人":"快来看啊,张三竟然连修桥这事都要怼!"这也就转移了人们的注意力,使得大家忘记了他今年多收租这一事实,这就是典型的稻草人式诡辩。

　　设置"稻草人"的一种常见形式,是使用臭名昭著的公式:

　　　"那么,你就是说……?"

将对方的论点转换为一个明显荒谬的怪论,然后再对这个错误的论点加以反驳,这叫"打倒稻草人",从而造成一种完全击败对手的错觉。比如:

A:我认为孩童不应该往大街上乱跑。

B:那么,你就是说,要把小孩关起来,不让他们呼吸新鲜空气,那真是太愚蠢了。

"孩童不应该往大街上乱跑",这一观点毫无疑问题是正确的,因为大街上车多人多不安全。但B却把这一观点变换为"要把小孩关起来,不让他们呼吸新鲜空气"。其实,让孩童不在大街上乱跑,却可以很好活动的方法许许多多。B攻击的论点"应该把小孩关起来"不是A提出的,也无法从A提出的论点中推断出来,只是个和A的真正论点毫无关系的"稻草人"。又如:

A:我想减肥了,肥胖对身体不好。

B:那么,你就是说,所有的胖子身体都是不健康的!

由于B滥施稻草人诡辩术,于是A成了所有胖子的公敌。

稻草人式诡辩术的破斥:此类诡辩术的实质也是违反了同一律,诡辩者将辩题偷换成了其他的辩题,论辩必须紧扣辩题,不容对方随意偷换。

红鲱鱼谬误与稻草人谬误都是偷换辩题式诡辩,将辩题重点做出转移的为红鲱鱼谬误,将辩题完全偷换的为稻草人谬误。

5 ## 标准不一

干净人和脏人谁会去洗澡?

有的诡辩者在论辩中,标准没保持同一,违反同一律,思想随意变换,不具有确定性和首尾一贯性,这就是标准不一式诡辩。

在哲学课上,学生们向苏格拉底请教:"老师,能不能用实例说明一下究竟什么叫诡辩?"

苏格拉底稍作考虑一下,然后说:

"有两个人到我这里来做客,一个人很干净,一个人很脏。我请这两个人洗澡,你们想想,他们两个人谁会先去洗澡?"

"那还用说,当然是那个脏人。"一个学生脱口而出。

"不对,是干净人。"苏格拉底反驳道,"因为干净人养成了洗澡的习惯,脏人却认为没什么好洗的。再想想看,究竟是谁会先洗澡了呢?"

"是干净人。"学生们接着说。

"不对,是脏人。因为脏人比干净人更需要洗澡。"苏格拉底又反驳道。然后,苏格拉底再次问道:"如此看来,两个客人中究竟谁会先去洗澡呢?"

"脏人!"学生们喊着重复了第一次的回答。

"又错了。当然是两个都洗了。"苏格拉底说,"干净人有洗澡的习惯,而脏人需要洗澡。怎么样,到底谁会先去洗澡了呢?"

"那看来是两个人都洗了。"学生们犹豫不决地回答。

"不对，两个人都没洗。"苏格拉底解释说，"因为脏人没有洗澡的习惯，而干净人不需要洗澡。"

"老师说得都有道理，但是我们究竟该怎样理解呢?"学生们不满地说，"你讲的每次都不一样，而又总是对的!"

苏格拉底说："正是如此。你们看，外表上、形式上好像是运用正确的推理手段，实际上违反逻辑规律，作出似是而非的结论，这就是诡辩!"

苏格拉底举例的这段议论之所以是诡辩，就是因为思想不具有确定性，该不该洗澡的标准随意变换，一会儿以生理需要为标准，一会儿以心理习惯为标准，一会儿又同时以两者为标准，由于标准没有保持同一，违反了同一律，因而导致信口雌黄、一派胡说。

我们古代东方的大学问家孔子，也曾遭遇过类似烧脑的辩论。

孔子到东方去游历。路上看见两个小孩辩论得不可开交。

一个小孩说："太阳刚出来时离人近，到中午的时候离人就远了。"

另一小孩说："不对! 应该是刚出来时离人远，而到中午时离人近!"

"你错了，你没看见，太阳出来的时候足足有车伞那样大，到了中午，却只有菜盘那样小，这不是近大远小的道理吗?"

"你才错了!"另一个小孩打断他的话说，"早上太阳刚出来的时候，天气还凉飕飕的，中午却热得像在汤锅里。告诉你，这就是近热远凉的道理!"

两个小孩谁都说服不了谁，就请孔子作裁判。孔子抓了半天后脑勺也答不出来。两个小孩拍着手笑着说："谁说你的知识渊博呢?"

这两个小孩评判事物的标准不同一。一个是以主观视觉为标准，一个是以个体触觉为标准，这种根据不同主观感知的标准来进行论辩，有时甚至会把事物情况弄得是非难辨，辩得难解难分，结果是各执一词，似乎都有道理，连"大圣人"孔子也无法作出裁判。

标准不一式诡辩术的破斥：要求对方必须遵守同一律，标准必须保持同一，保持思想的确定性和首尾一贯性，不得随意变换。

6 | 诉诸纯洁
没有真正的苏格兰人

诉诸纯洁式诡辩，也称为"没有真正的苏格兰人"谬误，是指诡辩者作出某个带有普遍性意义的论断，在遇到对方提出反例加以反驳时，便提出一个理想、纯净的标准为自己辩护的诡辩方式。比如：

A："没有苏格兰人会在粥里加糖。"

B："我是苏格兰人，我就会在粥里加糖。"

A："你不是真正的苏格兰人，真正的苏格兰人是不会在粥里加糖的。"

当 A 提出"没有苏格兰人会在粥里加糖"，也即"所有苏格兰人都不会在粥里加糖"这个带有普遍性意义的论断时，乙提出了反例，"我是苏格兰人，我会在粥里加糖"，于是甲便修改标准，提出一个理想、纯净的标准"真正的苏格兰人是不会在粥里加糖的"来为自己的观点辩护，这就是诉诸纯洁式诡辩。

诉诸纯洁式诡辩在我们生活中很常见，也很有迷惑性，很多人用起来达到了炉火纯青的地步。比如：

A："四川人都爱吃辣。"

B："我是四川的，但我从来不吃辣椒，辣死人，不好吃。"

A："你不是真正的四川人，真正的四川人都很爱吃辣。"

你在生活中一定遇到过这种论辩。又如：

A："努力一定会成功。"

B："我很努力，但没有成功啊！"

A："你那不是真正努力，或者努力程度还不够。"

诉诸纯洁式诡辩术的破斥：这类诡辩的荒谬性在于违反了同一律，随意修改辩题，辩题没有保持同一。在论辩中，必须紧扣辩题，不容对方随意改变。

在生活中，当别人再说"真正的……"的时候，很可能他就使用了诉诸纯洁式诡辩，你必须提高警惕。

7 **诉诸伪善**

你就没闯过红灯？

诉诸伪善式诡辩，又称作"你也一样"，是诡辩者企图通过指出对手的伪善而使讨论偏离主题。比如：

A："你闯红灯不对，应遵守交通规则。"

B："你就没闯过红灯吗？有什么资格说我？"

A批评B不该闯红灯，应遵守交通规则。然而B却不去回答闯红灯行为是否正确，应该不应该遵守交通规则，而是指责A也闯过红灯，"你也一样"，这就偏离了论辩的主题，是诉诸伪善式诡辩。

生活中使用诉诸伪善式诡辩的情况屡见不鲜。比如：

（1）A："我们应该用正版，不要使用盗版。"

B："你就没用过盗版？所以没资格说用盗版的人。"

（2）环保主义者："我们应坚持绿色出行，骑自行车或乘公共交通工具，不要自己开车。"

"你们环保主义者就不会自己开车吗？"

（3）女权主义者："如今时尚界迫害女性。"

"可女权主义者她们自己还穿高跟鞋。"

（4）爱狗人士："狗也是生命，我们不应该杀狗、吃狗肉。"

"你不吃猪肉、牛肉、鸡肉、鸭肉、鱼肉？人们杀猪、杀牛、杀鸡、杀鸭、杀鱼，凭什么你不准别人杀狗吃狗肉？"

这些都是诉诸伪善式诡辩。诡辩者通常用诉诸伪善来转移话题，它可以转移人们对自己的论点辩护的注意力，而把注意力转移到那些提出批评的人身上。这种方法并不解决问题也无法证明自己的观点，因为即使是伪君子也可能说的是实话。

诉诸伪善式诡辩术的破斥：这种诡辩的要害在于转移论题，我们必须紧扣论题，不容对方偷换。

8　诉诸最差

我只是偷东西，又没伤人

常常可以听到这样的议论：

父："你的数学为什么才考 50 分,考个不及格?"

子："小王才考 10 分,我考 50 分有什么?"

因为有比自己考得更差的,他似乎觉得考试不及格就没关系了。

甲："你为什么用手去摸柜台的食品? 这不卫生。"

乙："最脏的不是手,而是钱,钱比手脏十倍、百倍。"

在乙看来,手不是最脏的,钱才是最脏的,所以他用手去摸柜台的食品没关系。又如:

甲："你为什么又偷人家东西了?"

乙："我只是偷了人家东西,又没有杀人放火,算什么?"

依照他们的诡辩逻辑,**自己的行为不是最差的,还有更糟糕的情况,所以就可以忽略不计,就可以得到原谅,这就是诉诸最差式诡辩。**

很多诡辩者在诉诸最差时,理由就是:"我做的事不是罪大恶极,所以可以忽略不计,所以我没有罪。"

甲："你乱杀小动物,这太残忍了。"

乙："这算什么,我杀的是猫和狗,又不是杀大熊猫,有什么大惊小怪的。"

在这里,乙就是在为自己的行为诡辩,他的理由是"杀猫杀狗不是最差的,所以可以随便做"。

诉诸最差式诡辩显然是荒谬的,这是因为:

第一,不是罪大恶极,不等于没有作恶。做与没做,这是根本性质问题,罪大罪小这是程度问题,就如同五十步笑百步。

第二,诉诸最差式诡辩,是一种荒唐的比较,是奇葩比烂言论。

甲："你居然取熊胆,你这是在违法犯罪。"

乙:"我取的是熊胆,又不是人胆,你大呼小叫什么!"

这就是奇葩比烂言论:我取的是熊胆,取熊胆不会引起像取人胆一样的恶果,所以不应该受到阻拦和谴责,是典型的诉诸最差式诡辩。

第三,如果凡事都以"我不是最差"来诡辩,那么世间所有的行为都可以找到更糟糕的比较对象。小偷说,"我只是偷东西,又没有杀人放火";杀人放火者说,"我只是杀人放火,又没有毁灭国家";毁灭国家者说,"我只是毁灭国家,又没有毁灭地球"……如此诡辩下去,岂不是所有的恶行在诉诸最差之下,都变得可以饶恕、可以原谅?

诉诸最差式诡辩术的破斥:犯了什么错误,就要承担什么责任;犯了什么罪,就要承担什么罪责。不容诡辩者抵赖。

9 人身攻击
用否定人来否定观点

人身攻击诡辩,也称为诉诸人身,是指诡辩者故意回避应该证明或反驳的论题,捕风捉影、捏造事实、造谣中伤,对对方的品行、身份、历史以及生理等进行攻击,以激起听众对对方的厌恶,诱使听众仇恨对方,进而达到其诡辩目的的诡辩方法。

网络上经常可见到类似的争辩:

甲:"所有猫都是哺乳动物,狗不是猫,所以狗不是哺乳动物。这推理对吗?"

乙："你这个傻冒，脑子是个好东西，可惜你没有。"

本来要讨论的是"这推理对不对"的问题，乙却抛开这一问题转而攻击对方没脑子，这就是人身攻击诡辩。

请看这么一则生活片段：

一条能容一人通行的小道，如果是两个人侧着身子，勉强也可以通过。晌午时分，一个描眉画眼、打扮精致的女人，正从小道的一头走来。好巧不巧，另一头也过来一位骑着电动车，穿着外卖马甲的小哥。双方互不相让。

"这路这么窄，是你骑车过的地方吗？"女人说。

"我就从这过了怎么着，我今天倒要看看谁敢不让我过。"

"你过啊你过啊，有本事你从我身上轧过去。"

"赶紧起开，我这着急送外卖呢，赶紧让我过去。"

"你怎么不起开，我还接我儿子放学呢，耽误了我儿子回家做功课，你负得了责嘛！"

争论了两三分钟，最后还是那女人让外卖小哥先过去了。

"更年期女人，我可惹不起。"小哥过去后又补了一句。

这一句话，把女人刚压下去的火又点燃了，她立马提高了声调：

"谁更年期？谁更年期！我说怪不得你送外卖呢，这么没素质，送外卖你都不配！"

小哥也火了，就这样，两个人你一言我一语，唇枪舌剑了起来。

像其中"更年期女人""这么没素质，送外卖你都不配"等，用一些侮辱性的词汇来攻击别人，便是典型的人身攻击。

人身攻击式诡辩是一种极为恶劣的诡辩手法，在论证过程中通过攻击对方的品格、境况或行为等，而不是诉诸有力的理由来否定对方的主张，它往往把正常的论辩败坏，我们千万不能低估其攻击力量。因为一个人的品格、境况或行为等因素对观众的心理定式有着重要的影响,可使对方陷入自惭形秽、无地自容的窘境而失去反击能力。

人身攻击式诡辩术的破斥: 人身攻击式诡辩的要害就在于偷换论题,用否定人来否定观点,因而必须以同一律为武器,紧紧围绕所要论辩的辩题展开辩论,决不容许诡辩者随意偷换。

10　　　　　　　　**揭露黑历史**

你坐过牢,没资格说我!

人身攻击式诡辩的表现形式有许许多多,其中之一是攻击对方不光彩的历史。

人们在一生中总难免犯这样或那样的错误,一些居心险恶的诡辩者则总喜欢收集他人的过失,收集黑材料,一到论辩就派上用场,这就是揭露黑历史式诡辩。比如,常常可以听见有人在论辩中这样喊叫:

"你坐过班房,是劳改释放犯,有什么资格说我!"

"你受过处分,还是撒泡尿照照自己吧!"

揭露黑历史式诡辩术的破斥: 揭露对方的历史情况与当前所要论辩的论题并无必然联系,是偷换辩题。事实上,对方受过处分或坐过班房,并不能就此证明诡辩者的观点为正确。

11 | 攻击对方外貌
胡屠户臭骂范进

一些诡辩者在理屈词穷时，便转而对对方的外貌进行攻击，这就是攻击对方外貌式诡辩。

比如，吴敬梓《范进中举》中，胡屠户当初对范进的一顿臭骂。

不觉到了六月尽间，这些同案的人约范进去乡试。范进因没有盘费，走去同丈人商议，被胡屠户一口啐在脸上，骂了一个狗血喷头，道：

"不要失了你的时了！你自己只觉得中了一个相公，就'癞蛤蟆想吃起天鹅肉'来！……这些中老爷的都是天上的'文曲星'！你不看见城里张府上那些老爷，都有万贯家私，一个个方面大耳？像你这尖嘴猴腮，也该撒抛尿自己照照！不三不四，就想天鹅屁吃！……你问我借盘缠，我一天杀一个猪还赚不得钱把银子，都把与你去丢在水里，叫我一家老小嗑西北风！"

一顿夹七夹八，骂的范进摸不着门。

胡屠户以杀猪为业，不懂什么学问。要回绝范进借盘费，他便只能数落范进的外貌，"你这尖嘴猴腮，也该撒抛尿自己照照"等等，这就是攻击对方外貌式诡辩。又比如：

自由市场上，一个矮个子顾客正在买一位麻脸的个体户的东西，顾客边挑边还价，结果生意不成，顾客转身就走。个体户心怀不满，出言不逊：

"现在我总算知道了矮个子长不高的原因！"

矮个子顾客闻言回身说：

"看来你鬼点子不够多，买卖才兴旺不起来！"

买卖不成，便转而互相攻击对方的外貌，一个攻击对方矮个子，一个数落对方脸上的麻子。

攻击对方外貌式诡辩术的破斥：攻击对方的外貌与当前所要论辩的论题并无必然联系，是偷换辩题。

12	攻击对方身份

你也有资格坐汽车？

攻击对方身份式诡辩，也称为基因谬误，表现为当诡辩者处于理屈词穷的窘境时，他便转而对对方的身份进行攻击，企图以此挽回败局。

一次，在公共汽车站，大家正排着整齐的队伍按先后顺序上车。忽然来了一位高个儿的女青年，她一见队伍长，就往前插队。有个衣着朴素的中年农民说：

"请到后面去排队！"

女青年回头一看，满脸怒气地说：

"吵什么，乡××！你也有资格坐汽车！"

这个女青年在自己插队的不文明行为受到对方指责时，不是针对自己插队行为正确与否进行论辩，而是对人家的身份进行攻击，态度极为恶劣。

攻击对方身份式诡辩术的破斥：诡辩者攻击对方的身份与当前所要论辩的论题并无必然联系，是偷换辩题。

13 **攻击对方智能**
注射消毒剂抗疫

攻击对方智能式诡辩，是诡辩者避开辩论主题，转而攻击对方智能不足或精神有问题。比如 2020 年，美国总统竞选辩论中的第一场。

当地时间 9 月 29 日晚间，特朗普和拜登在俄亥俄州克利夫兰市的凯斯西储大学举行了三场总统辩论中的第一场。辩论持续约 90 分钟，由福克斯新闻主播克里斯·华莱士向两人发问。数千万美国人通过电视屏幕关注这场辩论，但是，这场辩论的气氛自开始便相当紧张，双方对彼此的人身攻击成为更大的焦点。

拜登说："在这个小丑面前，任何人都很难说出一个字，对不起，是这个人，你是美国历史上最为糟糕的总统。"

反过来，特朗普也指责他的民主党对手缺乏智力：

"智力与你无关。乔，已经 47 年了，但你没有做出任何事情。"

拜登又攻击特朗普的新冠病毒感染疫情政策，未能保护美国人的安全。拜登说道：

"很多人都死了，除非他（特朗普）变得更聪明、（反应）更快，否则会有更多的人死亡。"

"你毕业的时候肯定是班里最差或者几乎是最差的。别对我用聪明这个词。"特朗普反击称。

特朗普攻击拜登考试成绩最差,拜登则嘲笑特朗普臭名昭著的注射漂白剂抗疫法。特朗普曾在当年 4 月的新闻发布会上说,可以尝试在人的手臂上注入消毒剂以帮助治疗新冠肺炎。此番言论立刻引起强烈反应,不少人在感到荒诞的同时嘲笑特朗普无知。而很快专业人士则从科学角度详细阐释了"注射消毒剂杀毒"到底有多么不靠谱。拜登攻击说:

"就是这个人告诉你们在复活节之前疫情就会消失,就像相信奇迹一样,也许您可以相信他,在手臂上注入一些消毒剂,这样病毒就消失了。"

拜登一边说,还一边用右手做出向左臂注射的手势。

美国总统竞选辩论,特朗谱攻击拜登痴呆、愚蠢、考试成绩最差,拜登则攻击特朗谱"注射消毒剂杀毒"的无知荒诞,这就是攻击对方智能式诡辩。

攻击对方智能式诡辩术的破斥:用攻击对方智能来代替所辩论的辩题,违反同一律,是偷换辩题。

14　　　　　**无端谩骂**

你回家补袜子的窟窿去吧!

　　无端谩骂式诡辩,是指诡辩者处于理屈词穷的窘境时,他便转而对对方施以毫无原则的谩骂,把对方骂得狗血淋头,企图以此将对方镇服的一种诡辩方法。比如,德国哲学家黑格尔在《谁在抽象

地思维?》一文中曾提到这么一个例子:

市场上有个女商贩在卖鸡蛋。一位女顾客想买点,但是她挑挑拣拣之后说:"你卖的是臭蛋哪!"这下可惹恼了女商贩,她连珠炮似的说:

"什么? 我的蛋是臭的? 你自己才臭呢! 你怎么敢这样说我的鸡蛋? 你? 你爸爸吃了虱子,你妈妈跟法国人相好吧! 你奶奶死在养老院里吧! 瞧,你把整幅被单都当成自己的头巾啦! 你的帽子和漂亮的衣裳大概也是用床单做的吧! 除了军官们的情人,是不会像你这样靠打扮来出风头的,像你这样的女人,只配坐监牢! 你回家补补你袜子的窟窿去吧!"

尽管女商贩把别人骂得狗血淋头,但并不能就此证明她的鸡蛋不是臭的。

无端谩骂式诡辩术的破斥:无端谩骂与当前所要论辩的论题并无必然联系,违反了同一律。

面对这样的诡辩者,最好的办法是马上打住,立即离开。因为只有对方在自知理亏时,才会诉诸谩骂,我们应避免自己陷入情绪性的对抗之中。如果和对方展开谩骂、互不相让,会失了自己的身份。查理·芒格说得好:

"永远不要和一头猪摔跤,不然到时候你弄得一身泥,恶心着你了,可是猪还欢喜快乐着呢!"

当你企图跟一头猪打架的时候,你得到的无外乎是三种结果的某一种:要么你打赢了,要么你打输了,要么你们平局,但无论哪一种结果你都是弄了一身泥巴。而猪不仅丝毫不介意自己也弄了一身泥巴,还觉得很快乐,因为它天生就爱在泥巴里翻滚。

15 节外生枝
庄子与惠子的濠梁之辩

当诡辩者觉察到自己无理或处于不利地位时,他不是主动承认错误,而是想方设法从对方的话语中引申出一个新的问题,把话题岔开,把争论的矛头引向对他有利的方向,使对方变为被动,这就是节外生枝式诡辩。请看这么一段论辩:

甲:"我认为你这样不遵守交通规则是错误的,应当改正。"

乙:"不遵守也没什么了不起。"

甲:"人人都不遵守,马路上就要乱套了。"

乙自知理屈词穷,便说:"我争不过你,你也不见得高明,那你说说什么是交通?"

乙后来不是主动承认自己错了,而是从对方的话语中引申出"什么是交通"这一新的问题。对于这个问题,一般的人一下子还真是难以说清楚,这样诡辩者反而占据了主动地位。

节外生枝式诡辩术的破斥:节外生枝式诡辩的特点是横生枝节,诡辩者故意制造一些与论题无关的问题。这种诡辩的要害就是违反了同一律,思维没有保持同一,论题没有保持同一,要制服这样的诡辩者,就必须紧紧扣住双方所要争辩的问题,不让对方随意变换。

让我们再来看看当年庄子与惠子在濠水之上展开过的一场论辩,也就是传之千古的"濠梁之辩"。

有一天,庄子与惠子信步来到濠水的桥梁之上。庄子俯视着水中的游鱼,颇有感触地说:"这些鱼自由自在、从从容容地游来游去,这就是鱼的快乐啊!"

惠子很不以为然地说:"你又不是鱼,怎么知道鱼的快乐呢?"

庄子立即反驳惠子:"你又不是我,你又怎么知道我不知道鱼的快乐呢?"

惠子说:"我不是你,当然不知道你;但是你也不是鱼,所以你也不知道鱼的快乐,道理全在这里面了。"

庄子一时难以驳倒惠子,便狡辩道:"还是回到当初的问题上来吧。你说'安知鱼之乐',就是说在什么地方知道鱼的快乐,你明明知道我是在濠水桥梁上知道的却又故意来问我,那么我明白告诉你吧:我是在濠水桥梁上知道的!"

庄子无法驳倒对方,便在"安"字上做文章,"安"可以表示为"怎么"的意思,也可表示为"什么地方"的意思,他们当初是在前一种意义下展开论辩的,庄子一时难以取胜,便节外生枝,把它改变成后一种意义,并以此指责对方明知故问。如果惠子能紧紧地抓住辩题不允许对方随意偷换,庄子的诡辩也就不可能得逞了。

第二节　对不矛盾律的违反

　　逻辑学的不矛盾律要求，在一个思维过程中，不能对同一事物对象作出不同的断定，如果作出了不同的断定，其中必定有一个是虚假的。有些诡辩者为了维持其谬误辩护，会对同一事物对象前后作出不同的断定，我们必须擦亮双眼。

16　自相矛盾
秀才院子旁边有两条河

　　在一个论辩过程中，诡辩者对同一事物对象前后作出不同的断定，以达到为其谬误辩护的目的，这就叫自相矛盾式诡辩。

　　从前有个商贩，在集市上卖马，每匹马要价五百块钱。他吹嘘自己是个养马能手，他驯养的马，跑起来四蹄腾空，快如闪电。无论跟什么马比赛，他的马总是得胜。如果试下来不是这样，他愿意倒贴五百块钱。

一个驭手经过这里,听了他的话,接口说:"你这马真是太好了,我要买了下来。不过先得让我试一试它的脚力。"

"行,行!"商贩连声同意,驭手把马牵走了。

待会儿,驭手又经过这儿,见到这人又在为他的另一匹马吹嘘,说的话跟刚才一模一样。驭手二话没说,又牵走了第二匹马。

又过了一会儿,商贩找到驭手,要他支付两匹马的价款。

"我已经跟你结清了账,一分钱也不欠你了。"驭手说。

商贩一听,急得跳了起来,说:"第一匹马是五百块钱,第二匹马也是五百块钱,你一分钱也没给我,怎么说不欠我的钱呢?"

"有意思!"驭手撇撇嘴说,"我让你的两匹马比试一下,结果是一匹在前,一匹在后。在前面的,我应该付给你五百块钱,在后面的,你应该倒贴我五百块钱,这样一来一去,我们的账不是算清了吗? 我还欠你什么钱?"

商贩目瞪口呆,答不出一句话来。

商贩的吹嘘包含了矛盾。他说他的两匹马都跑天下第一,如果试下来不是这样,他倒贴五百块钱,但他没考虑到,将他的两匹马一起比试会怎么样。驭手以子之矛,攻子之盾,用他的两匹马一比试,两匹马一前一后,结果没支付一分钱便讹了人家两匹马。吹牛大王遇到诡辩行家,活该他倒霉。又如:

从前有个穷秀才请风水先生看看自己住的地方是否吉利。风水先生指着秀才院子旁边的两条河说:

"这两条河把你家本来就不多的风水给冲走了,你注定要倒霉!"

秀才一听想搬家,又搬不起。不久,秀才中了状元,风水先生没等秀才请就来了,对秀才说:

"状元郎住的地方像一座八抬大轿,旁边那两条河就像两根轿杆在那儿抬着您,能不升官发财吗?"

同样是秀才房子旁边的两条河,风水先生当初说秀才注定要因此而倒霉,后来又说必然会因此而升官发财。风水先生翻手为云、覆手为雨,自相矛盾,纯属诡辩。

自相矛盾式诡辩术的破斥:将诡辩者前后矛盾揭露出来,让他们自己打自己的嘴巴。

17 翻云覆雨
卫灵公对弥子瑕的爱与恨

诡辩者随心所欲,信口开河,翻手为云,覆手为雨,前后出尔反尔的诡辩手法,就是翻云覆雨式诡辩。

据《韩非子·说难》记载:弥子瑕很受卫灵公宠爱。卫国的法律,私自驾国君车子的要处以断足的酷刑。有一次,弥子瑕的母亲生病,有人连夜前往给弥子瑕报信。弥子瑕接到消息,马上假托国君的命令,驾上国君的车子出城回家了。

灵公听到这件事情,连声称赞弥子瑕德行好,说:"这人真是个孝子呀! 一听说母亲生病,连砍脚的刑罚都忘得一干二净了。"

有一次,他陪同国王在后宫果园里玩。弥子瑕看见树上还有一只白里透红的大蜜桃,就爬到树上摘了下来,咬一口,非常甜,忙把这个桃子送给卫王吃了。卫王很高兴地说:

"弥子瑕待我真好啊,吃到美味的桃子自己舍不得吃,就献给我吃。"

过了几年,弥子瑕渐渐失去了宠爱,国王想把他赶出宫去治罪,于是拍案大怒道:

"你这个家伙,曾经假传命令驾驶我的车子,当初让寡人吃你吃过的剩桃,借此侮慢寡人,你该当死罪!"

同样是弥子瑕私自驾驶国王的车子、请卫王吃桃子这两件事,当初卫王大加赞赏,后来却要办他的罪,卫王前后之话判若两人,就是翻云覆雨式诡辩。

翻云覆雨式诡辩术的破斥:翻云覆雨式诡辩的要害是自相矛盾,违反了不矛盾律,要反驳这种诡辩,就必须揭露其自相矛盾的地方。

再请看《儒林外史·范进中举》一文中的胡屠户:

当初范进想找丈人胡屠户借路费到省城去参加举人考试,胡屠户骂他说:

"这些中举的老爷们都是天上的'文曲星'! 你不看见城里张府上那些老爷都有万贯家私,一个个方面大耳? 像你这尖嘴猴腮,也该撒抛尿自己照照! 不三不四,就想天鹅屁吃!"

范进中举后胡屠户又说:

"我每常说,我的这个贤婿,才学又高,品貌又好,就是城里头张府、周府这些老爷,也没有我女婿这样一个体面的相貌。"

胡屠户在范进中举前骂"范进是尖嘴猴腮",范进中举后却又夸"范进有体面的相貌"。胡屠户前后出尔反尔,判若两人。

18 乱而胜之

制造混乱，浑水摸鱼

诡辩者故意制造混乱，混淆视听，把水搅浑，乘机浑水摸鱼，得以取胜的诡辩方法，我们称之为乱而胜之式诡辩。

请看古希腊智者欧底姆斯与某青年之间的一场论辩：

苏格拉底领了一个青年，到智者欧底姆斯那里去请教。这个智者为了显示自己的本领，以给这个青年一个下马威，便劈头提出这样一个问题：你学的是已经知道的东西，还是不知道的东西？这个青年回答说：学习的当然是不知道的东西。于是这个智者就向这个青年提出了一连串的问题：

"你认识字母吗?"

"我认识。"

"所有的字母都认识吗?"

"是的。"

"教师教你的时候，是不是教你认识字母?"

"是的。"

"如果你认识字母，那么，他教的不就是您已经知道了的东西吗?"

"是的。"

"那么，是不是你并不在学，而只是那些不识字的人在学?"

"不，我也在学。"

　　"那么,你认识字母,而你又在学字母,就是你学你已经知道的东西了。"

　　"是的。"

　　"那么,你最初的回答就不对了。"

　　这个智者就是在施行乱而胜之式诡辩术。"我学习不知道的东西"是指学习前不知道的东西,"我学习已经知道的东西"是指学习后已经知道的东西,这个智者故意混淆两者之间的区别,而把这个青年弄得昏头昏脑,承认自己的失败,甘愿拜智者为师。

　　乱而胜之式诡辩还往往表现为故意制造逻辑矛盾,诱使对方陷入混乱状态之中。又如:

　　某苏丹爱马,一日,他获悉一大臣家里有七匹安达路西亚马,绞尽脑汁地想把它们弄到手。不久,他向全国发出了命令:

　　(1)具有安达路西亚马的人,必须立即申报;

　　(2)每一匹马要缴纳100第纳尔的税钱;

　　(3)持有五匹以上的按五匹申报;

　　(4)不准谎报马的匹数。

　　大臣获悉后,就叫管家支付500第纳尔的税钱,但管家忠告说:"主人,我觉得不妙,要是按五匹申报,就违背了命令的第四条,弄不好马就有可能全被没收。"

　　大臣听了后说:"那就报七匹吗? 支付700第纳尔的税钱。"

　　管家又说:"这又违背了第三条。"

　　最后,大臣在管家的劝说下,决定把三匹马分给儿子,然后父子两人分别以三匹和四匹申报。这样,苏丹的计谋就落空了。

　　苏丹企图占有大臣的马匹就是使用了乱而胜之式诡辩术,他使用含有自相矛盾的命令企图使对方陷入困境,但最终却被聪明的管家揭穿而告失败。

乱而胜之式诡辩术的破斥:洞察诡辩者背后隐藏的企图,熟悉对方的矛盾,巧妙地加以回避。

19 无端攻击
不管是非曲直总要找茬攻击

诡辩者不管对方是非曲直,总是千方百计找茬儿进行攻击,这就是无端攻击式诡辩。

古代有个可恶的丈夫,平白无故就要找茬骂老婆。

这天早上,他老婆做早餐,给他煎了荷包蛋。他大骂道:

"我今天想吃炒鸡蛋,你为什么煎荷包蛋?"

第二天早上,他老婆给他炒了鸡蛋。他又大骂道:

"我今天想要吃荷包蛋,你为什么炒鸡蛋?"

第三天早上,他老婆给他端上了荷包蛋和炒鸡蛋。他又大骂道:

"这个是该煎荷包蛋的,你却给炒了;这个是该炒的,你却给煎了荷包蛋了!"

不管他老婆怎么做,他都要找理由骂老婆。又如:

从前,有个财主带侍从出门,侍从走在前面,在路上捡到一个铜币,放进了口袋里。财主一心想把钱弄到手,便大声呵斥侍从:

"你在前面走,难道是要我做你的跟班吗?"

侍从赶紧走在后面,财主又大骂侍从:

"你在我后面走,要我给你开路吗? 或者你把我当成押解的犯人吗?"

侍从只好和财主并排走,财主又破口大骂:

"你竟敢和我并驾齐驱,你眼里还有我吗?"

这下可把侍从难住了。侍从突然发现了财主饿狼般的眼睛正盯着自己放钱的口袋,侍从终于明白了,赶紧把铜币交给了财主。财主笑嘻嘻地说:

"早这样,何必让我费这么大周折? 现在你想哪边走就哪边走吧!"

可恶的财主,真是欲加之罪,何患无辞?!

无端攻击式诡辩术的破斥:既然诡辩者无端攻击,他就难免陷于自相矛盾。可通过揭露对方自相矛盾来加以破斥。

20 **悖 论**
撼动了近代数学大厦的基础

悖论,是一种最为奇特的自相矛盾的命题:如果认为某命题是真的,则它是假的;如果认为某命题是假的,那么它又是真的。

西班牙著名小说《唐吉诃德》里描写了这么一则故事:

在桑丘·潘萨治理的"海岛"上,有一条大河将一位领主的领地一分为二。大河的桥上有四位法官,一个绞刑架,一间审判所。封地的主人制定了一条法律:凡要过桥者,首先发誓声明到哪里去、干什么。如果说的是真话,立即让他过桥;如果说的是假话,就马上

被绞死。四位法官每天都在公堂上执行这条法律。有一天,有个来人发誓声明:

"我要过桥没有别的事,只想死在绞刑架上。"

法官为难了,让他过桥吧,就证明他说谎,按法律应判绞刑;如果处绞刑吧,又证明他说了真话,按法律应放他过桥。这就是一个悖论。

怎么办? 于是法官便将该旅客带到总督大人桑丘面前,请教桑丘:

"总督大人,请问法官该怎么判?"

桑丘想:此人的一半是说真话,放他过去;一半是说假话,处绞刑。但又一想这样自相矛盾,无法实施。便说:"既然他有罪又无罪,理由均等,还是让他过桥好些,做善事总比做恶事好吧。"

他们没有处死这个行人,只是把他赶出了这个海岛。

历史上像这样的悖论有许许多多。又比如:

有这么一个故事:一条鳄鱼从母亲身边把孩子抢去了。可怜的母亲哭着恳求说:"我就这么一个孩子,请不要吃他,发发慈悲吧!"并不怎么饥饿的鳄鱼一时冲动地说:"好吧,今天你如果能猜中我要干什么,我就把孩子还给你;否则我就当场把他一口吞下!"

无可奈何的母亲一狠心说:"您是要吃我的孩子吧!"

正当鳄鱼张开血盆大口,刚要一口吞下小孩,它忽然想起了自己的诺言,要是吃了孩子,就意味着被母亲猜中了,根据诺言应把孩子还给母亲。正当鳄鱼磨磨蹭蹭地准备把小孩还给他的母亲时,它又想到,要是把孩子还给她,就意味着这位母亲没猜中,根据诺言还是吃了才对。于是,它又张开大嘴准备一口吞下小孩,这时焦急万分的母亲大声喊道:"请您遵守诺言啊!"

鳄鱼想吃小孩,但想起诺言应还;欲还,但想起诺言又觉得该吃小孩,吃不得又还不得,只好一张一合干吧嗒嘴。这当儿,飞快跑来的孩子的父亲把鳄鱼赶跑了,孩子得救了。

1902年,英国数学家罗素提出了集合论悖论:

以M表示是其自身成员的集合的集合,N表示不是其自身成员的集合的集合。然后问N是否为它自身的成员?如果N是它自身的成员,则N属于M而不属于N,也就是说N不是它自身的成员;另一方面,如果N不是它自身的成员,则N属于N而不属于M,也就是说N是它自身的成员。无论出现哪一种情况都将推导出矛盾的结论,这就是著名的罗素悖论。

对于罗素悖论,普通百姓理解起来很困难,于是1919年罗素给出了上述悖论的通俗形式,即"理发师悖论"。一天,萨维尔村理发师挂出一块招牌:

"我只给不自己刮脸的人刮脸,欢迎大家前来体验。"

于是,城里那些不给自己刮脸的人都来找这位理发师刮脸。但理发师自己的胡子长长了该怎么办?他是否要给自己刮脸呢?

如果他给自己刮脸,那么他就属于自己给自己刮脸的那类人。但是,招牌上说明他不给这类人刮脸,因此他不能自己刮脸。如果由另外一个人给他刮脸,他就是不给自己刮脸的人,而招牌上明明说他要给不自己刮脸的男人刮脸,因此,他应该自己刮脸。由此可见,不管怎样的推论,理发师所说的话总是自相矛盾的。理发师陷入重重矛盾之中。

"理发师悖论"与"集合论悖论"是等价的。"理发师悖论"这一看似有点无厘头的小故事所蕴含的"数学悖论",揭示出了"集合论"所存在的严重问题。集合论作为近代数学大厦的基础,经过长期的发展,已经渗透到了几乎所有的数学分支。然而,号称天衣无缝、绝对正确的数学,居然会出现自相矛盾的现象。罗素悖论对数学是一次严重的危机,撼动了近代数学大厦的基础。

悖论是一类奇特的逻辑矛盾,我们可不能小瞧它的威力。

悖论的破斥:要破斥悖论,就要用到语言层次理论。请参阅本书第三章第一节"语义混淆""语义悖论"等。

第三节　对排中律的无视

逻辑学的排中律要求人们，在同一个思维过程中，对于同一事物的两个相互矛盾的断定必须肯定其中一个，不能对两者同时加以否定，也不能含糊其辞、模棱两可。而有的诡辩者会出于回避问题的目的，故意无视排中律的要求，我们有必要以排中律为武器，给予坚决反击。

21　　　　　　　**模棱两可**
真道学与假道学之争

"模棱两可"一词来自《旧唐书·苏味道传》。苏味道是唐代的政治家、思想家和文学家。他自小聪颖，以文才出名，20岁就中了进士。尽管苏味道很有才气，在仕途上却遭受不少坎坷。宦海沉浮，对苏味道打击很大，也改变了他的人生态度，变得消极起来。所以在他以后做宰相的期间内，只求做个"好好先生"。他对别人说：

"做事情千万不要决断得明明白白；那样的话，一旦有什么差错，就给人留下了指责的把柄。所以只要模棱两可，就立于不败之地了。"后来人们就叫他"苏模棱"。

"模棱两可"式诡辩，是指诡辩者对事物的认识这样也可以，那样也可以，没有明确的态度或主张的诡辩方法。

明代《笑林》中有这么一则故事：

有两个古板、迂腐的道学先生，都说自己是真道学，对方是假道学。两人争执不下，便请孔子给评断一下。孔子说：

"两位先生都是真道学，我一直都很敬佩二位。"

两人听后，高高兴兴地走了。后来孔子的学生问孔子："先生为什么把这两个人抬得这么高呢？"孔子说：

"咳！像这些人，只管把他们哄走就行了，惹他们干什么？"

在这里，孔子言不由衷的评断就是不管有没有矛盾，对双方都说好活，先把别人哄走再说的模棱两可式诡辩。

模棱两可式诡辩术的破斥：这类诡辩的谬误本质在于违反了排中律。排中律要求人们在是非面前，要作出明确的选择，排除了两个相互否定的思想的中间可能性，不允许对两个相互否定的思想同时加以肯定。

22 两不可
不禽不兽的蝙蝠

如果对两个相互否定的思想同时加以否定，就要违反排中律，

有可能导致两不可式诡辩。

比如,在讨论是否应该禁烟时,某甲说:

"我不赞成禁烟,烟草可是国家的一项重要产业。可是……毕竟吸烟危害人的健康,所以,我也不赞成不禁烟的意见。"

"赞成禁烟"与"不赞成禁烟",是两个相互矛盾的断定,两者必居其一。某甲对两者同时加以否定,违反了排中律,是两不可式诡辩。

明代冯梦龙《笑府》中有这么一则寓言故事:

凤凰做寿,所有的鸟都来祝贺,只有蝙蝠没有到,凤凰责问蝙蝠:

"你处在我的管辖之下,为什么如此傲慢?"

"我长着兽脚,属于兽类,我为什么要向你祝寿?"蝙蝠说。

后来麒麟诞辰,蝙蝠也没有前来祝贺,麒麟也责问它。蝙蝠说:

"我长着翅膀,属于禽类,为什么要向你祝寿呢?"

麒麟与凤凰见面,谈论到蝙蝠的事,互相感叹地说:

"现在世风恶劣,偏偏生出蝙蝠这样不禽不兽的东西,真拿它没有办法!"

蝙蝠或者是禽类,或者是兽类,必须选择其一,但它既否定自己是禽类,又否定自己是兽类,对禽类、兽类通通都加以否定,这就违反了排中律,是两不可式诡辩。

两不可式诡辩术的破斥:要求对方遵守排中律,必须选择其一。

再请看欧洲中世纪的"猎杀魔女"之风。

欧洲的中世纪是最为黑暗的一段时间,教会掌控了一切。中世纪的欧洲发生了许多战争、饥荒和瘟疫,而教会却将这些问题的罪责推到了女巫的身上，污蔑说女巫是同魔鬼缔有密约、并把自己的灵魂卖给了魔鬼的人，是魔鬼的后裔，是女巫引起了这些灾祸。那时有告密者获赏并保证为告密者严守秘密和免罪的规定，所以告密者可以肆意陷害，一时间告密之风大盛。在城市和乡村中任何女子只因长得漂亮而招人妒忌，或因态度高傲而得罪了求婚者，一封告密信就会把她们送上死路。一些无辜的女子被指控为"魔女""女巫"，被抓捕后，送到异端审判庭。遭受审判时，只被问"是"或"不是"的魔女，不允许作其他回答。

她们如果回答"是"，就立即处以焚刑或放入锅中活活煮死；如果回答"不是"，审判者就说这是"魔鬼使她顽抗"，处以各种酷刑把人折磨死。

就这样，有数十万、上百万女性被控为女巫，惨遭极刑。

异端审判庭的逻辑就是：回答"是"不行，回答"不是"也不行，都得处死。这就叫"两不可"。

23　不置可否
既不说谎又不遭打的秘诀

逻辑学的排中律要求人们，在同一个思维过程中，对于同一事物的两个相互矛盾的断定必须肯定其中一个。但是，**由于某个问题触及到对方的要害，使对方陷入进退两难的窘境，于是便对此不作断定，不作明确回答，既不肯定也不否定，含糊其辞，企图加以回避，这就是不置可否式诡辩。**

　　鲁迅的散文诗《立论》中有这么一段师生之间的对话：

　　我梦见自己正在小学校的讲堂上预备作文，向老师请教立论的方法。

　　"难！"老师从眼镜圈外斜射出眼光来，看着我，说。"我告诉你一件事——

　　"一家人家生了一个男孩，合家高兴透顶了。满月的时候，抱出来给客人看，大概自然是想得一点好兆头。

　　"一个说：'这孩子将来要发财的。'他于是得到一番感谢。

　　"一个说：这孩子将来要做官的。他于是收回几句恭维。

　　"一个说：'这孩子将来是要死的。'他于是得到一顿大家合力的痛打。

　　"说要死的必然，说富贵的许谎。但说谎的得好报，说必然的遭打。你……"

　　"我愿意既不说谎，也不遭打。那么，老师，我得怎么说呢？"

　　"那么，你得说：'啊呀！这孩子呵！您瞧！多么……。阿唷！哈哈！Hehe！He，hehehehe！'"

　　这个学生实际上是要对方在"谎人"与"不谎人"这两种相互矛盾的情况中作出选择，选择哪一种都感到为难，便以"啊唷！哈哈！"之类话来加以回避搪塞，既不肯定也不否定，这就是不置可否式诡辩。

　　不置可否式诡辩术的破斥：不置可否式诡辩的要害是因为违反了排中律，要反驳这种诡辩，就必须以排中律为武器，要求对方从中作出明确选择，决不允许对方含糊其辞。

24 中 间 立 场
谎言和实话中间地带还是谎言

中间立场式诡辩,是指诡辩者当面对两个极端观点时,进行妥协,认为只要是中间立场肯定就是正确的选择的一种诡辩。

虽然大多数时候,真理确实存在于两种极端的中间地带,比如,一个人暴饮暴食可能撑死,一星期不进食可能饿死,每次吃六七分饱则是健康的进食方式。但是你不能轻易地认为只要是处于中间立场的观点就一定是正确的。谎言和实话的中间地带依然可能是谎言。比如:

甲:"1+1=2."

乙:"1+1=4."

丙:"我认为,1+1=3应该是真实答案。"

丙这是中间立场式诡辩,因为1+1=3的答案也是错误的。又如:

甲:"氰化钾有剧毒,决不能吃。"

乙:"氰化钾有营养,可以吃。"

丙:"我认为,氰化钾适当吃一些应该没问题。"

丙利用中间立场式诡辩获得的结论极其荒谬,因为事实是氰化钾有剧毒,0.05~0.1克即可致人死亡。

而且,在两个相互矛盾的命题之间,根本就不可能有介于两者之间的中间命题。比如,在讨论被告人是否犯了贪污罪时,有人说:

"不能认为被告人犯了贪污罪,也不能认为被告人没有犯贪污罪。我觉得被告人犯的是介于贪污罪和非贪污罪之间的一种罪行。"

被告人要么犯了贪污罪,要么没有犯贪污罪,根本就不存在介于贪污罪和非贪污罪之间的一种罪行。

中间立场式诡辩术的破斥:具体问题具体分析,真理的检验标准是实践,而不是调和折中的中间立场。

25　　　　　　*论题模糊*
若开战将摧毁一个强大王国

在论辩中,诡辩者故意使用一些语意不明的论题,可以作这种解释,又可作那种解释,以此达到其混淆是非的诡辩目的,这就是论题模糊式诡辩。

古时候,有一国王想与波斯国作战,但又没有必胜的把握,因此这位愚昧无知而又好战的国王便去求神问卜。他到了一个据说是最灵的神庙,乞求神灵的指示。国王得到的神谕是:

"假如你与波斯王作战,将摧毁一个强大的王国。"

这位国王喜不自胜,乃与波斯宣战,结果被打得落花流水,最后只剩卜他一个人落荒而逃。这位国王十分懊悔,尤其恨神谕不灵,乃偷偷写信责问,并署名为"愤慨的求签人"。不久,神庙主持回信说:

"神谕并无错误,而且十分正确,因为你在战争中确实摧毁了一个强大的王国，不过，这个王国不是别的，正是您领导的王国。"

"摧毁一个强大的玉国"是含混不清的。"谁"摧毁一个强大的王国？既可指该国王，也可指波斯国；被摧毁的是"谁"？可以指波斯国，也可指该国家。不管哪种情况，神谕都是灵验的。

诡辩者为了使他的论题变得含糊其辞，令人难以捉摸，有时还会借助于手势语言，因为手势语言比自然语言更具有含混性。比如：

古时候有个道士，专门给人算命，据说还十分灵验，因而前来找他算命的人也很多。一天，有三个要进京赶考的考生，进京之前想问问三个人当中谁能考中。他们到道士那里说明来意，点了香，叩了头。只见那道士闭着眼睛朝他们伸出一个指头，却不说话。考生们不知其意，求道士说明。道士拿起拂尘一挥，说道："去罢，到时自然明白，此乃天机，不可言明。"三个考生只好怏怏地走了。考生们走后，道童好奇地走过来问道：

"师父，他们三人到底能中几个？"

道士说："中几个都说到了。"

"你这一个指头是不是指中一个？"

道士说："对。"

"他们要是中了两个呢？"

"这一个指头是指一个不中。"

"那么他们三个都中了呢？"

"这一个指头就是一齐中。"

"要是三个都不中呢？"

"这就是指一齐不中。"

道童恍然大悟地说："原来这就是天机呀！"

　　请看,这个算命道士就是这样利用手势语言的含混性来哄骗的。

　　论题模糊式诡辩术的破斥: 要制服论题模糊式诡辩,就必须要求对方所使用的论题要明确,决不允许含糊其辞,论题明确了,诡辩者阴谋便会落空。

第四节 对充足理由律的抗拒

逻辑学认为，要确定某个思想的正确性，就必须以充足的理由为根据，这就是充足理由律。充足理由律体现了思维的论证性和有根据性。有的诡辩者确定他的主张是正确的，却又拿不出充足的理由，这就是对充足理由律的违反。

26 预期理由
卡巴延打妻子的歪理

预期理由式诡辩，就是指诡辩者以真实性尚未得到证明的命题作为论据为其谬论作出似是而非的论证的诡辩手法。

有这么一则印度尼西亚民间故事：

卡巴延和妻子围着火炉，一边取暖一边闲聊。

"阿妹，要是有朝一日咱们有了钱，你准备怎么花呢？"卡巴延问妻子。

"吃零食,出外游逛,买最漂亮的衣裳,饭菜要吃得好好的。"

"哎呀,那不好,你挥霍浪费! 应该把钱存起来!"

"什么? 存钱? 让白蚁吃个精光? 哎呀,那是傻瓜。卡巴延,最好咱们快快活活、舒舒服服地把它花了,除了买零食,每日吃好的,还要举行一些宴会。"

夫妻俩意见不一,最后卡巴延动火了,把妻子揍了一顿,他妻子像小孩似的号啕大哭起来。卡巴延的岳丈听见,从房间里走了出来,问:

"怎么啦,阿囡,干吗哭哇?"

"我揍了她,爸!"卡巴延抢先说。

"为啥事?"

"她是个挥霍的女人,爸! 她要过花天酒地的生活,把我的钱全部花光!"

"哪儿来的钱?"岳丈问。

"如果说我们有钱。"

"废话,钱还没有你已开始打人,怎么说因为挥霍?"

"是的,因为钱还没有,她就已经那样讲阔、挥霍了;如果有了钱,那该怎样呢?"卡巴延一边说一边走开。

卡巴延因为妻子说了如果有钱就要吃好的穿好的便断定她是"挥霍的女人"并把她狠狠地揍了一顿,理由是不充分的。因为第一,卡巴延将来并不就必然有钱;第二,即使有了钱并不见得就真的会乱花掉,正如鲁迅《故乡》中豆腐西施说的"愈有钱,便愈是一毫不肯放松"的情况是常见的。卡巴延说的看起来振振有词,实际上他是在玩弄预期理由式诡辩术。

预期理由式诡辩之所以是荒谬的,这是因为,论辩中的论据必须是确知为真的命题,如果用真实性尚未被证明的命题作为论据,这就违犯了充足理由律,是无法达到论证论题真实性的目的的。

又比如,在戏剧《十五贯》中,糊涂知县过于执的一次断案:

过于执:"苏戌娟抬起头来!"

苏戌娟:"小女子不敢抬头。"

过于执:"叫你抬头只管抬头。"

苏戌娟抬头上看:"大老爷。"

过于执:"看她面如桃李,岂能无人勾引?年正青春,怎会冷若冰霜?她与奸夫情投意合,自然而生比翼双飞之心。父亲挡住,因此杀其父而盗其财,此乃人之常情,此案不用审也已明白十之八九,定了——!(拍案)苏戌娟,你为何私通奸夫偷盗十五贯钱,杀父而逃?"

糊涂县令过于执断案全凭想像,便是预期理由式诡辩。

预期理由式诡辩术的破斥:揭露对方论据的真实性尚未被证明,违反了充足理由律,无法达到论证论题真实性的目的。

27　虚构故事
两个老太太在天堂门口相遇了

由于故事采用的是形象思维的方法,有着具体的形象和感人的情节,因而具有强大的感人力量。**有的诡辩者也会虚构情节生动和形象感人的故事来达到其蛊惑人心的目的,这就是虚构故事式诡辩。**

为了解决住房的问题,应该租房还是买房? 多年以前,曾经流传过一个"中国老太太和美国老太太关于买房子的故事":

有两个老太太在天堂门口相遇了,一个来自中国,一个来自美国。

中国老太太说:"我攒了30年钱,昨天终于买了一套大房子。"

美国老太太说:"我住了30年的大房子,昨天终于还清了全部贷款!"

这个故事似乎说:看! 人家美国老太太多聪明,多会享受生活、过日子! 住了一辈子大房子! 而中国老太太住了一辈子旧房子或租了一辈子房子,等钱攒够买房的时候,人没啦!

这个故事在芸芸众生中传了开来,于是房地产市场顿时活跃起来! 大大小小的"房奴"们看到谁还攒钱买房时,就会不厌其烦地给他们讲"美国老太太"的故事。并追问:你是愿意一辈子住着新房,还是到死虽然攒够钱买上新房了却没有时间住了?

用明天的钱圆今天的梦,迅速成为时下年轻人群的一种生活理念,坑害了好几代中国人,使他们一辈子生活在资金紧张里。

然而,这个故事刻意回避隐瞒了一个重要事实——租房子的美国老太太比中国老太太多! 因为中国人更喜欢按揭买房! 而且,即使美国老太按揭买房,每月沉重的房贷"月供",或许使她生活质量大幅下降:"牛排吃不起啦""不能旅游啦"! 另外,这个美国老太太还背负着巨大的债务风险与资产风险:30年内,一旦家庭出现变故造成"断供",银行收走房子,房子就不是她的啦! 这绝不是危言耸听。

据法新社报道,美国次贷风暴愈刮愈烈,很多业主撑不下去被迫断供,惨被银行收楼。美国马萨诸塞州汤顿市一名53岁妇人在按揭贷款公司收回她房屋的当天,饮弹自杀身亡。在美国近 300 万人房屋被拍卖,人们被迫流落街头⋯⋯

按中国传统消费观念看,这个美国老太太就是典型的挣一个花俩,甚至挣一个花仨! 属于"寅吃卯粮""风险消费""提前消费",极易造成债台高筑,引发家庭"资金荒"。

虚构故事式诡辩术的破斥:诡辩者的故事是虚构的,要学会独立思考,不要被诡辩者的虚假故事所迷惑。

28 　　　　　　艺术为据
世界最高的山峰是二郎山

艺术来源于生活,是现实生活的反映;但艺术又不是照搬生活,需要经过艺术家头脑的加工提炼、变形和改造,采用虚构、夸张、典型化各种方法,因而,艺术作品中的数据并不精确。然而,**有的诡辩者会将艺术作品中的材料等同于现实生活的材料,来为其谬论作出似是而非的论证,我们称之为艺术为据式诡辩。**

地理课考试时,在试卷中有一道填空题写着:

"世界最高的山峰是(　　　)。"

小刚不假思索地填上了"二郎山"。讲评试卷那天,地理老师把小刚叫了起来:"上课时,我讲了珠穆朗玛峰高 8 848.86 米,是世界第一高峰,你不知道吗?"

"知道。"小刚说,"可是前几天我听到一首歌里唱,二呀么二郎山,高呀么高万丈⋯⋯我仔细一算,一万丈有三万多米,那比珠穆朗玛峰高多了!"

小刚用艺术作品中的数据来代替地理科学中的数据,显然是荒谬的。

又如,某地农村有个小伙子才17岁,父母渴望早日抱上孙子,便给小伙子物色好对象,也没办结婚手续,就同居生了个孩子。对此,乡里的干部对他进行了严厉的批评。可这小伙子却若无其事地说:

"这有什么,我是看电视从电视里学的。电视里的人出生才两小时,就结婚,生了孩子。我从出生到现在已经过了17年了,才生了孩子。比起电视里的人来,我还差得远呢!"

艺术可以高度集中地反映社会生活,横跨几十年甚至几个世纪的事件,也可以在几个小时的电视剧里得到反映,这个小伙子以此为据,荒唐又可笑。

艺术为据式诡辩术的破斥:艺术作品中的材料是艺术家经过艺术加工的产物,不能等同于生活,尤其不能用作自然科学中的论据来使用。

29 **虚幻理由**
你是被幻觉吓跑了吗?

在论辩过程中,要确定某个论点的真实性,就必须有可靠的根据,必须有充足的理由。可是诡辩者却往往会用一些虚幻的理由为其谬论辩护,这就是虚幻理由式诡辩。

在古印度,专门有一批为国王服务的哲学家,其中有一位经常向国王宣扬"一切都是幻觉"的观点。有一天,大象受惊了,那位哲学家吓得惊慌失措地逃跑了。看见这一情形的国王嘲笑他说:"你是被幻觉吓跑了吗?"

"国王陛下,您看见我逃跑了是吧? 您看见我逃跑了也是一种幻觉啊!"哲学家若无其事地回答道。

真不愧是一位职业诡辩家! 他之所以能信口得出一个似是而非的结论来巧妙掩饰自己的窘态,就是因他所依据的理由"一切都是虚幻的"是虚幻的,但是国王不知道这一点,结果让诡辩家钻了空子。

再请看传说中北宋时期佛印和尚与苏东坡之间的一次辩论。

北宋年间大文豪苏东坡与镇江金山寺住持佛印和尚交情甚笃,相处无拘。据说有一天,佛印正在禅堂讲经,苏东坡随便走了进来。佛印见了,故意问道:"居士何来? 此间无坐处。"

东坡不以为然,反用佛家语相答:"借和尚四大(的身体)作禅床。"

佛印不觉好笑:"山僧有一问,居士若随口答出,便有座;若稍有迟疑,即解腰间玉带。"

东坡自恃文才过人,便欣然同意。

于是佛印问道:"出家人以为,世间万物皆虚有其表,其实乃空,正所谓:四大皆空,五蕴非有。就是贫僧这躯体也是虚幻渺茫之物,居士何以为座呀?"

东坡一时语塞,竟不能答。佛印急唤小和尚:"收此玉带,永镇山门。"并回赠东坡一领旧衲裟,东坡玉带至今还存在金山寺。

佛印和尚所说的"四大皆空""贫僧这躯体也是虚幻渺茫之物"

等就是虚幻的,与客观事物不相符合。但东坡先生情急之中竟然一时被难住了。

虚幻理由式诡辩术的破斥:用真切的事物去对抗对方论据的虚幻性,得出令对方难以接受的结论,是方法之一。

30　理由不足
没有死人逃回,所以死后很好

诡辩者确定他的主张是正确的,却又拿不出充足的理由,这就是理由不足式诡辩。

据明代浮白斋主人《雅谑》中记载:南宋名臣叶衡被罢相贬谪中生病了。叶衡染病在家,人们来看望他。叶衡问来看望他的人说:

"我恐怕活不了多长了,但是我想知道死了以后好不好?"

一位书生说:"死后很好!"

叶衡惊奇地问道:"你怎么知道死后很好?"

书生说:"如果死后不好,死亡的人们就全部逃回来了。然而至今为止,死去的人还从来没有回来过的呢!所以我知道死后很好。"

书生说的"死后很好",理由是"如果死后不好,死亡的人就全部都逃回来了,然而至今为止,死去的人还从来没有返回来的",这理由是虚假的,因为"人死不能复生"是一条不可抗拒的自然法则,这位书生的议论违反了充足理由律,是理由不足式诡辩。

理由不足式诡辩术的破斥:这类诡辩的荒谬本质就在于违反

了充足理由律,要破斥这类诡辩,就需要令其拿出充足的理由来!
又如:

　　某法院曾受理一桩行凶打人并恶意用粪便泼浇邻人的刑事自
诉案件。被告人特委托大名鼎鼎的包律师为辩护人。气氛肃然的
法庭上,只见包律师斜视了一下神色激愤的自诉人,然后清一下嗓
子,抑扬顿挫地发表起辩护词:

　　"……本律师认为,纵然被告人动手打人,但系事出有因。因为
被告人发现自诉人在争吵时也虎着脸庞,气势汹汹,大有企图打人
的预兆,故为了防止出现自己被打的局面,被告人果断地先发制人,
以迅雷不及掩耳之势,抢先突然袭击,掌握住这场殴斗的主动权,这
完全是一种临危不惧、攻其不备的针锋相对的举动,虽然不能算作
法律上的'正当防卫',但鉴于情有可原,姑且称作'准正当防卫'也
未尝不可……"

　　律师的辩护词是荒谬的,因为,自诉人虎着脸庞并不能必然得
出被告人可以行凶打人的结论。由其论据的真实性并不能必然得
出其论题的真实性,律师这里违反了充足理由律。

31 诉诸感知
飞机升上天不就小得多了?

　　感性认识是人们通过感觉器官对事物的表面现象和外部联系
直接的、具体的、形象的反映。由于感性认识还没有深入到客观事
物的内部,只是对客观事物片面的、表面的、现象的东西的反映,如

果人们的认识和论辩只停留在感性认识阶段,就不仅抓不住事物的本质,还可能被假象所迷惑。而**诉诸感知式诡辩,就是诡辩者仅凭着个人的主观感知为根据进行论辩,为其谬误作出似是而非的论证的诡辩方式**。

有个美国人想愚弄一个外籍人,便怂恿他一起去偷飞机,说那是简单易行、有利可图的事,那人动了心,就跟着这个美国人来到机场。远远一看,又心中发怵:那跑道上摆着那么一个庞然大物,怎么下手呢?偷来了又藏在哪里呢?他连忙求计,那美国人说:

"这有何难?等飞机升上天了不就小得多了吗?"

飞机升上了天变小仅仅是人们的视觉觉得它变小了,而事实上它并未变小。这个美国人愚弄外籍人使用的便是诉诸感知式诡辩。

诉诸感知式诡辩术的破斥:人的感性认识还不能真正揭示事物的本质,必须由感性认识阶段上升到理性认识阶段,才能真正揭示出事物的本质。

有的诡辩者甚至还以人的主观感知来代替、否定客观事物的性质,这也是诉诸感知式诡辩的一种表现。比如《庄子·天下》篇中记载的"火不热"这一诡辩命题便是如此。

为什么说火不是热的呢?有人解释说:

"鞭杖抽打在人的身上,痛的感觉是由人体发出来的,人体感到痛而鞭杖不会感到痛,就如同火烤在人身上,热的感觉是由人体发出来的,人体感到热而火却不会感到热。"

这里便是用人的主观感知的"热"来代替、否定火这一客观事物的"热"的性质,如果这一诡辩能够成立,那么物体的颜色、硬度、温度等各种性质都可以归结为人的主观感觉,这是非常荒谬的,这种诡辩方法是主观唯心主义者惯用的诡辩伎俩。

与此类似,古希腊普罗泰戈拉也有类似的诡辩:

"在一阵风吹来时,有些人冷,有些人不冷;因此对于这阵风,我们不能说它本身是冷的或是不冷的。"

这也许可以称之为"风不冷"的洋诡辩吧!

32　　　　　他人为据
和尚动得,我动不得?

他人为据式诡辩,是指诡辩者对自己的错误不是好好地承认、改正,而是和他人的类似行为相攀比,企图以此证明自己错误的合理性。

请看鲁迅笔下《阿Q正传》中所描绘的阿Q形象:

阿Q慢慢地走,对面走来了静修庵里的小尼姑。"我不知道我今天为什么这样晦气,原来就因为见了你!"他想。

他迎上去,大声的吐一口唾沫:"咳,呸!"

小尼姑全不睬,低了头只是走。阿Q走近伊身旁,突然伸出手去摩着伊新剃的头皮,呆笑着,说:"秃儿! 快回去,和尚等着你……"

"你怎么动手动脚……"尼姑满脸通红的说,一面赶快走。酒店里的人大笑了。阿Q看见自己的勋业得到了赏识,便愈加兴高采烈起来:

"和尚动得,我动不得?"他扭住伊的面颊。

酒店里的人大笑了。阿Q更得意,而且为满足那些赏鉴家起见,再用力的一拧,才放手。

"这断子绝孙的阿Q!"远远地听得小尼姑的带哭的声音。

这里阿Q欺负小尼姑的理由是假想中和尚动了尼姑,"和尚动得,我动不得?"这就是他人为据式诡辩。

这种论辩显然是错误的。不消说和尚动尼姑没有证据,即使动了,并不等于阿Q也动得,因为如果和尚动了尼姑,和尚是错误的;以此并不能证明阿Q动尼姑是正确的,而只能证明阿Q也是错误的。

他人为据式诡辩术的破斥:他人的错误不能作为自己犯错的理由,只能证明自己也是错的。

这种诡辩在生活中并不少见。比如,常常有人这样争辩:

"他可以迟到,为什么我就不可以迟到?"

"他可以拿公家的东西,为什么我不可以?"

更有甚者,有人还以他人的正确来和自己的错误相攀比,企图以此证明自己的错误是合法的。比如:

某人因为镶假牙支付假币而被告上法庭。

法官:"你为什么给牙科医生支付假币?"

某人:"牙科医生给我安装的牙也不是真的。"

医生镶假牙绝不是可以付假币的理由,这人纯属狡辩。医学上,不叫假牙而称为义齿。如果使用医学术语,诡辩者大概就无计可施了。

有个姓张的横过马路时不走人行横道,值勤民警多次喊话,张某毫不理睬。当民警跑到张某面前进行劝阻时,张某竟无理地质问民警:

"你们民警可以站在马路中间,我为什么不可走马路中间?"

　　民警站在马路中间是在值勤,为了维护交通秩序;张某不走人行横道,却是违犯交通规则。张某这是在无理取闹。

33　主观臆测

韩复榘审小偷

　　人的主观认识由于受种种因素的影响,有时会与客观不相符合。可是,**有的诡辩者在论辩过程中,不是从客观实际出发,仅凭主观的想当然来对客观事物作出断定,以主观愿望或个人成见来论证论题的真实性,这就是主观臆测式诡辩**。

　　《列子·说符》中记载了这么一则故事:

　　从前有个乡下人丢了一把斧子,找了许久都找不到,于是他怀疑是被邻居家的儿子偷去了,他处处注意邻居儿子的一言一行。他看到那人走路的样子,像是盗斧的贼;看那人的面部表情,像是盗斧的贼;再听那人的言谈,更像是盗斧的贼。他越看越像,就觉得那人无论干什么,都像盗斧的贼。

　　后来,这个人在翻动他的谷堆时发现了斧子,斧子找到了。

　　找到斧子的第二天,他又碰见邻居家的儿子。再留心看看,就觉得那人走路的样子、面部的表情、说话的声音等,一举一动,完全不像是偷斧子的贼了。

　　这个人怀疑邻人盗斧,依据的不是客观事实,而是全凭主观臆测。

　　再请看韩复榘审小偷的故事。

　　山东的军阀韩复榘,是个不学无术的粗俗人,可为了显示自己

公正廉明,断案如神,常常亲自审理案子。他定案子根本不按法律,
而是信口开河,随意审案。

　　一次,韩复榘身穿便服,到街上体察民情,正好遇到两个小偷被
逮往,韩复榘命令跟班的:"给我把小偷带过来!"小偷被带到近前,
韩复榘指着其中一个问:

　　"你偷的啥?"

　　"小人偷了一头牛。"

　　"还好。牛不声不响,你偷它,它也不叫唤,说明你贼胆不大。
开释!"

　　韩复榘接着又问另一个小偷:"你偷的啥?"

　　"小人偷了一只鸡。"

　　"好你个偷鸡的贼子!你知罪吗?"

　　"小人知罪。"

　　"哼!你罪不轻。那鸡一抓它就嘎嘎乱叫,你胆敢偷鸡,什么样
的东西不敢偷?拉下去!枪毙!"

　　众所周知,一头牛比一只鸡值钱,因而偷牛的罪行远远要比偷
鸡的罪行重得多。可是,这个军阀不是根据情节轻重来断案,而是
根据"牛不叫"与"鸡会叫"来确定罪行的轻重,偷牛的无罪,偷鸡的
却被枪毙,这种仅凭主观臆测、自作主张的断案方法,不只是荒唐叫
笑,而且是黑白颠倒的诡辩,这就是主观臆测式诡辩。

　　**主观臆测式诡辩术的破斥:主观臆测式诡辩之所以是荒谬的,
原因就在于,诡辩者的论据仅仅是想当然的主观臆测,这种论据是
不可靠的,违反了充足理由律,用这样的论据是无法达到论证其论
点的目的的。因而,在遇到问题时,应该在调查研究的基础上,依据
客观事实作出判断,绝不能毫无根据地瞎猜一气。**

34 个人怀疑

玻璃光纤怎么能导电？

有的诡辩者因为自己不明白或者知识水平不够,就认定一个事物是假的,这就是个人怀疑式诡辩。

尤其是在科技史上,一些科学发明的产生、一些新的事物的出现,一些新的科学理论的提出,有些人因为不理解这些新事物,便觉得这些东西是假的,是错误的。

当初火车的发明就有过这样的经历。

19 世纪初期英国发明家乔治·史蒂芬森将蒸汽机使用到车辆上,发明了蒸汽机车并获得了成功,他被誉为"火车先驱者"。英国政府决定在曼彻斯特与利物浦这两个大城市之间建造铁路,由史蒂芬森担任总工程师。不料,竟有许多人在报纸上发表文章,反对这一计划。一位著名的医生指出:

"乘火车过隧道,最有害于健康。对体质较强的人,起码也会引起感冒和神经衰弱等病症;如果身体衰弱的人,则更危险。"

还有人竭力呼吁停止建造铁道的计划,理由是:

"要知道,火车的声音很响,这会使牛受惊,不敢吃草,从而牛奶就没有了;鸡鸭受惊,从而蛋就没有了。而且烟筒里毒气上升,将杀绝飞鸟;火星四溅,将酿成火灾;倘若锅炉爆炸,后果更不堪设想,至少乘客将遭断手折骨之惨!"

这些人因为自己不明白或者知识水平不够,就认定一个事物是荒谬的,这就是个人怀疑式诡辩。然而,这些指责攻击并没有使火车停止行驶,如今它已成了一种极为重要的运输工具。

"光纤之父"高锟实现光纤通信的当初也曾遭到激烈的反对。

1966 年,高锟发表了一篇题为《光频率介质纤维表面波导》的论文,开创性地提出光导纤维在通信上应用的基本原理,描述了长程及高信息量光通信所需绝缘性纤维的结构和材料特性。简单地说,只要解决好玻璃纯度和成分等问题,就能够利用玻璃制作光学纤维,从而高效传输信息。然而,高锟的这一理论遭到了许多人的怀疑,有媒体嘲笑他"痴人说梦",甚至有不少人认为高锟的神经有问题,他们的理由很充分:玻璃光纤怎么能导电?

在种种嘲讽和讥笑中,高锟坚持着自己的实验。如今,光纤通信彻底改变了人类通信模式,遍布世界的光缆,成为互联网大容量、高速度进行远距离信息传递的基础,世界因此拉近距离。被誉为"光纤之父"的华人科学家高锟,也于 2009 年 10 月 6 日,获得瑞典皇家科学院颁授的诺贝尔物理学奖。

个人怀疑式诡辩术的破斥:这种诡辩是因为诡辩者的有关知识的欠缺,科学知识的普及能消除这类诡辩。

35 编造借口
夫妻开玩笑引发两国战争

诡辩者对于他的荒谬言行往往会挖空心思、千方百计寻找借口,以便使其变得合法化,这就是编造借口式诡辩。

《韩非子·外储说》中有这么一段记载：

齐桓公娶了蔡国的一个女子为妻。有一天，桓公和她一同划船，夫人把船弄得摇摇晃晃，桓公大惧，禁之不止，盛怒之下，把她赶了出去。后来桓公又想把她召回来，但她已经改嫁了。桓公更是怒不可遏，便决定举兵伐蔡。对此，管仲劝谏道："夫妻开个玩笑，便要攻打人家国家，以这为理由出兵是难以取胜的。"

桓公就是不听。管仲又说：

"如果一定要攻打蔡国，就得找个借口。楚国已有三年没向天子进贡菁茅了，您不如替天子举兵伐楚，征服楚国后，再转而移兵袭蔡。理由是：我替天子伐楚，可你蔡国为什么不出兵支援？用这个借口把蔡灭掉，既有替天子伐楚的美名，又有报仇雪恨的实质，岂不是两全其美？"

桓公因为夫妻间开了个玩笑就把妻子赶了出去，还要举兵伐蔡，这显然是师出无名，难以取胜。管仲为了使他的侵略行径合法化，便以楚没向天子进贡菁茅为借口攻打楚国，又以蔡国没出兵援助而攻打蔡国，打着冠冕堂皇的幌子，行报私仇泄私愤的目的。像这样，为自己的错误行径寻找种种荒谬理由来辩护，这就是编造借口式诡辩术。

编造借口式诡辩术的破斥：这种诡辩的要害在于，论敌的借口仅仅是他的表面现象，要反驳这种诡辩，就必须将诡辩者言行的真正实质揭示出来。

比如，鲁迅《且介亭杂文末编·半夏小集》里记有这么一段答辩：

A：B，我们当你是一个可靠的人，所以几种关于革命的事情都没有瞒了你，你怎么竟向敌人告密去了？

B：岂有此理！怎么是告密！我说出来，是因为他们问了我呀！

A：你不能推说不知道吗？

B：什么话！我一生没有说过谎，我不是这种靠不住的人！

这里，B 以"我一生没有说过谎"为理由为自己的无耻叛徒行径开脱，说什么人家问什么就得说什么，这不过是为其无耻叛徒行径而寻找的拙劣借口而已，是荒唐的编造借口式诡辩。

36 凭空捏造
花旗银行的三亿美元股票

诡辩者为了达到其制服对手的目的，无中生有，把没有的说成有，这就是无中生有式诡辩。

下面便是一出诡辩者凭空捏造式诡辩的"杰出"表演。

1981 年 11 月的一个晚上，在四川某地一个宁静乡村的小瓦房里，围坐着十多名来访者。这时，主人周世洪从里屋踱了出来，寒暄之后，就开始一本正经地宣讲：

"我有一张价值二亿美元的股票，代号 101，是美国花旗银行 1935 年发行的。分为正券、副券和保护券，装在一个黄金宝盒里。现在，美国政府决定解冻，恢复其原有价值。我国政府已派人四处寻找这种股票。如能将股票献给国家，就是直接支援'四化'建设，可以得到三十万元奖金。凡是对献宝有贡献的人，政府都发给四种特殊的证件：一是全国风景区免费旅游证，二是各种紧俏商品优先供应证，三是私人财产保护证，四是大中城市户口自由迁移证。"

众人听到这里，兴奋不已，纷纷要求见识一下那个价值连城的宝盒。周世洪转身走进内室，捧出一个红包裹，放在方桌上，然后小心翼翼地解开外面的红绫，揭开黑漆匣子，里面是一个土黄色的金属盒子。他说：

"这是用十多斤黄金铸成的，光这盒子就值十来万元。"

然后他用钥匙打开暗锁，轻轻拈出三张小小的纸片。他指着印有飞机图案的纸片说："这是三亿美元股票的正券，飞机图案表示在全世界通用。"指着印有八角塔图案的纸片说："这是股票副券，上面的中国风光，是股票专在我国发行的标志。"又指着印有三绺胡须的老人头像的纸片说："这是保护券，这个当过国民党的政府主席的老人，就是三亿美元股中国保护人。"

正当人们听得目瞪口呆、啧啧称赞时，周世洪便话锋一转：

"这张三亿美元的股票，是解放前一个大官买的，他现在已经八十多岁了，无儿无女，也不想招惹是非，只要三万元就出手转让。我没这么多钱，只有靠大家凑钱入股买下来，向国家献宝，领得 30 万元奖金，我们按股分红。现在已有不少人交钱入股，每人还交了 8 张照片，准备用来政府发给的那 4 种特殊证件……"

这一番"出色"的表演，果然收到了预期的效果，于是人们纷纷解囊入股。

后经查明，这些所谓"美国花旗银行股票"全是由周世洪一伙捏造，那个所谓"黄金宝盒"是用铅铸成，外面涂有一层氧化铜粉。

诡辩者为了达到其不可告人的诡辩目的，无中生有，凭空捏造了所谓"美国花旗银行股票""黄金宝盒"，说得神乎其神、天花乱坠，使得不少人信以为真、上当受骗。他的这种诡辩表演，实在令人叹息不已！

民族资产解冻欺诈,一个流传了几十年的骗局,如今仍大行其道,被蒙骗者甚众。骗子们先包装一个历史民族秘密资产流落海外的故事;再通过各种假证件、银行清单等资料,假冒政府官员身份、伪造政府公文、委任状,声称国家准备解冻这笔资产,要发给那些有责任、有担当、充满正能量的爱国人士,只要报名参加,交几十上百元的手续费和资料费来进行运作,解冻成功后,每人就可以拿到平均数百万元的善款补助⋯⋯

这些论据都是无中生有、凭空捏造,是凭空捏造式诡辩术的典型。

当年美国攻打伊拉克,玩弄的也是凭空捏造式诡辩。

美国攻打伊拉克的根据就是伊拉克有大规模杀伤性武器,而这一论据便是凭空捏造的,是个彻头彻尾的谎言。伊拉克被攻克后,美国把伊拉克翻了个底朝天,也没找到大规模杀伤性武器的影子。俄罗斯总统普京说:

"整个世界都记得,美国国务卿(鲍威尔)出示有关伊拉克大规模杀伤性武器的证据,在安理会摇动一些装有洗衣粉的试管。"

美国前总统特朗普也在推特上说:鲍威尔一生最"伟大"的"政治杰作",就是小布什政府以伊拉克有大规模杀伤性武器为由入侵伊拉克是彻底的谎言。

美国攻打伊拉克,便是凭空捏造式诡辩的杰作。

凭空捏造式诡辩术的破斥:这类诡辩的荒谬性就在于违反了充足理由律,诡辩者确定其主张的理由是虚假的,是凭空捏造的。将对方凭空捏造论据的荒谬性公之于世,诡辩术便会破产。

37 **诉诸财富**
用财富作为是非评判标准

诉诸财富式诡辩,是诡辩者以金钱财富作为评判标准对是非曲直进行评价的诡辩方法。诉诸的"诸",是"之于"的合音;"诉诸",即"诉之于"。诉诸财富式诡辩是荒谬的,因为很多是非是不能用金钱多少来评判的。

诉诸财富式诡辩有这么几种情形:

(1)凡是有钱就是对的

有些见钱眼开的人,见钱就双眼发亮,认为有钱就有理。如果谁是有钱的,谁就是对的;如果你真是对的,你为何没有钱呢?

(2)凡是有钱就是奸商、贪官

这类人认为:马无夜草不肥、人无横财不富。在他们看来,你是富人,你做什么都是错的。这当然是荒谬的,因为事实上有不少富人是靠勤劳致富的,靠创新致富的。

这类思想是当今社会仇富心理的根源。仇富心理是指一些人由于贫富差距加大而导致的一种心理失衡状态,主要表现为对富人的仇视与憎恨。仇富心理具体表现为:一是对通过不正当甚至是违法的手段获取财富的人仇视,对富人的消费行为不满或生活方式不满;二是仇富心理的泛化,所谓仇富心理的泛化,是指对一切富者都怀有愤慨态度,使得并非为富不仁的老板,也可能无法幸免,每逢有富豪或死于非命、或遭遇不测、或陷入困境,不管原因为何,也不管每个被害的富豪是否真有罪,国内各大网站的网客评论里都充满了"该杀""该死""杀得好"等词语;三是仇富心理的偏激化,用非理性的方式向富者表达愤慨、讨回"公道",更有甚者用肆无忌惮的手段向社会发泄愤怒情绪。

(3)凡是穷人都纯朴善良

社会上也有很多人有同情弱者、同情穷人的现象,这无疑是扶危济困的良好道德。但如果认为某人没财富、没地位,因而他是正直善良的,其主张可取;更有人走向极端,认为"我是穷人,我说什么都有理":这就难免陷于诡辩。

(4)穷山恶水出刁民

他们认为,穷山恶水的恶劣环境,人们穷困潦倒,受教育程度低,很容易出现野蛮、没有文化的人。当然这是荒谬的。穷人中有刁民,富人中同样也有刁民。有很多贫困农村的学生为改变命运发奋努力考上大学,成为对社会有用的人;也有很多城市富家子弟不读书,"我家有几十套房,收房租足够我吃喝一辈子,我为什么要读书?"游手好闲,成为啃老族、寄生虫。

诉诸财富式诡辩的谬误在于财富与讨论的论题并没有关系。

诉诸财富式诡辩术的破斥:评判事物的是非标准不是人的财富多少,而是事物的实际情况。

38 ────────── **诉诸人格** ──────────

15岁如花的生命骤然凋零

什么是人格?人格是指一个人表现于外的给人以印象性的特

点和生活中所扮演的角色,以及与此角色相应的个人品质、声誉和尊严等。**诉诸人格式诡辩,就是诡辩者论证时,以某人在自己印象中的人格形象为据。如果印象中一个人的人格形象好,那么他的行为与主张就是好的、正确的;如果印象中一个人的人格形象不好,那么他的行为与主张就是坏的、荒谬的,而不论他到底说了什么,做了什么。**

比如,有的学生数学成绩不好,在老师的印象中是差生,被贴上了"差生"的标签。某一次数学测验,数学成绩考得特别好,这时候老师可能会说:

"你这次考得这么好,老实说,你有没有作弊?"

老师使用的就是一种"诉诸人格"的论证。这种"诉诸人格"的思维方法,很可能会误伤一些无辜的同学,因为它缺乏客观的有效性。

一个糟糕的人格标签可能毁掉一个孩子的一生!

2003 年,重庆 15 岁女孩丁小婷,含泪从学校 8 楼档案室外纵身跳下,重重地摔在了水泥地上。同学们循声望去,只见跳楼者已奄奄一息地瘫在地上,鲜血将一大块水泥地染红……

同学们惊得目瞪口呆,连忙大声呼救。学校德育主任梁红听到呼救声,急忙赶到现场。当梁红看到跳楼女生血肉模糊的惨况,心都碎了。她赶忙上前抱起血泊中的丁小婷,嘴里不住地呼唤着她的名字。只见丁小婷的眼泪从眼角慢慢滑落下来,她的身体在微微地颤动,呼吸渐渐转弱了……很快,命悬一线的丁小婷被紧急送到重庆市急救中心进行抢救。由于伤势过重,年仅 15 岁的丁小婷如花的生命就这样骤然凋零了——抢救无效死亡……

"上午丁小婷被班主任汪老师骂惨了,她是被汪老师逼死的!"

这时,围观的同学议论开了。

跳楼自杀前,丁小婷由于上课迟到,被班主任汪某某叫到办公室指责、辱骂近 1 个小时。据当时在现场的老师和同学回忆,汪老师先是用木棍打晓婷,接着又开始辱骂:

"你不看看你自己,又矮、又丑、又肥,你只能当一辈子老处女,你连坐台的资格都没有!"

不少尖酸刻薄的语言从一个人民教师的口中连珠炮似的吐出,这个只有 15 岁少女的自尊心受到了极大伤害,她几乎被骂得绝望了。第三节课是汪某某的语文课,整整一节课丁小婷坐在座位上抽泣。下课后,同学们发现丁小婷不见了,中午午餐时也没有出现。她独自带了一支笔、一个本子、一支漂亮的发夹,悄悄地从 5 楼的教室上了 8 楼。在 8 楼档案室外,绝望的小女孩丁小婷含着泪把遗书写好:

"汪老师:您说得很对,我做什么都没资格,学习不好,长得也不漂亮,连坐台都没资格。您放心,我不会再给您惹事,因为这个世界上不会再有我这个人,我对您的承诺说到做到……"

随即纵身跳了下去……

据丁小婷的同学介绍,丁小婷从小喜欢舞蹈,擅长书法,学习成绩优秀,多次被评为"二好学生",还是班里的学习委员。

事后,汪老师被撤职,并因侮辱罪被判刑。

诉诸人格式诡辩术的破斥:每个人都有平等的人格权,不要以人格来代替对事物的评判标准,人的人格尊严神圣不可侵犯。

人格,是做人的资格,即具有人的尊严和价值。人格的平等,是不分地域、不论朝代更迭的人性终极追求。尽管人与人之间总是存在着各种各样的差异,比如家庭状况、社会地位、个人素质等,但每个人在人格上都是平等的，每个人都拥有同等的人格尊严。

我们要学会尊重他人。尊重他人就是要尊重他人的人格。不论对方职务高低、身份如何、相貌怎样、才能大小，只要与之打交道，都应尊重他人的人格。每个人都有自尊心，不要侵犯他人的人格尊严。

39　诉诸地域
亚特兰大针对亚裔连环杀人案

有则故事这样讲道：若是在大街上遗失一元钱，人们会怎么样？

英国人决不惊慌，至多耸一下肩就依然很绅士地往前走去，好像什么事也没发生一样。

美国人很可能唤来警察，报案之后留下电话，然后嚼着口香糖扬长而去。

日本人一定很痛恨自己的粗心大意，回到家中反复检讨，决不让自己再遗失第二次。

唯独德国人与众不同，会立即在遗失地点的 100 平方米之内，划上坐标和方格，一格一格地用放大镜去寻找。

"一方水上养一方人"，不同的地理环境，不同的文化习惯，会影响不同地域人们的个性特征。地球上不同区域环境的人便形成了不同的性格。根据人的形态个性，就能区分他们来自于东西南北的哪个方位。比如，对属于南方人、北方人、广东广西人、新疆人、东北人等一般都能辨别得八九不离十。南方人和北方人的心理差异明显，不同地区的人性格上亦有不同，所谓山东多好汉而漓江多画童，说的就是这样一个道理。

然而，有的诡辩者根据不同地域人们的一般个性特征，面对某些社会现象，就断定必然是某地域的人所为；或者根据某人来自某地市，就断定他必然具有某类个性特征，这就是诉诸地域式诡辩。

诉诸地域式诡辩往往表现为地域歧视。

地域歧视是基于地域差异而形成的一种"区别对待"。它是由地域文化差异、经济发展不平衡、人类心理活动等因素引发的。地域歧视是"社会刻板印象"的一种体现。所谓"社会刻板印象"，指的是对某一类人持有一套固定的看法，通常带有片面、负面的色彩，并以此作为参照框架，主观认为这类人所有成员都符合这种看法。"社会刻板印象"会产生偏见甚至妖魔化。当偏见和妖魔化成为一国的政府行为时，它对社会的破坏性尤为巨大。

美国亚特兰大都会区 2021 年 3 月 16 日傍晚发生了一起针对亚裔的连环杀人案，一名白人在多地连续残忍枪杀了包括 6 名亚裔女性在内的 8 人。这一事件引发了全美亚裔的恐慌和抗议。

对此，美国白宫发言人普萨基也承认说："我认为毫无疑问，我们在上届执政期间曾看到过一些破坏性言论，指责称新冠病毒为'武汉病毒'或其他称呼，导致人们对亚裔美国人社区的不准确、不公平的看法，并加剧了针对亚裔美国人的威胁。我们在全国各地都看到了这种情况。"

诉诸地域式诡辩术的破斥：这类诡辩是荒谬的，因为某个地域群体有某种个性特征，并不等于某区域内每个人都有这种特征。

40　**诉诸美貌**

爱美之心，人皆有之

《孟子·告子上》中说："爱美之心，人皆有之。"人都是爱美的，人们热爱自然的美、社会的美、艺术的美，还有人的美。人本身就是世界上最精巧的、最完备的和最高级的审美对象。人不仅具有理性的美、智慧的美，而且具有行为举止的美、仪容外貌的美。

有的诡辩者为了达到某种目的，便借助于人的美貌，来诱导他人支持他的主张，我们称之为诉诸美貌式诡辩。

古希腊时期，有一位叫芙里尼的美丽女子，因为有人以亵渎神灵的名义将其告上法庭，因此她不得不接受审判。在法庭上，虽然律师极力为芙里尼辩护，但是法官仍认定她有亵渎神灵的罪行而应被处死。然而，就在她马上要被判刑的时候，律师急中生智，一把扯下芙里尼身上的罩袍，她美丽的身体就这样展露在大庭广众之下。随后，律师大声问道：

"这是上帝赐予她的美丽，难道我们要毁掉她吗？"

在希腊文化中，人体的美丽通常体现了神性，或者证明了神明的眷顾。怎么能够违背上天的旨意，而把她看成是邪恶呢？被惊呆的法官和陪审员纷纷回过神来，于是美若天仙的芙里尼被当庭宣告无罪释放。

毫无疑问，芙里尼之所以被无罪释放是因为她容貌的美丽。

不过要注意的是，我们东方和西方是两个不同文化系统。在古希腊哲学家与艺术家眼里,人体是自然世界的一部分,是最具匀称和谐、庄重优美特征的审美对象。古希腊艺术中,人体雕塑随处可见且达到了极高的艺术水平,如米隆的《掷铁饼者》,最具代表性并为世界各国人民熟悉的还要数《断臂的维纳斯》。然而,在我们的意识里,展示人体是让人羞愧的,更不能在大庭广众面前展现身体。

我国古代的美人计,也是借助美人的美貌来引诱人上当的。

历史上有很多有名的美人计,比如在东周时期,前672年,晋献公攻打骊戎部落,骊戎求和将骊姬与其妹少姬献给晋献公。骊姬为了报复晋国,施展手段,很快把晋献公迷得神魂颠倒,骊姬深得晋献公的宠爱,获立夫人,并生下儿子奚齐,而骊姬的妹妹少姬生子卓子。骊姬以美色获得晋献公专宠,阴险狡诈,献媚取怜,逐步博得晋献公信任,参与朝政。但骊姬仍不满足,使计离间挑拨晋献公与儿子申生、重耳、夷吾的感情,迫使申生自杀,重耳、夷吾逃亡,改立自己所生之子奚齐为太子,史称骊姬之乱。

还有四大美女之一的西施,其实也是越王勾践为了报复吴王夫差而设下的美人计,夫差果然沉迷酒色,吴国逐渐衰败,勾践最终得以报仇雪恨。

历史上使用美人计的案例数不胜数,美人计之所以能得逞,离不开美色的诱惑,从而实现直接对抗所不能达到的目的。

在今天,诉诸美貌的手段随处可见,尤其是商业营销方面,被称为"性感营销"。使用性感材料增加人们对消息的注意,而注意是态度改变的必要条件,使人们转移到信息所推介的产品上去,导致态度改变,更易于为人所接受。然而,也有的营销者越轨了,利用含有低俗、淫秽、色情、性挑逗等内容的广告来推介产品,背离了道德良知,违反了广告法必然会受到查处。

诉诸美貌式诡辩术的破斥：诡辩者所使用的美貌和他的主张并无必然联系，须理性分析，不要上当。

41　诉诸传闻
抢盐风波的由来

传闻就是辗转流传的事情，它具有广泛的传播性，可以不胫而走，一传十，十传百，很多人都这么讲，就很容易使人相信；另外，传闻还具有具体性和无法确证性，它在流传中越传越具体，越传越丰富，传来传去，其起源很难查出，事实真相如何，短时间内也无法搞清楚。因而，**诡辩者往往会以传闻为根据，为其谬误作出辩护，这就是诉诸传闻式诡辩。**

比如，旧社会的统治阶级为了维护自己的政权，就往往诉诸传闻，有意编造各种人们证实不了的谎言来愚弄人民。古代帝王大多被认为是神或是神的儿子，古埃及和印加帝国的国王，传说是"太阳的儿子"。中国古代的帝王也都被赋予非凡的能力和神圣的光圈。据说魏文帝曹丕，出生时有华盖状的青色云气在他头上笼罩终日；隋文帝杨坚，出生时紫气充庭，手上赫然有一"王"字；唐太宗李世民，出生时有两条龙在门外戏耍，三天后方才离去；宋太祖赵匡胤出生时异香伴随，遍体有金色，三日不变；朱元璋在他母亲怀他时，梦到神送一药丸，放在掌中有光，吃下去，醒后口里有香气，他出生那天红光满室，夜里露出光来，邻居以为着了火……这些统治者之所以玩弄传闻，就是想要说明他们是非凡的，要他们的臣民驯服地接受统治。

尽管传闻都是以讹传讹，但由于说得生动具体、活灵活现，因而具有很大的社会作用，我们千万不可等闲视之。比如：

2011年3月，日本东北部发生里氏9级大地震，大地震引起的海啸、核辐射等危机层层推进，连远在大洋彼岸的中国也引起了恐慌。一条"吃碘盐可以防辐射"的谣传忽然传遍大江南北，从而引起了大面积抢购市场碘盐的行为。抢盐风波中，囤积食盐最多的是武汉市民郭先生，他花高价购入食盐13 000斤，由于抢购食盐最多，被人称为"抢盐帝"。抢盐潮来得快退得更快。转眼间，13 000斤食盐，压得郭先生既窝心还难堪。

当我们碰到诉诸传闻式诡辩时，就有必要给予严厉的驳斥。比如，中国驻印度特命全权大使李连庆，是位颇有声望的外交官，在一次记者招待会上，有位印度记者突然向他提问：

"据说，中国在新疆帮助巴基斯坦试验核武器，对此，大使先生有何感想？"

奇峰突起，咄咄逼人。喧嚣的会场上一下静了下来，因为谁都明白中、印、巴三国的微妙关系。对于印度记者道听途说、以传闻为据的非难，李连庆大使严正答道：

"据说是一个推测用语，而在这样的重大的问题上，使用这样的词语是不够慎重的，据谁而说？证据何在？中国一贯主张销毁核武器的原则立场是众所周知的，她自己制造核武器，也是为了打破超级大国的核讹诈，以至最终销毁核武器，怎么会再去帮助另外一个国家去试制核武器呢？"

李连庆的应对，立场坚定，进退有度，给了对方诉诸传闻式诡辩以有力的反击。

诉诸传闻式诡辩术的破斥：道听途说的传闻不可信，请对方拿出真凭实据来！

42　诉诸流言
她因不堪流言蜚语而自杀

所谓流言蜚语，是指没有根据的捕风捉影，对他人进行不负责任、无中生有的讽刺、非议、指责和批评。流言蜚语的危害性是巨大的，我们如果不会应对，那就会深受其扰，甚至毁掉自己的整个人生，因而自古就有"人言可畏"之叹。**一些诡辩者为了达到其混淆是非、颠倒黑白的目的，在堂堂正正的论辩中无法取胜时，便捕风捉影、无中生有地鼓噪流言蜚语，这就是诉诸流言式诡辩。**

当年美国约翰·亚当斯竞选总统时，就曾遭到流言蜚语的袭扰。

在 1796 年美国的总统竞选中，约翰·亚当斯竞选总统，共和党人指控约翰·亚当斯，说他曾派其竞选伙伴平克尼将军到英国去挑选四个美女做情妇，两个给平克尼，两个留给总统。约翰·亚当斯听后哈哈大笑，说道：

"假如这是真的，那平克尼将军肯定是瞒过了我，全都独吞了。"

约翰·亚当斯幽默风趣的反驳，使流言失去了市场。他在这一年当选为美国历史上的第二位总统。

然而，我国民国时期的著名影星阮玲玉，就没这么好的运气，就是因为受不了流言蜚语，在 25 岁的大好年华，在留下四个字的遗言

"人言可畏"后,她选择了自杀,香消玉殒。

1910年,阮玲玉出生在上海。6岁那年,父亲便离去,只留下阮玲玉母女俩相依为命。母亲靠着在大户人家做女佣养活着两人。16岁的阮玲玉考入明星电影公司,首次在影片《挂名夫妻》中出演,接连拍了《血泪碑》、《杨小真》(又名《北京杨贵妃》)等影片。后来,阮玲玉遇到了导演孙瑜,孙瑜将国外小说《茶花女》改编成了影片《故都春梦》,并且大胆起用阮玲玉,阮玲玉端庄大方,清丽脱俗,对待表演更是倾注了全部的热情,影片上映之后卖座极盛。

然而,她却是一个苦命的人,感情生活令她受尽折磨。

在阮玲玉15岁的时候,她和母亲还在张家当佣人,当时张家的四少爷张达民爱上了阮玲玉。但是张达民身为大少爷,整日在时尚场所留恋,后来他将父亲的家产挥霍一空,靠着明星女友养活。他将阮玲玉看成是摇钱树,不给就大闹影棚,让阮玲玉颜面尽失。

在和张达民感情破碎之后,阮玲玉遇到了生命中的第二个男人唐季珊。唐季珊是一位富商,她对阮玲玉一见倾心。后来张达民回到上海,发现阮玲玉和唐季珊在一起,于是他心生一计,诬陷阮玲玉窃取财物,他将阮玲玉告上法庭。这条消息一出,一时间流言铺天盖地,轰动整个上海,感情将她折磨得遍体鳞伤。

在穷途末路的时候,阮玲玉遇到了自己生命中第三个男人。她在拍电影《新女性》的时候,认识了导演蔡楚生,但没想到蔡楚生竟是个有妇之夫,他为了自己的名誉选择和阮玲玉分手。

1935年3月8号,阮玲玉服下了三瓶安眠药,在熟睡中离去,仅留下"人言可畏"的四字遗书。

阮玲玉生前闻名天下,死后哀荣也是盛极一时,她的灵车所过之处,万人空巷,沿途悼念她的人多达30万人。就连一向不问八卦

的鲁迅,也为阮玲玉写了一篇《论"人言可畏"》,抨击无良记者:

"但是,无论你怎么描写,在强者是毫不要紧的,只消一封信,就会有正误或道歉接着登出来,不过无拳无勇如阮玲玉,可就正做了吃苦的材料了,她被额外的画上一脸花,没法洗刷。叫她奋斗吗?她没有机关报,怎么奋斗;有冤无头,有怨无主,和谁奋斗呢? 我们又可以设身处地的想一想,那么,大概就又知她的以为'人言可畏',是真的,或人的以为她的自杀,和新闻记事有关,也是真的。"

在二战中,英国人的心理战也是如此。

二战相持阶段时,疲惫的德国士兵们特别想要洗一个热水澡,可是英国人却通过各种小道消息在德军中散布,德军士兵们所使用的肥皂是军方用尸体榨出来的油制成的,然后直接发给前线的士兵们使用。

这一下人油肥皂的谣言开始在德军中蔓延,这一消息让原本就不安和绝望的德军士兵们开始骚动起来了。更要命的是,德军一系列的失败使得德军在舆论上处于劣势,现在人油肥皂这一消息的传出,使得士兵们开始表现出了对德军方的不满,前线士兵们也开始出现了逃跑。由于谣言中提到了德国的集中营,德国不敢让细查。此外,德国也不想公开自己的各个工业基地,面对这种事情就毫无还手之力。

流言蜚语具有巨大的杀伤力,尤其是在当今网络如此发达的现代。

一句流言可以让一个人抑郁,一句流言可以让一个人身败名裂,一句流言可以让一个人背井离乡,一句流言可以让一家店倒闭……流言蜚语可以伤害个人,伤害群体,伤害社会,伤害国家。在许多情况下,流言蜚语往往成为不诚实的人的斗争的手段和工具。

诉诸流言式诡辩术的破斥:拿起法律武器,让法律惩处散布流言蜚语、造谣中伤之徒,是最强有力的方法。

43 诉诸动机
于英生杀妻冤案

动机是激发和维持有机体的行动,并将使行动导向某一目标的心理倾向或内部驱动力。动机在人的行为活动中具有激发功能、指向功能、调控功能。有这么一则故事:

一群熊孩子在一位老人家门前嬉闹,叫声连天。几天过去,老人难以忍受。于是,他出来给了每个孩子 25 美分,对他们说:"你们让这儿变得很热闹,我觉得自己年轻了不少,这点钱表示谢意。"

孩子们很高兴,第二天仍然来了,一如既往地嬉闹。老人再出来,给了每个孩子 15 美分。他解释说,自己没有收入,只能少给一些。15 美分也还可以吧,孩子们仍然兴高采烈地走了。

第三天,老人只给了每个孩子 5 美分。孩子们勃然大怒:

"一天才 5 美分,知不知道我们多辛苦!"

他们向老人发誓,他们再也不会为他玩了!

这个故事中,老人的算计很简单,他将孩子们的动机"为自己快乐而玩"变成了"为得到美分而玩"的动机,而他操纵着美分这个因素,所以达到操纵孩子们行为的目的。

人类的行动离不开一定的动机,但动机与行动并不相等,有某种动机并不等于有某种行动。如果仅仅依据某人有某种动机就断

定某人执行过某种行动,将某种错误甚至罪恶强加于人,这就是诉诸动机式诡辩。动机实质上是某种想法、某种心理活动,所以诉诸动机又称为动机论、诛心论、诛心之论。

尤其是在司法实践中,如果仅仅根据嫌疑人有作案动机,便贸然断定其为罪犯,就有可能酿成冤假错案。比如安徽"于英生杀妻冤案"。

1996 年 12 月 2 日早晨,于英生同往常一样送自己七岁的儿子去上学,临行前还给睡梦中的妻子韩露道了别。于英生将儿子安全送达学校之后,便去上班了。但他却万万没想到,这一别竟是阴阳两隔,而他也因此含冤入狱 17 年。

时至中午,韩父像往常一样接外孙回家,可刚到家门口却发现家里的门没有关严,韩父大感不妙,小心翼翼地推开了门。整个屋子充斥着煤气的刺激气味,他马上冲到了女儿的房间,他看到眼前的一切后如同五雷轰顶。韩露此时正赤身裸体地躺在床上,毫无气息,整张床都被鲜血染红了。他立即拨打了报警电话。警察赶到现场后,便对案发现场进行了取证。警方经过调查后发现,家里门窗完好,没有被撬动的痕迹,屋内也没有打斗的迹象,从韩露体内提取出了成熟的精子,证明她生前被性侵过。警察经过在周边多次走访得知,于英生与其妻子韩露经常吵架。警方认为,从种种迹象表明,于英生很可能就是凶手,于是他成了警方的重点怀疑对象。12 月 22 日,于英生因涉嫌故意杀人罪被当地警方逮捕。人们想不到,平日里待人和善的于英生居然是下手如此残忍的杀人犯。于英生更是没有想到,自己不仅在短短的时间内失去了妻子,自己也莫名其妙地成了杀人犯。

随后,于英生便被关进了审讯室,被迫接受审问。连续七天七夜不间断的讯问、折磨，使他终于无法忍受，被迫承认了自己杀妻的罪行。

但是，韩露体内残留精液的 DNA 与于英生并不相符，然而警方认定于英生为了掩盖罪行故意弄来他人精液。警方在于英生的家中提取了两枚陌生的指纹，但是办案民警却刻意向于英生和社会隐瞒了指纹的存在。

在法庭刻意回避、隐瞒关键证据的情况下，在不公开庭审中，于英生被判处死刑。后因多方申诉，于英生被改判为无期徒刑。

狱中的于英生含泪向自己的父母亲表达自己的冤屈，自己平日虽然和妻子韩露吵吵闹闹，但绝对还没有到杀妻的地步。于英生入狱后，他本想随妻子一死了之，可若是这样，那就是坐实了自己杀妻的罪名，自己一生光明磊落怎能背负如此骂名？并且，他一想到妻子死时的惨状，就更加坚定了申诉的决心。

2013 年 8 月 13 日，安徽省高级人民法院宣布于英生案由于证据不足，撤销之前的审判结果，并宣告他无罪。

而真正的凶手，是蚌埠市公安局交警支队的一名民警，三级警督武钦元。专案组拿出他的指纹与现场的指纹比对，此时武钦元看到证据确凿，才承认了自己的罪行。

据武钦元供述，他早在朋友组织的一次聚会中见到过韩露，便对韩露一见倾心，并对她进行跟踪。在 1996 年 12 月 2 日上午，武钦元发现韩露一人在家，便身穿警服敲门进屋，将韩露强奸并杀害。他还将液化气罐打开搬至屋内，点燃蜡烛，妄图制造爆炸彻底毁灭犯罪现场。

在这起冤假错案中，有关机构对案件的 DNA 证据、外来指纹等关键证据一概置之不理，而仅凭一个可能的动机来断案，从论辩学的角度来说,这就是典型的诉诸动机式诡辩。

安徽于英生冤案,损害的不仅是当事人的利益,还损害了人们对公平正义的期待。于英生冤案不仅是个人的,也是国家法治化进程的疮疤。这样的疮疤在时刻提醒我们,没有公正的司法,我们就不可能成为一个文明昌盛的国家。

诉诸动机式诡辩还有一种情形是,诡辩者捏造某种动机为错误甚至罪行开脱。比如,有的偷狗贼偷狗贩狗,反而狡辩说:"很多人养狗不拴绳,狗伤人事件经常发生,我这是为消除狗患作贡献,应给我颁发见义勇为奖才对。"

诉诸动机式诡辩术的破斥:我们作出断定的依据是客观事实,不能仅凭主观揣测的某种动机。

44　诉诸冥想
意念拒虎,葬身虎口

冥想,是在静寂的环境中,深沉的思索和想象。有时通过静坐冥想的方式可以清除杂念,达到身心祥和之境。但是,冥想的境界毕竟不同于现实的世界。**如果诡辩者以冥想的境界为依据来为现实世界的事物进行论证,这就是诉诸冥想式诡辩。**

据《太平广记·妖妄二》记载:唐朝时期,华山有个叫明思远的道士,勤奋钻研道家典籍有三十多年,经常教人"金水分形之法",告诉人们要屏住呼吸,冥思苦想,靠意念行事,据说练成后能看到自己的魂魄,能分身,能调遣鬼神。他的说教迷惑了不少人,人们来向他拜师求教,他收了很多徒弟。

永泰年间,华州虎患很严重。明思远对人们说:

"遇到老虎不要怕,屏住呼吸凝神冥想,想象十个手指上都有一头狮子,命令狮子冲向前,这样老虎就会立即跑掉。"

有一天,明思远和几个人同行,在山谷中遇到一只老虎,同伴们都惊慌逃走。只有明思远泰然不动,屏住呼吸靠意念冥想行事。结果,顷刻之间便被老虎吃掉了。

第二天,徒弟们进山寻找,在谷口只发现了血迹和他的鞋子。

事实证明,在猛虎面前,明思远的十个手指上并没有出来什么狮子,也没有把老虎吓跑,倒是他自己葬身虎口,给饿虎送上了一顿美味的晚餐。

诉诸冥想式诡辩术的破斥:诉诸冥想式诡辩不过是唯心主义的产物,冥想的东西不足为凭。

45　以梦为据
宾卑聚找梦中壮士复仇

人在睡眠时,脑细胞也进入放松和休息状态,但有些脑细胞没有完全休息,微弱的刺激就会引起它们的活动,从而引发梦境。**梦境是虚幻的,然而,有的诡辩者却以虚幻的梦境为据与人争辩,这就是以梦为据式诡辩。**

据《吕氏春秋·离俗》载:齐庄公的时候,有个勇士名叫宾卑聚。一天夜里,他梦见一个壮士,身材魁梧,头戴白色绢帽,外穿耀

眼的红色麻布盛装,内穿棉布做的衣服;帽上坠着红色的丝穗,脚穿
一双崭新的白色缎鞋,身上挂着一个黑色的剑囊。这个威武的大汉
走到宾卑聚面前,大声地呵斥他,还朝他脸上吐唾沫。

宾卑聚被这个突如其来的凶狠汉子惊醒了,他发现原来是个
梦。尽管这样,他依然因此而一夜没睡,心中非常气愤。第二天天
一亮,宾卑聚就把他的朋友们都请来,向他们讲述了前一天晚上做
的梦。然后他对朋友们说:

"我自幼崇尚勇敢,60年来从没受过任何欺凌侮辱。可是昨天
夜里,我在梦中受到如此侮辱,心里实在咽不下这口气。我一定要
找到那个敢在梦中骂我,并向我吐唾沫的人。假若在三天之内找到
他,我就要报这个仇;如果三天之内找不到他,我就没脸面活在世
上了。"

于是,每天一早,宾卑聚就带着他的朋友们一起站在行人过往
频繁的交通要道上,寻找着跟梦中打扮、长像一样的人。可是,三天
过去了,他们始终没有看到一个如梦中一般打扮的壮士。宾卑聚气
馁地回到家中,长长地叹了一口气,然后拔出剑自刎了。

宾卑聚仅凭梦中的一点不快便耿耿于怀,甚至含恨自尽、自暴
自弃,这是十分愚昧的。

有个人财迷心窍,总希望成为大债主。有天晚上他做了一个
梦,梦见邻居向他借了一大笔钱。第二天早上,他一出门恰好就遇
见了那个邻居,他赶忙迎上去说:

"你是来还我钱的吧?"

"谁借了你的钱了? 你怕是在做梦吧?"邻居感到莫名其妙。

这时他猛然醒悟,说:"确实是我在做梦时你借了我的钱,那就
在我今晚梦中还给我好啦!"

这个人把梦境当成现实,还找人还钱,荒唐又可笑。又如:

南北朝时,宋明帝刘彧病重时,梦中有人对他说:"豫章太守将要谋反!"刘昱醒来后,便将梦中的情况当成真事,派人将豫章太守刘愔杀死了。

刘彧因为梦中有人对他说某人将要谋反,便以梦为据,不分青红皂白派人将人家杀掉,既愚蠢又残忍。

以梦为据式诡辩术的破斥:梦境是虚幻的,不足为凭。

不过,世界之大,无奇不有。据央视《撒贝宁时间》报道,长白山警方依靠当事人姐姐梦境破了杀人大案。主持人撒贝宁说:

"家住辽宁的张燕做了一个奇怪的梦,她梦见自己的亲弟弟被人杀害了,她万万没有想到的是正是自己这个梦,帮助警方解开了她弟弟失踪之谜。"

当然这也许纯属巧合吧!

46 诉诸鬼神
杀人犯的鬼把戏

在远古时期,生产力极其低下,人类的理性思维极不发达,人们对瞬息变化的各种自然现象无法作出解释。那震撼天地的雷电,熊熊燃烧的森林大火,奔腾咆哮的洪水,山崩地裂的地震灾害,往往引起恐惧、惊惶和神秘感,人们认为有一种与人不同的、不受自然法则限制的意志、智慧和能力,在冥冥之中支配和操纵着自然和人类,这就是神。神灵观念是客观世界中那些支配自己的外部力量在人们头脑中幻想的、歪曲的、颠倒的反映。当人们在这些异己力量面前困惑、无可奈何时，各种神灵观念就有可能产生。

相信鬼神的迷信思想在封建社会普遍流行，即使在科学高度发达的今天，相信鬼神的人也并不少见。**诡辩者往往借助于人们对鬼神的迷信思想来为其谬论辩护，使其阴谋得逞，这就是诉诸鬼神式诡辩。**

公元 1052 年，南方广源州的侬智高起兵反宋，宋仁宗便派大将狄青统领大军去平定叛乱。大军出了桂林，路途艰险，军心动摇，不少士兵开了小差。为了稳定军心，他想出了一个办法。一天，狄青对将士们说：

"此番来南方讨伐叛军，是吉是凶只好由神明决定。是吉的话，那我随便扔在地上的 100 个铜钱，个个都应当面朝上；只要有一个面朝下的那么就是凶，那我们就只好班师回朝了。"

有人劝道："再怎么运气好，100 个铜钱扔下去，总不见得个个都会面朝上的呀，如果有面朝下的，不就要动摇军心，如果不战而回朝，岂不是违抗圣旨？请大将军三思而行！"

狄青不听，叫心腹拿来一袋铜钱，将士们个个目不转睛地望着他，他口中念念有词："神明保佑，神明保佑……"突然他掏出一把铜钱眼睛一闭向上一抛，当铜钱落下时，将士们围过来看，100 个铜钱居然全都是面朝天的。果真是神灵保佑！全军闻知，欢呼声响遏行云。

这时，狄青命心腹拿来 100 枚钉子，将铜钱钉在地上，并用青纱罩在上边，自己亲自动手加了封，一边虔诚地说道："待大军得胜回朝，路过此地，用厚礼来祭奠神明。"此时全军士气高涨，势如破竹，很快平定了侬智高的叛乱。

其实这些铜钱个个都只有正面,狄青正是利用这只有正面的铜钱和将士们相信神灵的心理,结果达到了其预定目的。

诉诸鬼神式诡辩术的破斥:对于诉诸鬼神式诡辩,只要坚信世界上根本就没有什么鬼神,诉请鬼神的诡辩就要破产。

清代纪昀的《阅微草堂笔记》中载有这么一件案例:

有个叫唐执玉的总督审理一件杀人案,案件已审查完毕。一天夜里,他独坐于烛前,忽然听到轻微的哭泣声慢慢地临近窗户。他揭开门帘出去看,只见一个满身是血的鬼跪在台阶下。他厉声叱咤这个鬼,这鬼对他叩头说:

"杀死我的本来是某甲,可县官却错误地判决某乙有罪,不将真正的凶手正法,让他逍遥法外,我死不瞑目啊!"

唐执玉说:"我知道了。"鬼听了后翻墙离去。

第二天,他亲自提审有关人犯,众人供说,死者穿的衣服正与他昨夜所见的相符,他更加坚信不疑,竟依照鬼的话,改判某甲有罪。原审官员多次申明解释,他都听不进去。后来府内师爷求见他,知道了前后经过,便反驳说:

"凡是鬼都有形影而没有实体,他离去应该是迅速隐没,而不应当翻越墙头,这一定是因犯贿赂会飞檐走壁的盗贼所做的事。"

唐执玉听后恍然大悟,于是仍遵从原审官员的判决。

这个杀人犯为了洗刷罪名、嫁祸于人,便乞灵于鬼神,堂堂总督也竟然上当;幸好师爷一眼识穿其荒谬性,杀人犯的阴谋才未能得逞。

47 诉诸命运
命运就掌握在自己手中

命运，即宿命和运气。命，指先天所赋的本性；运，指人生各阶段的穷通变化。命运是一种迷信观念，是愚昧落后的产物。

我国古人大多相信命运。孔子说：

"生死者，命也。"(《孔子家语·在厄》)

孟子说："莫非命也，顺受其正。"(《孟子·尽心章句上》)

一切都是命运，顺应老天爷的安排吧。

诡辩者也会借助人们相信命运的心理，来达到其混淆是非、招摇撞骗的目的，我们称之为诉诸命运式诡辩。

算命先生骗人的秘诀有："勾、捧、套、抖"四字诀。

所谓"勾"，就是叫你停下来，说动你看相。比如，要叫你留步，一般会说："先生请留步，我看你马上有财运来临，请抓住机会。"或是"你有富贵之相"，或是"你眉眼生得好，定能嫁个好丈夫"，或是"我愿意根据你的面相给你一点忠告，听听有没有道理，如果有道理，继续往下讲，没道理，你马上走。"这是"留客"，是相命的第一步。

第二步是"捧"。如果你有些心动，接下来他就察言观色，投你所好，不露痕迹地吹得你心花怒放。比如，你是老年人，就讲你气色很好，晚年有福，善人有善报；如果是中年人，就说你能生意发达，官运亨通；如果是年轻人，就说你聪明能干，是当官的料，做老板会发财；如果是女性，则说你漂亮；如果不漂亮，就说你气质好；如果气质一般,就说你人好;等等。

第三步就是"套"。通过看你的手相、面相、衣着打扮、说话性格,边观察边"套"你的话,逐步掌握你的心理状态和大致生存状况。

最后一步就是"抖"。经过一番准备,当相命的人心里大致有数以后,就给你下结论。其中主要有两条:"话不说死""敢断善圆"。比如说,看你有几个小孩,先是装作很肯定地说第一个是儿子,如果你生的是儿子,那他就说明他是"半仙";如果你生的是女儿,他会说,生小孩还要看你老婆的相,或者说你哪个部位受损,运势改变了。看财运、官运也大抵如此。

相命的人,给你看完以后,会说你的相命真不错,只不过有点可惜,如果没有哪个哪个"关口",那将会更有财运、官运。说送你一道玄机,可以帮你免此一劫,渡过难关。这时就会向你要钱,多少看你的情况而定,大体上分三等,如 88、888、8 888 元等。拿了钱以后,给你一张符咒,让你回去烧成灰,在某个时辰,朝什么方向,冲开水喝下去……

诉诸命运式诡辩术的破斥:诉诸命运式诡辩纯属迷信,命运就掌握在自己手中,得靠自己奋斗来实现。

古代墨子就对命运观念持极力否定的态度,对"有命论"作了猛烈的抨击。墨子认为"有命论"是暴徒的理论。他说:

有命论者会认为一切都是命里注定的,一切都无所谓,一切都随他去吧。"作恶者被惩罚,会认为是命运本该受惩罚。因此他们在家不孝敬父母,在外对乡邻不友爱。因此他们治理官府则有盗贼,守卫城郭则有背叛,因而他们为君则不义,为臣则不忠,为父则不慈,为子则不孝,为兄则不良,为弟则不悌,因而有命论是暴徒的理论。"

墨子还认为"有命论"是使天下大乱的理论。他说：

"有命论者推行有命论,那么王公大人不努力治理政事,卿大夫不致力于治理官府,农夫不努力于耕种,妇女不努力于纺织,这样天下就必定粮食不足,必定导致天下大乱。"

因而墨子认为,有命论是暴君所造作的,是不仁的言论,一个君子要兴天下之大利,除天下之大害,就必须坚决反对有命论。

48 诉诸风水
命里有座桥，你就可当副总理

风水是一种迷信观念,迷信起源于无知和恐惧,是对于自然力量和社会力量的畏惧和屈服,是人类不能支配和控制自身命运时的幻想。**诉诸风水式诡辩,是诡辩者把家族的命运寄托于住宅、墓穴,以及住宅周围的山川河流之中,赋予建筑一种超自然的神秘力量,认为建筑可以决定一个人的发达或穷困,决定一个家族子孙的兴旺或落魄,决定一个企业的繁荣或衰败,可以决定个人或社会群体的命运的一种诡辩方式。**这是彻头彻尾的伪科学、江湖骗术,是地地道道的迷信!

风水迷信的实质是愚昧无知、自欺欺人、软弱和不负责任的表现。

如今社会,科学高度发展,风水迷信却沉渣泛起,大肆泛滥。乡村神汉,朴素的寻常百姓,精明的商人,甚至连一些官员、一些党政机关竟然也都将风水迷信奉为至宝。

一些政府部门每换一次领导，就要更改一次办公室的布局；部分官员上任后第一件事就是找风水先生看自己办公楼、办公室的朝向，有的甚至对整个建筑大兴土木。发生这类"怪事"的原因，缘于某些官员迷信风水，相信风水能使自己飞黄腾达、平步青云。

山东省泰安市原市委书记胡建学，曾找到风水术士，风水先生说：

"你可当副总理，只是命里缺一座桥。"

胡建学为了实现当国家副总理的梦想，下令将已按计划施工的国道改道，使其穿越一座水库，并顺理成章地在水库上修起一座大桥。不过，他终究与副总理职位无缘，倒是因受贿罪行暴露，1996年6月被山东省高院判处死缓。

甘肃某国家级重点贫困县，为了脱贫致富，县上领导请了好多风水大师，风水先生说：

"要想改运，得将神石甘州石搬运来作为城标。"

该县2009年1月至10月的财政收入仅有7 044万元，但却在2010年9月12日耗资500万元（另一说为1 300万元），雇用运输公司将重369吨、被当地人称为"神石"的甘州石搬运作为城标。据报道称，搬运这块石头的过程还被寓意为"时（石）来运转"，"县长三步一磕头，磕了99米迎接"，转移巨石还"刷新了吉尼斯世界纪录"。

像这类风水腐败的现象屡见不鲜。

风水迷信不仅劳民伤财，还严重影响社会安全。

江西省某县，土姓人家接连出现了不幸事情，2006年初王姓人家特意请了风水先生前来堪宅查墓，风水先生说：

"你们村之所以灾祸不断，是因为400米外刘姓住处那家房子过高，使王姓一祖居形成了披孝屋的状况，这便主横死人丁，退田产。"

于是王姓人家要求刘姓人家必须把那房子拆了,否则就不客气。因为王姓比刘姓强大,但是刘姓也不是吃素的,况且是在自己的地盘上,自己也没有错,这样就发生了一场宗族势力聚众斗殴的大事情。2006年4月初,其中王姓人家聚集了12 000余人,刘姓人家聚集了7 000余人。要不是调动了5个县市的所有武警公安部队前来平息此事,后果将不堪设想。后来,江西省某县人民法院以聚众斗殴的罪名分别判处了4名王姓人氏和3名刘姓人氏。其实该判的不仅是那4名王姓人氏和3名刘姓人氏,那个风水先生在这件事情中更负有不可推卸的责任。①

诉诸风水式诡辩术的破斥:风水是一种迷信观念,是人们对于事物盲目的信仰或崇拜,是对客观世界的一种虚幻歪曲的反映,是愚昧落后的产物,不足为凭。有一首流传很广的讽刺风水先生的诗:

> 风水先生惯说空,指南指北指西东。
> 山中果有封侯地,何不择其葬乃翁?

此诗一举击中风水术士的死穴:既然风水术是一门谋求富贵趋吉避凶的学问,为什么风水先生不能用风水术为自己谋求王侯将相呢? 对于诗中的质询,风水术士始终无法给予有说服力的正面回答,就如同相信"上帝万能"的欧洲神学家们,始终无法回答"上帝能否造出一块他自己举不起来的石头"的质询一样。

---

① 谢国日:《从两迁祖坟说风水巫术》,《科学与无神论》2007年第4期。

49　诉诸占卜

枯骨死草，何知而凶！

占卜，是指用龟壳、蓍草、铜钱、竹签、纸牌或占星等手段和征兆来推断未来的吉凶祸福的方法。**诉诸占卜式诡辩，是指诡辩者借助占卜手法，来混淆是非，为其谬论进行辩解的诡辩方法。**

古代宋国有个占卜师胡说八道，直接导致国家灭亡。

据《资治通鉴·周纪四》载：有一年，宋国都城城墙拐角一个麻雀窝里，发现孵出了一只雏鹰。太史占卜说：

"不得了！小鸟生大鸟，大吉大利，宋国必霸天下！"

宋康王狂喜，马上行动。起兵先灭了小国滕国，又攻打薛国；向东打败齐国，占领了五座城市；向南攻打楚国，占领了三百里土地；向西打魏国，魏军也被他打败了。宋国突然发疯，大家都没防备。宋康王同时跟各国作战，包括齐、魏这样的大国，居然连战连胜，更加信心满满，对小鸟生大鸟的吉兆深信不疑。

为了加速成就霸业，宋康土还"射天笞地，斩社稷而焚灭之"。宋康王让人用皮袋子装上血，挂到高处，然后拿箭射它，鲜血撒了下来，意思就是把天射穿了，表示天也没有他厉害；然后又用长鞭笞地，表示地也要臣服于他；然后，他把自家的宗庙社稷也拆毁，一把火烧了，表示威服鬼神。战天斗地，再扫除鬼神之后，他在宫中大摆筵席，做长夜之饮。他纵酒狂欢，让室内侍从高呼"万岁！"，堂下的官员呼应"万岁！"，门外的人再呼应"万岁！"，然后全城百姓一起高呼"万岁!"。

宋康王的倒行逆施,引起了宋国百姓的强烈不满,大家都说他做的事情,即使是商纣王也干不出来,都称呼他为"桀宋"。

公元前286年,齐国趁宋国内乱,起兵攻宋,宋国的百姓四散奔逃,无人守城,很快宋国灭亡。

在科技高速发展、社会文明程度迅速提高的今天,与这一切形成强烈反差的是,迷信心理又一次在中国大地盛行起来。近几年,在各种占卜APP、网站注册的青年数量激增。

唐同学是长沙某高校大四学生,她说,她在约会和求职面试前都要先到某星座网站了解自己一天的"运程"。如果网上说粉色是自己当天的幸运色,她就会穿粉色的衣服;如果网上说当天银色小首饰会给自己带来好运,她就会向同学借一枚银色戒指戴上……她对"星座占卜"的态度是"宁可信其有,不可信其无"。

其实,所谓占卜不过是骗人的把戏,荒唐至极。

琳达1925年出生在美国西弗吉尼亚州,先后做过报刊撰稿人、电台播音等职,1963年移居纽约后开始从事占星术活动,写出几本占星术的畅销书,从此大红大紫,成了巨富。她于1995年死于糖尿病。琳达死后人们发现她虽然一直利用星座为别人占卜命运,但却不能解决自己的问题。她的女儿萨利于1973年服用过量的杜冷丁自杀,但她一直推算她的女儿还在人间,她花了40万美金雇佣私人侦探去找她那早已死掉的女儿。事实说明这位出名的女占星家并不高明,然而她确实在美国掀起了占星热,并造就了一批"追星族"。

占卜纯属迷信,根本不足信。

据《论衡·卷二十四·卜筮篇》载:周武王伐纣,大军出发前照例进行占卜,卦象大凶,姜子牙和姬发大吃一惊。但是姜子牙说:

"枯骨死草,何知而凶!"

于是他把占卜用的龟甲兽骨扔到地上踩了几脚,又说:

"我们以有义伐不义,是在救百姓于水火,必胜。"

姜子牙的这段陈词,流传了 3 000 年成为一段佳话,今天的人们还在传颂当年姜太公不信天命,把占卜龟筮踩在脚下的勇气和智慧。

诉诸占卜式诡辩术的破斥:占卜是迷信,要破除迷信,就必须倡导科学。科学是揭示客观物质世界各个领域事物的本质及其发展规律的知识体系,当人们真正地把握了某类事物的本质联系之后,人们对该类事物的迷信观念也就会随之消失。

50 诉诸占梦
考试前两天他做了几个梦

每个人都可能做过各种光怪陆离的梦,可能梦见自己凌空飞翔,也可能梦见自己寸步难移;可能梦见自己富贵荣华,也可能梦见自己一贫如洗;可能梦见自己去世的亲朋好友,有时还可能梦见自己死去……各种梦境形形色色,那么,梦到底是什么呢?

中国人早就关注梦,认为梦是有意义的,或具有某些象征意义,或可以预示未来。占梦,对人睡眠中梦的情景进行分析,以期对做梦人当前和未来的情况作出分析预测,包括身体状况、思想状态、生活质量等。**诡辩者也会利用梦境来为其主张作出似是而非的辩护,我们便称之为诉诸占梦式诡辩。**

　　其实,利用梦境来预测并不可靠。而且,有时对同一个梦,不同的人甚至可以作出完全截然相反的解释。比如:

　　从前,有位读书人第三次进京赶考,住在一个经常住的店里。考试前两天他做了几个梦:第一个梦是梦到自己在墙上种白菜;第二个梦是下雨天,他戴了斗笠还打伞……这些梦似乎有些深意,读书人第二天就赶紧去找算命的解梦。算命的一听,连拍大腿说:

　　"你还是回家吧!你想想,高墙上种菜不是白费劲吗?戴斗笠打雨伞不是多此一举吗?"

　　读书人一听心灰意冷,回店收拾包袱准备回家。店老板非常奇怪,问:"不是明天才考试吗,今天你怎么就回乡了?"读书人如此这般说了一番,店老板乐了:

　　"哟,我也会解梦的。我倒觉得,你这次一定要留下来。你想想,墙上种菜不是'高中'吗?戴斗笠打伞不是说明你这次有备无患吗?"

　　读书人一听觉得更有道理,于是精神振奋地参加考试,居然中了个探花。

　　同样是读书人做的梦,算命的解梦,说注定考不上,快回去吧,给人的是消极的心理暗示,因而读书人心灰意冷,收拾包袱准备回家;店老板解梦,却说恰好可以"高中",给人的却是积极的心理暗示,因而读书人精神振奋,居然中了个探花。做的是同样的梦,不同的占梦师得出的结果却天差地别,给人不同的心理影响,产生的结果便大不一样。

　　诉诸占梦式诡辩术的破斥:以梦来对事物现象作出分析、预测吉凶并不靠谱。事物的成败靠的是自己的努力,而不是一场什么梦。

　　心理学认为,梦是睡眠期中,某一阶段的意识状态下所产生的一种自发性的特殊心理活动,是过去生活经验所形成的表象,在人睡眠时,由于体内或外界刺激的作用,重新组合起来开始活动的结果。

　　人在睡眠时,脑细胞也进入放松和休息状态,但有些脑细胞没有完全休息,微弱的刺激就会引起他们的活动,从而引发梦境。比如,白天有一件事令你特别兴奋,临睡前你还在想着这件事,当大脑其他的神经细胞都休息了,这一部分神经细胞还在兴奋,你就会做一个内容相似的梦,正所谓"日有所思,夜有所梦"。

51 诉诸把戏
轰动全国的"水变油"事件

　　魔术,俗称把戏。魔术师依据科学的原理,运用特制的道具,制造出种种让人不可思议、变幻莫测的现象,从而达到以假乱真的效果。他们把魔术的手法、道具当作职业秘密,秘而不宣,因而通常人们都难以看穿魔术师的手法。**诡辩者借助魔术的手法来为其谬误辩护,让人深信不疑,我们称之为诉诸把戏式诡辩。**

　　比如 20 世纪曾轰动全国的"水变油"事件。

　　20 世纪 80 年代,哈尔滨人土洪成宣称实现了"水变油"。王洪成称研制出了一种特殊的"母液",只要把几滴这种"母液"混进普通的水里,就能制造出"水基燃料",此燃料一点就着,热值高于普通的汽油和柴油,效果自然也好于汽油,最关键的是,"水基燃料"成本低，无污染。王洪成四处表演，只见他随手拿起啤酒瓶、脸盆之类的容器，然后把里面装满水，接着取出他神秘的"母液"（也被称为"洪成基液"）往里面滴上那么几滴，接着晃动容器，几秒后，王洪成当着所有人的面，点燃"水基燃料"，瞬间，燃起熊熊烈火，所有人目瞪口呆，接着开始用力鼓掌。王洪成甚至把他调配的"水基燃料"放到汽车的油箱里，然后汽车发动了，现场轰动。全国 30 多家新闻媒体，也争相报道这位"天才发明家"，人们甚至称他的"水变油"乃"中国第五大发明"。

奇怪的是，王洪成有这么好的技术，本可开工厂生产新产品销售盈利，可他却只是在各地、各大学、各部门表演拉赞助捞钱，于是受到各界质疑。在行骗的 10 多年里，王洪成获得了 4 亿多元不义之财。

假的终归是假的。1995 年，在科学界对于水变油不断的质疑声中，何祚庥联合 14 位科学界的全国政协委员联名呼吁立案彻查"水变油"事件。1997 年 11 月 14 日，这个忽悠了整个国家的骗子，因犯销售伪劣产品罪被判处有期徒刑 10 年，这场闹剧终于画上了休止符。

水是不能燃烧的，所谓的"点水成油"，实际上仅仅是个小戏法而已，王洪成变的戏法有许多种：

（1）在水中投入电石（碳化钙）粉末，电石与水反应生成可燃的乙炔，点火就燃烧起来，还可以冒黑烟；

（2）在水中投入四氢化铝锂，与水反应后冒出氢气，可以看到小气泡不断升到水面，点燃后还会发生微爆声；

（3）最简单的方法是往水中滴几滴油，一点火，油就着了；

（4）还有就是用魔术把水掉包调换成油，当然一点就着了。

这些本来是中学生化学课外活动的内容,但竟被宣扬成"中国的第五大发明",闹成了国际笑话。

诉诸把戏式诡辩术的破斥:老百姓都知道这么一句话,把戏把戏,都是假的。只要把诡辩者的骗人手法揭露出来,就无计可施了。

据《太平广记·妖妄一》载:陈留县人李恒是个巫师,县里人经常找他评判吉凶。陈留县尉陈增的妻子也找他来看病。李恒要来一盆水,放入一张白纸,白纸沉下去后,他让陈增妻子上前观看。只见纸上出现一个女人,前面一个鬼拉着女人的头发,后面一个鬼用棒子驱赶。陈增妻子吓得涕泪交流,送给李恒十千钱,又送给衣服,求李恒作法驱鬼。

傍晚,陈增下班回家,妻子告诉了他这件事。第二天,陈增又把李恒找来,在盆子里放入一张白纸让李恒看。只见上面有十个鬼殴打一个男人,旁边一行字写道:"这个人就是李恒!"

李恒的把戏被揭穿了,非常惭愧,把昨天的钱物退还,悄悄搬出了陈留县。陈增对人解释说:

"用白矾在白纸上画画,干了后看不出来,沉到水里后白矾就显现出来了。"

52 错误归因
庚子年注定多灾多难?

因果联系是客观事物发展过程中原因与结果之间的联系。原因是产生某种现象的现象,结果是被某种现象所引起的现象。任何现象的产生都有一定的原因,任何原因都会产生一定的结果。要正确地认识客观事物,就必须准确把握事物现象之间的因果联系。**然而有的人仅仅根据事物现象之间的一些片面的、表面的联系,就贸然地断定某种现象为另一种现象的原因,这就叫错误归因,如果诡辩者以错误归因的论断为其谬论辩护,这就叫错误归因式诡辩。**比如:

2020 年,是个多灾多难的年份。

2020 年刚开始,先是澳大利亚史无前例的森林火灾,5 亿野生动物遭受灭顶之灾;非洲东部蝗灾肆虐,威胁上亿人的粮食安全;全球范围内暴发的新冠疫情,更是让很多国家几乎进入"失控"状态,还有奥运会延期、美股四次熔断,世界经济在新冠疫情阴霾下遭遇严重衰退……

2020 年为什么有这么多灾难? 有人认为,是因为这一年是庚子年,是"灾年",庚子年注定多灾多难。这些都在一定程度上冲击着大众心理,加剧了社会的焦虑情绪,同时也唤起了人们对于历史上与庚子年相关的记忆。

1960 年是庚子年,我国经历了三年困难时期。

1900 年是庚子年,八国联军攻占北京,中国惨遭列强瓜分,陷入空前灾难,而 9.8 亿两白银的"庚子赔款"更是给中国人民造成了巨大灾难。"庚子"成为中国人心目中具有标志性的历史符号,并影响至今。

1840 年也是庚子年。这一年,清政府在鸦片战争中战败,签订了中国历史上第一个不平等条约《南京条约》……

以上种种,都促使我国民众对"庚子"形成符号化的联想,也塑造了一代又一代中国人关于"庚子年"的集体记忆。

对比历史,我们发现历史上的一些庚子年份确实存在某些灾难。因而,有人将庚子年归结为灾难的原因,将灾难归结为庚子年的结果,认为这两者具有因果联系。

其实,这种论调是荒谬的,这叫错误归因。

错误归因式诡辩术的破斥:揭示相关事物现象之间不具因果联系,也可列举相反事例加以驳斥。

以"庚子年注定多灾多难"这一论断来说,"庚子年"和"多灾多难"两者之间并不具有必然的因果联系,仅仅是某些年份与灾难的偶然相重合。因为事实是,历史上很多庚子年并不是多灾多难,而是国泰民安。比如,1780 年(清乾隆四十五年)和 1720 年(清康熙五十九年)都是庚子年,当时正处"康乾盛世",并没有大灾、大疫发生。再往前追溯,1660 年为清顺治十七年,1600 年为明万历二十八年,都是庚子年,也都没有出现全国性的灾难。

同时,不是庚子年的也并不就是没有灾难。从 1347 年至 1353 年,没有庚子年份,席卷整个欧罗巴"黑死病"大瘟疫,夺走了 2 500 万欧洲人的性命,占当时欧洲总人口的 1/3! 1692 年至 1694 年,没有庚子年份,法国有 280 万人饿死,约占其总人口的 15%;1695 年,爱沙尼亚因为饥荒失去了五分之一的人口。1918 年不是庚子年,一场著名的"西班牙流感"瘟疫,在不到一年的时间里,大约 5 亿人(全球三分之一的人口)染上了这种疾病,流感夺走了 5 000 万到 1 亿人的生命,而第一次世界大战的死亡人数只有 4 000 万。

可见,"庚子年注定多灾多难"这一论断是荒谬的。

53   先后因果

看，海浪真的翻起来了！

因果联系是客观事物的普遍的、必然的联系。只有在时间上在先，并且能必然产生果的现象才是因。而**诡辩者却仅仅根据事物现象时间的先后来推断因果关系，认为凡是时间上在先的就是因，在后的就是果，以此来混淆是非，这就是先后因果式诡辩。**

一对新婚夫妇度蜜月。在海滨散步时，新郎一时兴起，对着大海咏诵拜伦的诗句：

"翻滚啊，你这深邃而碧绿的海洋，翻滚吧！"

新娘对海凝视了一会儿，转过身来，无限仰慕地对丈夫说："你真有本事，看，海浪真的翻起来了！"

虽然，新婚夫咏诵诗句在先，海浪翻滚的现象在后，但海浪翻滚绝不是新婚夫咏诵诗句的结果。她这是以先后为因果的谬误。

在日常生活中的一些迷信观念就往往是先后因果式诡辩的"杰作"。

欧美很多人认为"13"这个数字不吉利，是因为耶稣同他的12个门徒共13个人吃过"最后的晚餐"，之后就被钉死在十字架上。人们很忌讳"13"这个字，甚至门牌号码都以"12A"来代替"13"。由于某些偶然的原因，人们对"13"更加心怀恐惧。例如，南非一家欧洲人经营的工厂，有一次发生爆炸事件，人们寻找原因，发现这一惨案与"13"有关：该厂的门牌是13号，爆炸日期是当月13日，该厂的工人也在这一天由 7 人增加到 13 人,等等。

　　显然这也是先后因果式诡辩。道理很简单,世界上出现事故的并不都与 13 有关,有的与 13 有关的,却并未发生事故。而且,每年每个月都有 13 日,并不是每个 13 日都必然出事故。13 与灾害事故并不具有必然的因果联系。

　　更具讽刺意义的是,西方认为 13 不吉利,在我国及佛教中,13 却是高贵吉祥的象征。佛教里的 13 是大吉数,佛教传入中国宗派为十三宗,布达拉宫十三层、天宁佛塔十三层、八大处灵光寺塔十三层、北海永安寺白塔十三层,十三层是塔的最高级数。十三陵是北京著名的景观,已被列入世界文化遗产。儒家经典有十三经,京剧有著名的十三大流派,表演形式又有十三板式、十三辙、十三咳、十三调之分。皇帝的金带上加有 13 个环,以示尊贵。在古代,机构的设置也多用 13,汉武帝将全国划分为 13 个郡,后来的元朝在全国一共设 13 个省,晋代侍御史下面设立 13 曹,明代太医医院设 13 科。此外,还有《孙子兵法》13 篇、少林 13 棍、13 妹、13 姨、13 太保、13 香……

　　在非洲的埃塞俄比亚,13 也是个吉祥的数字。该国的历法中一年有 13 个月,前面的 12 个月都是 30 天,剩下的 5 天(闰年为 6 天),算是第 13 个月。第 13 个月的那几天是欢乐的日子,男女老幼都穿上手工织成的柔软的民族服装,挨门逐户相互庆贺,迎接一年一度的收获季节。

　　先后因果式诡辩术的破斥: 揭露对方事物现象之间不具有因果联系,只有在时间上在先,并且能必然产生果的现象才是因。

54 倒置因果

虱子能使人健康

古代希伯莱人经过观察，发现健康人身上有虱子，有病发烧的人身上无虱子，于是他们高兴地得出结论：

"虱子能使人健康。"

这种结论就是错误的。事实上，当一个人发烧时，虱子就觉得不舒服，于是就离开病人；虱子在健康人身上，并不觉得不舒服，所以不离开。因此，应当说身体不健康是虱子离开人身体的原因；身体健康，是虱子不离开人身体的原因，而不是虱子是人身体健康的原因。希伯莱人这是把事物的因果关系搞颠倒了。

所谓原因，就是引起某种现象的现象；所谓结果，就是被某种现象引起的现象。原因和结果是有区别的，在每一特定的场合内，它们之间有确定的界限，原因就是原因，结果就是结果，两者既不能混淆，也不能颠倒。否则，如果"倒因为果"或"倒果为因"，就不能正确地认识事物。而**诡辩者会错误地将原因当成结果，把结果当成原因，为其谬论作出似是而非的论证，这就是倒置因果式诡辩。**

有人这样议论："打麻将是使人健康的游戏方式，因为，如果身体不健康而要通宵打麻将是不可能的。"

这种议论是荒谬的。事实是：不是因为通宵打麻将使人健康，而是一些人自恃健康而通宵打麻将。又如：

我国南方的海滩有一种叫招潮蟹的动物，雄蟹一螯很大，另一螯则较步足还小。涨潮前，雄蟹举起大螯，上下运动，故曰"招潮"。人们发现，每次涨潮前，招潮蟹都会举起大螯上下运动，然后在潮到之前十分钟左右入洞，于是人们得出结论：

"招潮蟹举起大螯上下运动然后进入洞穴是海水涨潮的原因。"

这种结论也是错误的，实际上涨潮是引起招潮蟹在潮到之前入洞的原因。

又如，天亮了鸡就开始打鸣，但是不能说是因为鸡打鸣导致了天亮。

倒置因果式诡辩术的破斥：准确揭示事物的因果联系，把颠倒了的因果联系再倒回来。

55　强加因果
欧拉的上帝存在证明

诡辩者故意将因果联系强加于根本不具有因果关系的事物情况之间，为他的谬论作出似是而非的论证，这就是强加因果式诡辩术。

请看数学家欧拉与狄德罗的一次论辩。

狄德罗是法国百科全书派的著名领袖。据说他应女皇之邀访问俄国宫廷期间，曾宣扬自己的无神论观点，女皇大悦，而她的一个枢密顾问对此不以为然，便与当时在场的数学家欧拉暗商一计。欧拉本人是个信徒，他宣布有个上帝存在的证明，要是狄德罗愿意听，他要当着宫里所有人的面讲一讲。欧拉逼近狄德罗，厉声说道：

"A 平方减 B 平方等于 A 减 B 乘 A 加 B,所以上帝存在。回答吧!"

非常明显,"A 平方减 B 平方等于 A 减 B 乘 A 加 B"跟"上帝存在"之间根本不具因果联系,即使再高明的数学家也无法由此而证明上帝的存在,可是欧拉利用狄德罗缺乏数学知识而将两者说成有因果关系,并且诡辩居然一时得逞。狄德罗束手无策,奏请允许其立即返回法国,获准。

强加因果式诡辩术的破斥:必须揭露诡辩者所叙述的事物现象之间根本不具必然的因果联系,而不要被对方似是而非的论证所迷惑。

56　荒谬求同
吃花生米是使人醉的原因

求同法是判明事物现象因果联系的方法之一。当被研究的现象在不同场合出现,而在各个场合中只有一个情况相同,其他情况都不相同,那么这个相同情况与被研究现象之间就有因果联系。

例如,在 20 世纪,人们还不知道为什么某些人的甲状腺会肿大,后来人们对甲状腺肿大盛行的地区进行调查和比较时发现,这些地区的人口、气候、风俗等状况各不相同,但有一个共同的情况,即土壤和水流中缺碘,居民的食物和饮水也缺碘。由此作出结论:缺碘是引起甲状腺肿大的原因,这就是求同法。

但是,求同法仅仅是判明事物现象因果联系的初级方法,结论

并不是必然的。如果仅仅根据事物现象的一些表面的相同来推断其中的因果联系，就难免导致谬误甚至诡辩，我们将这种诡辩称之为荒谬求同式诡辩。

一天，一位老农用木棍朝他的老牛乱打。邻居问他："你的老牛又耕地又拉车，好好儿的，为何打它？"老汉气呼呼地说：

"这头该死的老牛，前年生下一头小牛犊，这小牛犊淘气得很；今年又生下一头小牛犊，这小牛犊和它老大一样淘气。可是这头老牛对小牛犊却打心眼里喜欢，又舔又啃的。我想我家的小牛犊淘起气来为什么一个赛一个？我一比较原来是老牛溺爱的结果。你看，第一个老牛溺爱，牛犊淘气；第二个老牛溺爱，牛犊淘气。所以，老牛溺爱就是牛犊淘气的原因。像这样教子无方的老牛，怎么不该教训教训它呢？"

邻居说："小牛犊天生就是淘气的，大家的牛犊都是一样的，快别打了！"

非常明显，这个老农根据两个场合老牛溺爱牛犊的共同情况，就贸然断定老牛溺爱是牛犊淘气的原因，这里使用了求同探因法，但却是荒谬的。老农打老牛就是荒谬求同式诡辩。

又比如，有个人大发感慨说：

"第一天，我喝了五粮液，吃了花生米、糖醋鱼，结果醉了；第二天，我喝了竹叶青，吃了花生米，还吃了炒鸡丝，结果又醉了；第三天，我喝了茅台酒，吃了花生米，还吃了烤鸭，又醉了。由于每次醉了的场合里，其他情况都不同，只有吃了花生米的情况相同，所以，吃花生米才是使人醉的真正原因！"

这个人的议论是荒谬的，醉的真正原因是因为喝了酒，这些酒虽然品名不同，但有一个共同的情况，就是都含有酒精，酒精才是使他醉的真正原因。

　　荒谬求同式诡辩术的破斥：探求出事物现象真正的原因，寻找被掩盖了的共同情况，这个共同情况有可能是真正的原因。

57　荒谬求异
上课是我头痛的原因

　　有个学生对老师说："老师，我没法读书了！我一上课就头痛，一下课头就不痛。其他的情况都相同，只有一个情况不同，就是上课，所以上课是我头痛的原因。"

　　老师不相信，后来经过仔细观察，发现他一上课就戴眼镜，下了课就不戴，经过检查，原来是他的眼镜度数不合适，上课戴上度数不合适的眼镜，头当然就会痛了。

　　这个学生使用了探求事物现象因果联系的求异法，但却是荒谬的。

　　求异法是判明事物现象因果联系的方法之一。通过考察被研究的现象出现和不出现的两个场合，在这两个场合中其他情况都相同，只有一个情况不相同，那么，这个不同的情况就与被研究现象之间有因果联系。又如：

　　在一个密封的有空气的玻璃罩内，放一只老鼠，老鼠神态自若；然后抽净罩内空气，老鼠马上窒息，随即死亡。两个场合中，密封的玻璃罩、老鼠等情况均相同，唯一不同的是是否有空气。有空气老鼠活动正常，无空气老鼠窒息死亡。于是得出结论：没有空气是老鼠死亡的原因。这就是求异法。

但是,使用求异法必须注意,不能漏掉了隐藏着的差异情况,这个差异情况也有可能是真正的原因。而有的诡辩者则会将表面的差异视为原因而将真正实质的差异抛弃,以此达到其诡辩的目的,这就是荒谬求异式诡辩。比如上例中学生的议论就是如此。又如:

甲对乙说:"昨天我家桌子上一百元钱不见了。我们家从来没丢过钱。昨天你来了我家,我家的钱就不见了。你不来,钱就没丢过。其他的情况都相同,只有一种情况不同,就是你来了我家。所以,这 100 元钱就是你偷去了,快还给我!"

乙说:"很对不起,我实在没偷你家的钱,你再仔细找找看吧!"

后来发现是风把这 100 元钱吹到床底下去了。

甲污蔑乙是小偷所使用的方法就是荒谬求异式诡辩术。这种诡辩在生活中是很常见的。

荒谬求异式诡辩术的破斥:找出漏掉了的隐藏着的差异情况,这个差异情况有可能是真正的原因。

58 无关共变
树长高是孩子长高的原因

共变法是探求事物因果联系的方法。也就是说,在其他情况不变的情况下,如果一种现象发生变化,另一个现象也随之发生相应的变化,那么我们断定,前一个现象是后一个现象的原因。共变法主要是根据事物量的变化所产生的反应进行推论的。比如,温度发生变化时,物体的体积也发生变化,因而可以判明温度的改变是物体体积改变的原因。

但是,具有共变关系的两个事物现象,并不必然就存在因果联系,**如果把不具有因果联系共变现象当成具有因果联系的事物现象,这就是无关共变式诡辩。**

某家生了个孩子,同时种了一棵树。他们发现,树长高,孩子也长高。树和孩子都随着时间的推移而长高,因而他们得出结论:树长高是孩子长高的原因,树长高和孩子长高之间具有因果联系。

这种推断就是荒谬的,纯属无关共变式诡辩。

我们不能只凭简单观察,来确定共变的因果关系,有时两种现象共变,但实际并无因果联系,可能二者都是另一现象引起的结果。

比如,闪电与雷鸣。我们可以发现,闪电较暗,雷声较小;闪电大些,雷声也大些;闪电亮得刺目,雷声则震耳欲聋。两者有共变关系,却并不具有因果关系。闪电与雷鸣都是云层放电的结果。

无关共变式诡辩术的破斥:有的事物现象之间虽有共变关系,但并不必然具有因果联系。

59 共变过头
人在沸水中可坚持 4 天

请看下一议论。

甲:"你知道船舶遇难而落水的人在水中,最多能坚持多久吗?有人进行了一系列的试验,发现会水的人在 0℃时可坚持 15 分钟;

在 2.5℃时是 30 分钟;5℃时是 1 小时;10℃时是 3 小时;25℃时就能坚持一昼夜。所以人在水中坚持的时间与水温成正比,我们可以得出结论,水温升高是人在水中停留时间长的原因之一。"

乙:"照你说来,水温越高,人在水中坚持的时间就越长,那么,人在 50℃的水中,就可坚持 2 昼夜;人在 100℃的水中,就可坚持 4 昼夜了!"

乙这样说显然是在诡辩。在一定的限度内,人在海水中停留的时间与水温成正比,但是,如果水温超过一定的限度,人就不能停留更长的时间而是会发生质的变化——死亡。乙的议论是荒谬的,这种谬误就叫共变过头。

共变法是探求事物因果联系的方法,但是,任何事物的数量变化都是有一定限度的,超过一定的限度,事物就会出现质的变化,这时,共变现象就不存在了。而**诡辩者往往故意超越一定的限度来歪曲事物的共变现象,为其谬误作出似是而非的论证,这就是共变过头式诡辩**。又如:

有个愚人这样发表议论:

"我到朋友家做客,发现菜淡而无味,主人知道了,加了一点点盐,味道好多了;再加一些盐,菜的味道就非常美。因此,味道好就是因为有盐。加一点点盐,味道就好;多多地加盐,味道就一定更好,于是我回家后就光吃起盐来了,结果是又苦又咸。真是莫名其妙!"

盐的数量与菜的味道之间存在着共变关系,但这种共变关系是有一定限度的,超过了这个限度,事物就会走向反面,共变关系也就不存在了。

共变过头式诡辩术的破斥:必须明确事物发展量变的度,要求

在一定的度的范围内来讨论事物的共变关系。

很多事物的变化都存在一定的度,在这个度的范围里,有着共变性;超过了这个度,共变关系就不存在了。比如,血压太高,叫高血压;血压太低,叫低血压。血糖太高,叫糖尿病;血糖太低,叫低血糖。菜不放盐,淡而无味;放盐太多,菜是苦的。吃饭也是如此。吃得太多,不利健康,甚至会撑死;不吃饭,这也不利健康,甚至会饿死。不偏不倚,才是最佳状态。

60 诉诸嘲弄
餐厅的菜品"像猪食"

诉诸嘲弄式诡辩,是对对方进行讥讽嘲笑,宣称其荒谬可笑,以诱导他人不支持对方主张的诡辩手法。

庄子出身于没落贵族,生活艰难,却又情愿过着贫困的生活。庄子穿着缀满补丁的大布衣服,用一绺麻绳捆住破烂的鞋子,困居穷闾厄巷,靠织履贷粮而生。

后来有个叫曹商的宋国人为宋王出使秦国,他出使的时候得到几辆车子;秦王很喜欢他,又给了他一百辆车子。他回到宋国后,便到庄子住处,百般讥讽庄子的穷困潦倒,在庄子面前得意地炫耀自己高贵富有,说道:

"你看,住在破败偏僻的巷子里,靠着织草鞋打发穷日子,饿得面黄肌瘦,这是我做不到的,是我的短处;不过,一席话使万乘之君省悟,因而得到车子一百辆,这也可算是我的长处吧!"

庄子对曹商的讥讽嘲弄与炫耀不屑一顾,说:

"秦王有病,召医生来诊治,能治好痈疽的,得车一辆;能舔痔疮的,得车五辆。所以,所治疗的越卑下,得到的车子越多。您莫非给秦王舔过痔疮吧,怎么得到这么多车子? 你快点走开吧!"

庄子在这里把因得宠而富贵跟最肮脏的勾当联系起来,反映了庄子对当权者及名利之徒的极度蔑视,无情地回击了曹商的嘲弄。

对他人进行嘲弄,往往使人反感厌恶。

有这么一则传说故事:

远古时期,第一个人是天帝所造,第一只牛是海神所造,第一座房子是劳工神所造。在他们工作完成时,因为要比谁的工作最完善,便发生了一场争论,他们决定去请讽刺神作裁判。

然而讽刺神很挑剔,处处嘲弄他们三个的短处。他首先责备天帝,因为他未曾把人心放到外面来,这样大家就可以知道恶人的想法以做防备;他又讥讽海神,因为他未曾把牛角做在下面,那样去顶东西容易一点;他最后又嘲弄劳工神,因为他没想到在房子底下装上轮子,以便讨厌邻居时,可以轻易搬走。

于是,天帝、海神、劳工神十分恼火,一起赶走了讽刺神,并剥夺了他的裁判资格。乍听之下,故事中的讽刺神所说似乎也有道理,可是他不知过分的嘲弄挑剔会招人厌恶,而且他不会看别人的优点,只是一味地挑别人的过失,自然不受欢迎。

对他人进行嘲弄,甚至还有可能招来杀身之祸。

法国巴黎有一名"美食专栏作家",经常在文章中特别赞誉某家餐厅,或严辞批评某些餐厅的菜肴。有一次,此专栏作家在专栏中对一餐厅的菜色作出"像猪食"的评语,以致激怒了餐厅老板。该老板事后特别邀请此美食专栏作家去试吃"精致美味的佳肴",不料美食专家吃完后脸色大变,晕倒在地,送到医院时气绝而亡。

餐厅老板被警方逮捕收押后,坦承"设毒宴"下毒,他说:

"嘲笑我们的美食像猪食的人都该死!"

固然,餐厅老板谋害人命必将遭到严惩,但"美食专栏作家"因嘲弄他人而丢掉性命,值得吗?

诉诸嘲弄式诡辩术的破斥:论辩应摆事实讲道理而不应该嘲弄。嘲弄并不能达到论证辩题的目的,反而可能带来严重的后果。

古人早有明训:"言语伤人,胜于刀枪。"许多人常以"嘲弄"他人为乐子,很可能要付出巨大的代价。

61　诉诸执念
现代地平说运动

执念,就是执着的念头,因执着而产生的不可动摇的念头。执念是一种良好的品质,但是也有其两面性:在某些场合和事情上执念就是认真、坚持,而在其他场合上则变成了认死理、钻牛角尖。**有的诡辩者用其荒唐的执念来与人争辩,这就是诉诸执念式诡辩。**

有这么一则外国小幽默:

海关人员:"您袋子里装的是什么东西? 请打开让我瞧瞧!"

旅客:"是鸟食。"

海关人员:"这分明是钻石,你竟说是鸟食!"

旅客:"我说是鸟食就是鸟食,至于鸟儿吃不吃,那我可管不着。"

诉诸执念式诡辩用荒唐的执念来代替逻辑和证据,他们不讲逻辑,缺乏共同的谈话基础,所以跟这类人辩论很费劲。

在现代,即使是小学生都知道,地球是球形的。然而,即使经过一代代科学家验证过无数遍的"地球是球形"这一科学真理,还是有这么一群人坚信地球是平面的,这叫"现代地平说运动"。现代地平说运动的祖师爷是一个叫塞缪尔·罗波坦(Samuel Rowbotham)的英国作家,他所著的书《天文学探究:地球不是球体》是现代地平论者的"圣经"。他们坚信地球长这样:

"我们不是生活在一个球体上,所谓的地球,其实是平坦的,如一张圆形大饼。北极圈是地球的中心,周围是各大洲和海洋,而最南方的南极洲是一圈高达 45 米的巨大冰墙,南极冰墙的存在是为了防止海水流出去。而太阳和月亮都是直径 52 公里的球体,在大约 5 000 公里的高空、以 24 小时为周期围绕地面旋转。"

到现在,"地平说"还成立了"地球平面协会",每年都开会交流讨论心得。任何人们给出的科学证据,都会被地平论者认为是虚假的。他们坚称地球是平的,登月什么都是骗局,地球是球体这个说法就是个最大的骗局,重力学等科学理论都是伪造的概念。他们认为 NASA(美国国家航空航天局)是一个骗纳税人钱的组织,不相信NASA 或各国卫星拍下的地球是球形的图片,他们认为是假的或PS(美化、修饰)的。哪怕是有人在高空飞机上看到地球弧线,地球平面协会也说,所有飞机的窗玻璃都是经过处理的,故意制造视觉错觉。而支持"地平说"的人不乏受过了高等教育的知识分子和富豪,比如美国说唱歌于 B.o.B、NBA(美国职业篮球联赛)篮网的欧文、前 NASA 工程师辛迪,等等。

诉诸执念式诡辩不断声称自己的论点是对的,却不提供任何证据;而对反对的观点则一概加以排斥。

诉诸执念式诡辩术的破斥：判断某个论断真假的根据是事物的实际情况，而不是诡辩者固执的念头。

62　道德绑架
手拉横幅逼迫彩票奖主捐款

道德绑架式诡辩，是指诡辩者以道德的名义，利用过高的甚至不切实际的标准要求、胁迫或攻击别人并左右其行为的一种诡辩手法。

比如，强制勒索捐款现象。

蔡某梅，广东电白一位 18 岁的姑娘，两年前，刚上初三的她确诊患尿毒症。为了给蔡某梅治病，蔡家已花掉 10 多万元，负债累累。而要彻底康复，蔡某梅必须换肾，手术费用逾 20 万元。这对一个农村家庭来说，无疑是天文数字。有网友建言：找出买彩票中了奖的彩民，让其捐献 25 万元，挽救一条生命。

巧的是，电白恰好有彩民中得双色球 2 注头奖，总奖金高达 1 200 多万元。于是，数个网友戴着口罩和鸭舌帽，来到投注站，手拉求助横幅，呼吁当地刚中了 1 200 万元的大奖得主捐资救人：

"救救蔡某梅吧！伸出援助之手，让 18 岁的生命延续。"

拉横幅向中奖者"索捐"的举动显然有些不正常。捐款应尊重个人意愿，社会不能给压力；虽然是横财，但也是合法收入，支配权利在中奖者自己手中。买彩票本身就是支持了福利事业，实际上中奖者已经缴税了，已经对社会作了贡献。中奖与捐款并没有必然联系，以道德名义强迫索捐，难免有道德绑架嫌疑。

由于大奖得主在网友行动前已兑奖，事件后续为未知数。

又如，一些健壮"老人"在公交车上强迫他人让座的现象。

有一天，一女子乘坐上海地铁。一名老人上车后，当时地铁上还有很多空座位，老人不去坐，偏盯着女子的座位要求她让座。因为当时地铁上还有很多空座位她就拒绝让座，老人言语粗暴地恐吓她。旁边乘客看不下去，起身让老人，而老人也不去坐，却直接坐在了女子的腿上。女子吓蒙了，怕再次遭到人身攻击，就远离了。老人坐下后，仍然骂骂咧咧，反复强调，"你家里也有老人，你也会老的"，甚至说出更难听的话。

尊老爱幼，这是中华民族的优良传统，如果公交上来一个颤颤巍巍的老人，人们无一例外地都会主动让座。然而这个老人健壮得很，声音洪亮，精神头十足，车上有位置他不坐，旁边乘客让座他不坐，猛然朝女子腿上坐去，这老人就不仅是道德绑架，感觉有点要流氓了，让人感到恶心。如果女子告他扰乱公共秩序，他是要被处理的。

道德绑架式诡辩术的破斥：有些现象并不是道德低下的表现，诡辩者的主张缺乏充足的理由，违反了充足理由律。 再比如：

复旦大学附属华山医院感染科主任张文宏在指导家长，如何提高孩子防护新冠病毒感染的免疫力时，说了这么一段话：

"绝不要给他吃垃圾食品，一定要吃高营养、高蛋白的东西，每天早上准备充足的牛奶，充足的鸡蛋，吃了再去上学，早上不许吃粥。"

张文宏因为"早上孩子不准吃粥"这一句话而引起网友的热议。我们知道，在中国人的传统早餐中，可能有鸡蛋、油条、粥等等，但一般是没有牛奶的。因为张文宏提倡的这种早餐像极了西式早餐，便被人扣上崇洋媚外的大帽子。选择喝牛奶而不喝粥就崇洋媚外了？那么各大超市销售牛奶的行为，千千万万把牛奶当早餐的孩子，是不是都崇洋媚外了？这哪里是爱国，不过是打着爱国的旗号，肆意胡搅蛮缠，这就是典型的道德绑架式诡辩。

第二章

杠精的逻辑幻术

逻辑是关于思维的科学，它撇开思维的具体内容，纯粹从形式方面对思维加以研究，因而具有高度抽象性。而有的诡辩者正是借助于逻辑的高度抽象性这一条件，构筑种种逻辑迷宫，运用扑朔迷离的逻辑谬误来达到为其错误观点进行论证的目的。

第一节　命题逻辑的迷魂阵

命题逻辑是以命题为基本单位的逻辑演算系统。在命题逻辑的推演中,必须遵循相关的规则。如果违背了相关规则,就有可能导致谬误,甚至诡辩。

63　滥设条件
假如那头猪没有长头

在论辩过程中,诡辩者为了达到其诡辩的目的,往往会漫无边际地胡乱假设条件,这就是滥设条件式诡辩。

清人石成金撰有《笑得好》一书,对各种丑恶现象进行了辛辣的嘲弄,其中有一篇写道:

某人年初一刚刚出门,恰好空中有只鸟飞过,一堆鸟粪不偏不倚正好落在他的头上。他认为这是很不吉利的,便向屠夫赊了一个猪头祭神,以便被除不祥。拖了很久他也不还猪头银子。一天屠夫找上门来向他讨债。

"这么长的时间了,你赊的猪头银子,不可再拖欠了!"

这人答道:"迟是迟了点,但我有句话想对你说,假如你那头猪没有长头,难道你能向我要猪头银子吗?"

"胡说!哪头猪会没有长头的!"

"咳,这个假设不恰当。再假设一下:假如去年我已还了银子,你用完了没有了,你能再向我要猪头银子吗?"

"你更加乱说一气!假如你还了银子我用掉了,我别的银子就会省下了!"

"哎,这个假设又不恰当。我索性对你直说了罢!假如那堆鸟粪撒在了你的头上,你自己就得用猪头去祭神,这个猪头银子哪里还能留到现在呢?"

欠债要还,谁都知道,可是这个人为了赖账,做出种种荒唐的假设,做出了一系列可笑的条件命题。比如:

"假如你那头猪没有长头,你就不能向我要猪头银子。"

这就是条件命题。所谓条件命题,是断定事物现象之间的条件联系的命题。其中,表示条件的部分称为前件,比如"你那头猪没有长头";表示依据某种条件所产生的结果部分称为后件,比如"你不能向我要猪头银子"。条件命题可用公式表示为:

如果 p,则 q

其中 p 为前件,q 为后件。

滥设条件式诡辩术的破斥:滥设条件式诡辩最显著的特点是所使用的条件命题前件是虚假的。我们要进行反驳,必须彻底揭穿其条件命题前件的荒谬性,是胡乱假设,予以迎头痛击。请看这么一则幽默故事:

一个闻名全城的扒手来到贫穷的教区找拉比，说："拉比，请求你为我祝福，我给你五十个盾！"

拉比想，我为这个小偷祝福，岂不是祝愿小偷行窃走运吗？但是，拒绝这样一笔款子显然是愚蠢的，考虑来考虑去，终于有了主意。他把手举起，祈祷道：

"假如上帝安排某人遭受偷窃的话，但愿上帝通过你来完成这个计划！"

"上帝安排某人遭受偷窃"这个前件在有关的宗教教义中显然是虚假、荒唐的。这个拉比通过滥设条件，把钱捞进自己的腰包，却把过失全盘推给了上帝，实在是诡辩！

64　虚假条件
你死了，可以来打我的嘴巴

冯梦龙的《古今笑史》中，有这么一则故事：

明朝常熟有个叫秦廷善的秀才，又傻又多疑。读书读到不平处，往往咬牙切齿拍桌子大骂。有　回读到秦桧害岳飞，当时就气疯了，拍桌子大骂不止。他的妻子好言劝他说：

"家里有十张桌子，夫君已经拍坏了八张，你为什么不留下这张桌子吃饭用呢？"

秦廷善不禁破口大骂："我为岳飞鸣不平，痛恨奸臣卖国贼，你不让我拍桌子，你就是和秦桧有奸情，你就是汉奸卖国贼！"

秦廷善一边大骂，还一边滥施家暴，把妻子狠狠地揍了一顿。

这个秀才的话"妻子不让我拍桌子,她就是和秦桧有奸情""妻子不让我拍桌子,她就是汉奸卖国贼"是条件命题,但却是虚假的。因为,条件命题的逻辑含义是:

一个真实的条件命题,条件满足,结果就一定出现,即有前件就一定有后件;如果条件满足结果却不出现,该条件命题就是虚假的。

因为前件"妻子不让我拍桌子"真,后件"妻子和隔了几个朝代的秦桧有奸情"却是假的,妻子也并不必然就是汉奸卖国贼,这个秀才的条件命题是虚假的。**有的诡辩者往往使用虚假的条件命题来达到其混淆是非的目的,这就是虚假条件式诡辩**。

虚假条件式诡辩术的破斥:要反驳虚假条件式诡辩,就必须揭穿其条件命题的虚假性,即指出条件命题前件真而后件假的情况存在。

一个人问算命先生:"你算命灵验吗? 算算看我可以活到几岁?"

算命先生:"我算命是非常灵验的,你假如不死的话,可以活到99岁;假如我算得不灵验,你在99岁之前死了,到时你可以来打我的嘴巴!"

这个算命先生说的"如果你不死,可以活到99岁"毫无意义,不过是说了一句废话;"你在99岁之前死了,到时你可以来打我的嘴巴"这一条件命题显然是虚假的,只要指出命题条件满足而结果却不出现的情况,就可以将其驳倒:

"到时我既然已经死了,怎么还可以来打你的嘴巴呢?"

65 片面假设
博士预言的如意算盘

某个事物的未来发展有不同的可能性，可以作出不同的假设。有的假设情况是诡辩者所期望出现的，有的则是诡辩者所不乐意接受的。在各种假设都有可能存在的情况下，诡辩者仅仅选择于他有利的假设作出似是而非的论证，这就是片面假设式诡辩。

古时候，有个年轻人因与公主私奔而被捕了。气愤已极的国王决定将年轻人处死，但又觉得不能这么简单地杀死他，于是对大臣说：

"你必须在明天到下星期五期间，把那个年轻人处死。但是，在要杀死他的那一天早上，如果青年人知道了'今天要被杀'，那么这一天就不能杀他，目的是让他尝尝恐怖的滋味。要把我说的这些话传达给狱卒和那个年轻人。"

公主闻讯后，携带着贵重礼品来到大臣住处，哭着请求大臣救他一条命，大臣面有难色，因为牢房戒备森严，无法逃跑，于是他们请来了老博士想办法。老博士听了事情原委之后，皱起了眉头。忽然，眉头舒展了，说道：

"妥啦，尊敬的公主、大臣阁下，请放心好了，谁也不会把那个青年处死的。处死刑的最后一天是下星期五，这一天是不可能把那个青年处死的，因为要是下星期四没有处死的话，下个星期五早晨年轻人一定会想'今天非把我处死不可'。这样，知道了的当天就不能把他处死，这是国王的命令。既然下星期五肯定不能处死，那么处刑的最后一天就变成下星期四了。所以在下星期三没有处死的话，到了下星期四早上，青年人就会知道'今天非处死我不可'，因此下周四仍然不能把他处死。"

聪明伶俐的公主插嘴说："实际上下周三也不能处死了，由于下周四、五两天肯定不能处刑，那么处刑的最后一天就只有下周三了。因此，在下周三早上，我那个亲爱的他一定会知道要在当天杀他，即使处死的执行官去了，他也会用国王的命令把他赶走！如此看来，哪一天也不能杀他，因为——排除'最后的一天'，结果能处刑的日子就没有了。"

最后，老博士说道："所以，不必让那个年轻人惊慌，下周六国王会大发脾气的，届时我去说明。"

这个老博士的推论是荒谬的，这是在诡辩，他玩弄的是片面假设式诡辩术。

因为在未来的可能情况中，老博士仅仅选择了唯一的于他有利的情况，"假如下周四没处死"等等，而对其余的可能情况则视而不见。如果换成"假如下周四处死了"等等，老博士的论断就不成立。另外，如果换一下推论序列，从星期一开始假设，"假如下周一处死了"等等，无论如何也不能得出老博士的结论。老博士的假设仅仅是他一厢情愿的事。在存在各种可能情况时，只有在不管何种情况下结论均为真，该论证才是充分有力的；如果仅仅根据个别的假设便贸然作出结论，该结论就不是必然可靠的，这种论辩也是不具说服力的。

片面假设式诡辩术的破斥： 诡辩者在关于事物未来发展可能性的假设中，仅仅选择了唯一的于他有利的情况，并不能就此推出

必然可靠的结论。

否定前件

你看我干吗？ 我又不是猴儿！

我们常常可以听到这样的议论：

甲："如果你想出国，就要学好英语。"

乙："我又不出国，学什么英语？"

这里乙使用的是条件推理的方式，其逻辑形式是：

> 如果你想出国，就要学好英语；
>
> 我不想出国；
>
> 所以，我不需要学英语。

这是由否定条件命题"如果你想出国，就要学好英语"的前件而得出否定其后件的结论的，属于诡辩。

一个真的条件命题，前件真，则后件必真；前件假，后件则可真可假。也即：有之必然，无之未必不然。比如，"一个人被砍头，就会死亡。"前件真，后件必真；但前件假，即一个人没有被砍头，是不是就不死亡呢？ 不一定，其他原因也可导致死亡，比如癌症、脑溢血等。因而不能使用由否定前件而得出否定后件的论辩形式。

诡辩者故意采用否定条件命题的前件来得出否定该条件命题后件的结论的错误形式来为其谬论辩护，这就是否定前件式诡辩。

否定前件是诡辩者常用的诡辩手法。在具体的论辩中，从语言形式来说，诡辩者往往会省略某个前提，为了便于分析，不妨先把其省略的前提补充完整。比如：

（1）小王洗手后，没关水龙头，扬长而去。管理员批评他，他反诘道："难道你不懂'流水不腐'的道理吗？"

（2）病人："同志，这取药的窗口太小了，我都看不见您在哪边了。"发药人："你看我干吗？我又不是猴儿！"

（3）科恩不小心跌了一跤，格农幸灾乐祸地大笑起来。科恩说："怎么，难道你没有读过《圣经》里'不因为敌人跌倒了而高兴'这句话吗？"格农说："对啊，'不因为敌人跌倒了而高兴'，可是，并没有说不应该因为朋友跌倒而高兴呀！"

将以上的诡辩形式恢复完整，分别是：

（1）如果是流水，就是不腐的；不是流水，所以就会是腐败的。

（2）如果是猴子，可以让人看；我不是猴子，所以我不能让人看。

（3）如果敌人跌倒，不可高兴；不是敌人跌倒，所以可以高兴。

它们都是由否定前件到否定后件的形式，因而是荒谬的。

否定前件式诡辩术的破斥：揭露诡辩者违反条件推理的规则，使用由否定条件命题前件而得出否定其后件的结论的错误形式。

也可使用仿拟推论，模仿对方的推论形式推出令对方难以接受的结论。

比如，不妨这样反驳否定前件式诡辩：

"如果你的这种推论成立，那么下一推论也应成立：如果是猴子，它就要呼吸空气；你不是猴子，所以你不要呼吸空气。既然你不需要呼吸空气，你为什么又在呼吸空气呢？"

67 肯定后件

您不能入睡，准是做了亏心事

请看某车间小组长和工人小王的一段对话：

组长："小王，不能只知道休息，不知道工作啊！"

小王："请问组长，这里的'知道'是不是懂得的意思？"

组长："是呀，你问这个干嘛？"

小王："那就好了，你说我只懂得休息，不懂得工作，这话自相矛盾啊！"

组长："何以见得？"

小王："列宁说：不懂得休息的，就不懂得工作。你说我不懂得工作，这就必然得出我也不懂得休息的结论。可是，你又说我只知道休息，这岂不是自相矛盾吗？"

组长："你这是狡辩！"

小王之所以是在狡辩，因为他使用了由肯定后件到肯定前件的错误形式：

> 不懂得休息的人，就不懂得工作，
>
> 我不懂得工作，
>
> 所以我不懂得休息。

在条件推演中，不能使用由肯定条件命题后件而得出肯定前件的结论。因为，一个真实的条件命题前件真则后件必真，后件假则前件必假，但后件真前件却不一定真。比如，"如果人被砍头，就必定会死"，某人没有死，就必定是没被砍头；但某人死了，是不是就被砍头了呢？不一定，也许是出于其他原因，比如癌症、脑溢血、新冠肺炎等等。因而，肯定后件式推论是荒谬的。然而，**诡辩者却常常故意使用由肯定某个条件命题的后件从而得出肯定其前件结论的错误形式来为其谬论辩护，这就是肯定后件式诡辩。**

这种诡辩形式在生活中屡见不鲜。从语言形式来说，有时会将某个前提省略掉，我们必须注意辨析。比如：

一家乡村旅店的门上挂着一块敬告旅客的牌子，上面写着：

"这里风景秀丽、环境幽静、空气清新，这是无可置疑的。如果在这里您还不能入睡的话，那么您准是做了什么亏心事。"

旅店牌子使用的推论方式是：

> 若是做了亏心事，就不能安然入睡；
>
> 你不能安然入睡，
>
> 所以你做了亏心事。

这是由肯定后件到肯定前件的形式，因而是荒谬的。又如：

甲："这个大米质量不好，煮的稀饭不够黏。"

乙："胶水黏，你怎么不去喝胶水？"

乙使用的推论方式实际是：

> 如果大米质量好，煮的稀饭就黏；胶水黏，所以，胶水是质量好的大米（即你去喝胶水）。

这也是由肯定后件到肯定前件的形式，是荒谬的。

肯定后件式诡辩术的破斥：揭露诡辩者违反条件推理的规则，使用由肯定后件到肯定前件的错误形式。也可使用仿拟推论，模仿对方的推论形式推出令对方难以接受的结论。比如：

"你的推论是荒谬的,就如同:小猪有一对眼睛,你也有一对眼睛,所以你是小猪。"

68 ｜ 虚假连环
小学生的超强逻辑日记

客观事物之间往往存在着一环扣一环的复杂的条件联系,反映这种复杂的条件联系命题,就叫连环条件命题。使用连环条件命题必须注意,作为前提的各个条件命题必须是真实的。如果有关条件命题虚假,就有可能得出不合理的结论。

请看一篇走红网络的"小学生超强逻辑日记":

"时间过得真快,一下就到期中考试了,现在已经开始紧张的复习了,我必须要开始努力了! 因为我如果不努力,成绩就上不去;我成绩上不去,就会被家长骂;我被家长骂,就会失去信心;失去信心,就会读不好书;读不好书,就不能毕业;不能毕业,就会找不到好工作;找不到好工作,就赚不了钱;赚不了钱,就会没钱纳税;没钱纳税,国家就很难发工资给老师;老师领不到工资,就会没心情教学;没心情教学,就会影响我们祖国的未来;影响了祖国的未来,中国就难以腾飞……美国就会怀疑我国有大规模杀伤性武器;美国怀疑我国有大规模杀伤性武器,就会向中国开战;美国向中国开战,第三次世界大战就会爆发;第三次世界大战爆发,其中一方必定会实力不足;实力不足,就会动用核武器;动用核武器,就会破坏自然环境;自然环境被破坏,大气层就会破个大洞;大气层破个大洞,地球温度就会上升;地球温度上升,两极冰山就会融化;冰山融化,海平面就会上升;海平面上升,全人类就会被淹死!因为这关系到全人类的生命财产安全,所以我要在就剩下的几天里好好复习,考出好成绩,不让悲剧发生!"

作文一开始,小作者就表达了他的忧虑之情。开始他强大的"扇动蝴蝶翅膀"思维:从如果不努力,成绩就上不去;成绩上不去,就会被家长骂……一直到就会产生第三次世界大战,两极冰山就会融化,全人类就会被淹死!为了全人类的生命财产安全,我就要好好复习,不让悲剧发生。

这篇作文老师批阅道:"呵呵。老师看了都笑了。"被这篇文章逗笑的不只是他的老师,还有广大网友。不少网友被小作者强大的逻辑思维"震撼"。

这篇文章之所以能逗人笑,就是其中一系列的连环条件命题并不具有必然条件联系,前件真,后件并不必然真。比如,被家长骂,并不一定就会失去信心,也有可能更加激励自己努力学习。因为缺乏必然条件联系,这样一环又一环地推导下去,就有可能得出"全人类就会被淹死"的结论了。

有些诡辩者往往以虚假的连环条件命题为前提进行推演,以此达到其诡辩的目的,这就是虚假连环式诡辩。

虚假连环式诡辩术又被称为"滑坡谬误"。滑坡谬误的典型形式为"如果发生 A,接着就会发生 B,接着就会发生 C,接着就会发生 D……接着就会发生 Z",A 至 B、B 至 C、C 至 D……条件关系好似一个又一个的"坡",从 A 推论至 Z 的过程就像一个又一个的滑坡。你一不小心,就会被诡辩者从山顶叽里咕噜地带进沟里。

虚假连环式诡辩术的破斥：我们要揭穿这种诡辩,就必须揭露诡辩者的连环条件命题是虚假的,指出其中的条件命题前件真而后件假的情况存在。

又如,常常有人这样议论:

> "小孩子必须上好的幼儿园,不能输在起跑线上。因为,如果没上好的幼儿园,就不能上好的小学;没上好的小学,就不能上好的中学;没上好的中学,就不能考上好的大学;没考上好的大学,就不能找到好的工作;没找到好的工作,就不能购房、买车、找满意的老婆。"

这里使用了连环条件命题,但其中的条件命题是虚假的。比如,"如果没上好的幼儿园,就不能上好的小学",这就是虚假的,前件真,后件并不必然为真。很多农村学生没上过幼儿园,经过刻苦学习却考上了名牌大学。其实,所谓起跑线一说完全是商业忽悠。

69　连环分离
祸兮福之所倚

连环分离式诡辩,是指诡辩者使用虚假的连环条件命题,由肯定第一个条件命题的前件,从而得出肯定最后一个条件命题的后件为结论的诡辩方法。

《韩非子·解老》是为道家经典《老子》作注解的文章,其中写道:

> 人有祸,内心就恐惧;内心恐惧,行为就正直;行为正直,思

虑就成熟；思虑成熟，就能明白事物的规律。行为正直，就没有祸害；没有祸害，就能尽享天年。明白事物的规律，就一定能成就功业。尽享天年，就能全身而长寿。成就功业，就能富有而显贵。全寿富贵叫做福。而福本源于有祸，如果有祸，就会带来福。所以《老子》说：祸兮福之所倚。

这段话是对《老子》"祸兮福之所倚"的解释。由祸开始，经过一系列的环环相扣的条件推理，最终得到全身而长寿、富有而显贵的"福"的结论。但这种结论并不可靠，因为其中若干条件命题并不必然为真。比如，"内心恐惧，行为就正直"事实上一个人"内心恐惧"，并不必然就会产生"行为就正直"的结果，也有可能是反面。

在《解老》中，韩非还写道：

> 人有福，富贵就来到；富贵来到，衣食就美好；衣食美好，骄心就产生；骄心产生，就会行为邪僻而举动悖理；行为邪僻，就会夭折早死；举动悖理，就不能成就功业。内有夭折早死的灾难而外无成功的名声，也就成了大祸。而祸的根源在于有福。福，是祸所潜伏的地方。所以《老子》说：福兮祸之所伏。

这段话是对《老子》"福兮祸之所伏"的解释。由福开始，经过的环环相扣的条件推理，最终得到夭折早死、不能成就功业的"祸"的结论。这种结论也是不可靠的，因为其中若干条件命题并不必然为真。比如，"衣食美好，骄心就产生"，事实上一个人"衣食美好"，并不必然就会产生"骄心""行为邪僻而举动悖理"的结果。这种论述是似是而非的。

连环分离式诡辩术的破斥：揭露连环条件命题是虚假的，指出其中的条件命题前件真而后件假的情况存在。

70 连环拒取
固执的抱瓮老人

连环拒取式诡辩,是指诡辩者使用虚假的连环条件命题,由否定最后一个条件命题的后件,从而得出否定第一个条件命题的前件为结论的诡辩方法。

有个戴手表的农民在地里干活,一个青年小商贩从他面前经过,问道:

"请问现在几点钟?"

"按照我们的习惯,对生人不能回答这种问题。"农民说。

"为什么?"青年觉得奇怪。

"如果我告诉你,你一定会感谢我,然后我们互相介绍,互相认识;相识之后,我就会请你到我家吃晚饭,那时你会看见我漂亮的女儿;你看见我漂亮的女儿,就会一见钟情;如果你一见钟情,你就一定会为她向我提亲;我呢,我必然要拒绝你的请求,因为我不愿意把女儿嫁给一个没有手表戴的人,所以……"

这个农民使用了由若干条件命题环环相扣组成的连环条件命题,由否定最后一个条件命题后件,得出否定第一个条件命题前件为结论,但他的连环条件命题是虚假的。比如"你看见我漂亮的女儿,就会一见钟情",见一面就会一见钟情? 他女儿见的人多了,都一见钟情了吗? 因此纯属诡辩。

再请看《庄子·外篇·天地》中记载的抱瓮老人的故事。

孔子的学生子贡到南边的楚国旅游。他在返回晋国经过汉水南边时，看到一位老人正在给菜园里的蔬菜浇水。那位老人挖了一条渠道，一直通到井边。老人抱着一个大水罐，从井里汲水。水沿着渠道一直流到菜园子里。他不停地用水罐汲水，累得上气不接下气，但是工效却很低。于是，子贡走过去对老人说："老人家，现在有一种机械，用它来浇地，一天可以浇一百畦呢，用不着费很大的力气但工效却很高，您不想使用它吗？"

浇水的老人抬起头，看了看子贡说："你说的是什么东西？"

子贡说："用木料加工成机械，后面重而前面轻，提水就像从井中抽水似的，快速犹如沸腾的水向外溢出一样，它的名字就叫作槔（gāo）。"

浇水的老人听了子贡的话却愤愤然变了脸色，讥笑说：

"我听师傅说过，世上如果有取巧的机械，就一定会有投机取巧的事情；有投机取巧的事情，就一定会有投机取巧的思想。一个人一旦有了投机取巧的思想，就会丧失纯洁的美德；丧失了纯洁的美德，人就会性情反常；而一个人要是性情反常的话，他就会和社会、自然不合拍，成为一个与天地、自然、社会不相容的人。你所说的那一种机械我并不是不知道，只是因为我觉得使用它，就是在于做投机取巧的事；而做投机取巧的事是很可耻的，所以我不会用这种机械。"

子贡听了这个老人的一番话，满面羞愧，低下头去不能作答。

这个抱瓮老人，通过构造一组环环相扣的条件命题，由取巧的机械，到投机取巧的事情，到投机取巧的思想，到丧失纯洁的美德，再到性情反常，再发展到与天地、自然、社会不相容的人；我不能成为与天地、自然、社会不相容的人，所以，最后得出结论：我不会用这种机械。抱瓮老人的话从表面上看很合逻辑的推理,其实不过是玩弄连环分离式诡辩,因为,其中若干条件命题并不必然为真,比如,有取巧的机械,并不一定会有投机取巧的事情;《论语·卫灵公》中,孔子不是说"工欲善其事,必先利其器"么?有灵巧的机械,怎么就一定会有投机取巧的事情?怎么就一定会是与天地、自然、社会不相容的人了?但抱瓮老人这样似是而非的诡辩,竟然让孔子的弟子心悦诚服,甚至惭愧得无地自容。

连环拒取式诡辩术的破斥:连环拒取式诡辩的荒谬本质就在于所使用的连环条件命题是虚假的,必须将其中的条件命题前件真而后件假的情况揭露出来。

71 虚假合取
幡动、风动与心动

唐代时,慧能法师抵达广州法性寺,印宗法师在讲《涅槃经》。正值黄昏时分。晚风习习,吹动着寺里的幡随风摆动。他听到两个和尚在争论:一个和尚说是"幡在动",另一个说是"风在动",彼此争论不休。慧能说:

"这既不是幡动,也不是风动,而是你们的心在动。"

慧能法师这是作出了一个合取命题,断定"不是幡动""不是风动""是你们的心在动"三种情况同时存在。然而这一命题却是虚假的,因为事物的实际情况是:幡在动、风在动、和尚的心也在动。

每一客观事物总是同时存在多种属性,各个事物之间也往往有着共存的情况。合取命题就是断定几种事物情况同时存在的命题。其中表示共存情况的支命题叫合取支。合取命题的逻辑含义是：

当所有合取支为真，该命题才真；

只要有一个合取支为假，该命题便假。

慧能法师的合取命题，有两个支为假，所以该命题为假。

在论辩中，诡辩者往往使用一些虚假的合取命题来将对手制服，这就是虚假合取式诡辩。

在柏拉图的《理想国》中，有苏格拉底与玻勒马霍斯的这么一则论辩：

苏："……打架的时候，无论是动拳头，还是使家伙，是不是最善于攻击的人也最善于防守？"

玻："当然。"

苏："是不是善于预防或避免疾病的人，也就是善于造成疾病的人？"

玻："我想是这样的。"

苏："是不是一个善于防守阵地的人，也就是善于偷袭敌人的人——不管敌人计划和布置得多么巧妙？"

玻："当然。"

苏："是不是一样东西的好看守，也就是这样东西的高明的小偷？"

玻："看来好像是的。"

苏："那么，一个正义的人，既善于管钱，也就善于偷钱？"

玻："按理说，是这么回事。"

苏："那么正义的人，到头来竟是一个小偷！"

玻："老天爷啊！不是。我弄得晕头转向了，简直不晓得我刚才说的是什么了。"

在论辩中,苏格拉底作出了一系列的合取命题,比如"善于预防或避免疾病的人,也是善于造成疾病的人""一样东西的好看守,也是这样东西的高明的小偷"等等,都是虚假的,苏格拉底通过一连串的类比,得出"一个正义的人,既善于管钱,也就善于偷钱"的结论,结论中他将正义的人强行和善于管钱又善于偷钱牵扯在一起构成一个合取命题,这个合取命题也是虚假的,因为正义首先必须以排斥不义之举如偷窃等为前提。

虚假合取式诡辩术的破斥:指出对方合取命题为假,不具论证性,没有说服力。

72 滥用合取
这个岛上竟没有犹太人和驴

在生活中,虽然有些事物情况是同时存在的,但如果将它们牵扯在一起构成合取命题,该命题虽然是真的但却又是很不恰当的。**有的诡辩者故意将一些情况强行组合成不恰当的合取命题来攻击对方,这就是滥用合取式诡辩。**

比如,海涅因为是犹太人,经常受到各种非礼,在一次晚会上,有个旅行家对海涅讲述他在环球旅行中发现的一个小岛。他说:

"你猜猜看,在那个小岛上有什么现象最使我感到新奇? 那就是:在这个小岛上竟没有犹太人和驴子!"

海涅白了他一眼,不动声色地回答道:

"如果是这样,那只要我和你一块到小岛上去一趟,就可以弥补这个缺陷。"

虽然,这个小岛上没有犹太人可以是真的,没有毛驴也可以是真的,当然还可能没有其他的许多东西,但这个旅行家硬是将这两件事物牵扯在一起构成"没有犹太人和没有毛驴"这么一个合取命题,这个命题虽是真的却又是很不恰当的,表现了对海涅极大的非礼。当然,在天才的诗人面前,蹩脚的诡辩者只能是搬起石头砸自己的脚。又如:

方志敏在《可爱的中国》中,记录了革命烈士的一则见闻:

"有几个穷朋友,邀我去游法国公园散散闷。一走到公园门口就看到一块刺目的牌子,牌子上写着'华人与狗不准进园'几个字。"

"华人与狗不准进园"就是一个合取命题,表示"华人不准进园"与"狗不准进园"两种情况同时存在,这个牌子将华人与狗并列在一起,就是对华人的极大侮辱,是滥用合取式诡辩。

滥用合取式诡辩术的破斥:揭露诡辩者合取命题的荒谬性,或者构造令对方难堪的合取命题加以回击。

73　虚假析取

你是轧人还是轧狗?

析取命题是列举几种可能情况,要求从中作出选择的命题。其中表示供选择的不同情况的支命题叫析取支。比如:

一位先生去考驾照。在紧张的驾考现场,主考官突然发问:

"你开着车,前面出现一条狗和一个人,你是轧人还是轧狗?"

那位先生不假思索地回答:"当然是轧狗了。"

主考官摇摇头说:"你下次再来考试吧!"

"我不轧狗,难道轧人吗?"那位先生很不服气。

主考官大声训斥道:"你应该刹车。"

主考官"你是轧人还是轧狗"就是析取命题。析取命题的真假情况是:

一个析取命题是真的,要求其中至少有一个析取支是真的。

如果析取支均为假,那么该析取命题为假。

主考官列举"轧人还是轧狗"两种情况供考生选择,但恰恰漏掉了"刹车"的情况,而"刹车"这种情况却又是最恰当的,这就导致析取命题的虚假。**诡辩者使用析取支均为假的命题要人选择,就叫虚假析取式诡辩**。比如上例的主考官。又如:

在某次青年歌手电视大奖赛中,曾有一道综合素质题:

"四大名旦梅兰芳、程砚秋、尚小云、荀慧生中,哪一位是女性?"

当那位参赛选手"猜"了尚小云后,却被告知答错了,正确答案是"没有女性"。这道题列举了四种情况供参赛选手选择,但这四种情况都是假的,这也是虚假析取式诡辩。

虚假析取式诡辩术的破斥:指出对方的析取命题是虚假的。

下列中的破斥方法也可供参考:

一个法官和一个商人在路上碰见朱哈,他俩想羞辱朱哈,便问:

"你是一头驴子,还是一个骗子?"

他们俩使用的这个析取命题就是虚假的,因为一个真实的析取命题必须至少有一种情况是真的,而这两种情况对朱哈来说都是虚假的,不管选择哪种情况都是耻辱。但是,聪明的朱哈听后,站到法官和商人中间说道：

"我既不是驴子，也不是骗子，而是介于两者之间。"

朱哈的精彩答辩，不但将这一虚假的析取命题全盘否定，而且巧妙地用"介于二者之间"将他俩的脏水泼回到他们身上。法官和商人听后，只好怏怏而去。

74 滥用析取
你说我是上马还是下马？

在论辩中，所使用析取命题不但应该是真的，还应该是恰当的。**诡辩者有时会列举一些游移不定的可能情况组成难以选择的析取命题，要求对方作出选择，我们称这种手法为滥用析取式诡辩。**

比如，云南白族流传着这么一个民间故事：

有一个年轻美丽又聪明的姑娘，名字叫美貌女，有一次，皇帝足踩马镫，挺身悬空，问美貌女说：

"你说我是上马还是下马？"

美貌女没有作正面回答，而是不慌不忙地一只脚踩在门外面，一只脚踩在门槛上，反问皇帝说：

"你说我是进门还是出门？"

皇帝无法回答。

皇帝要美貌女在"上马"与"下马"之间作出选择，如果美貌女说"上马"，皇帝会下马；如果说"下马"，皇帝又会上马，企图以这种游移不定的析取命题使美貌女陷入困境。美貌女看透了这一点，将计就计,反问一句,要求皇帝在"进门"与"出门"之间作出选择,说"进门",她会出门;说"出门",她会进门,所以皇帝也只能哑口无言。

滥用析取式诡辩术的破斥:要求对方析取命题必须恰当。

75　析取谬推
既为忠臣,不得为孝子

据《世说新语·言语第二》载:

永和二年(公元346年),大将军桓温伐蜀时,率兵进入三峡,看到陡峭的山崖如从天而悬,翻滚的波涛奔流迅疾,于是叹道:

"既为忠臣,不得为孝子,如何?"

意思是说,既已决定做忠臣,就不能做孝子,怎么办啊?

桓温的感叹中包含了这么一则推理:

> 或者做忠臣,或者做孝子;
>
> 我选择了做忠臣,
>
> 所以,我不能做孝子。

这是一则以析取命题为前提的推理,但推理是错误的。因为析取命题所列举的几种情况是可以同时存在的,比如,生活中不少人是忠臣,同时又是孝子。因而**析取命题为前提的推理不能由肯定某一析取支而得出否定其余析取支的结论。诡辩者运用错误的析取推论形式为其谬论辩护,我们称之为析取谬推式诡辩。**

又如:有一件凶杀案,本系甲、乙、两三人合伙作案,于是这三人被列为嫌疑对象。后来材料证实,甲作案无疑,于是乙和丙便狡辩道：

"既然已经查明本案是某甲所为，所以我们俩就是无辜的，请立即把我们放了！"

由于侦查员没有认真分析，居然听信了乙和丙的话，结果放走了坏人，发生了错误。从论辩的角度来说，乙和丙使用的形式是：

> 本案系甲或乙或丙所为，
>
> 已查证系甲所为，
>
> 所以不是乙和丙所为。

由于析取命题所列举的几种情况是可以同时存在的，因而不能由肯定某一析取支而得出否定其余析取支的结论。乙和丙使用的正是这种错误的形式，因而导致诡辩。

析取谬推式诡辩术的破斥：揭露诡辩者析取推论违反规则，使用由肯定部分析取支而得出否定另一些析取支的错误形式。

76 全盘否定
您喜欢什么颜色的马？

全盘否定式诡辩，就是将某一析取命题的所有析取支同时加以否定，以此导致某一析取命题的虚假来达到其诡辩目的的诡辩手法。

从前有个狡诈的财主，找来一个相马的人，对他说："我给你一百块钱，你去给我买一匹我最喜欢的马来。"

"您喜欢什么颜色的马呢？"

"不要黑马，不要白马，也不要黄马。"

"那么我给你挑一匹灰马吧！"

"也不要。"

"那么，就挑红马、棕马或者几种颜色交错的杂色马，如何？"

"也不行！"

"啊，是这样！那我就去试试看！"相马人一边思忖，一边收下钱，转身就往外走去。这时，财主把他叫住，问道："什么时候，你能把买好的马牵来呢？"

相马人回答："我挑选马的日子和老爷挑选马的颜色差不多。不是星期一、星期二，也不是星期三、星期四，不是星期五、星期六，连星期天也不是。总之，就在那一天，我会把你要的马牵来。"

财主一听，"啊"地惊叫一声，就再也说不出什么。后来，只好眼睁睁地看着相马人拿走他的一百块钱扬长而去。

就马的颜色来说，或是白的，或是黑的，或是黄的，或是红的，或是灰的等等这么一些可能情况，但财主故意将这一析取命题的各个支命题全部加以否定，使得一个析取命题所有的析取支均为假，那么这一析取命题就是虚假的，企图以此使相马人无所适从，财主使用的就是全盘否定式诡辩。相马人以其人之道，还治其人之身，把一星期的七天都加以否定，这就排除了送马的可能性，财主一听，也就只能是哑口无言。又如：

一天，王爷把巴拉根仓叫来说："明天，弥勒佛庙的活佛驾临本府，活佛用餐特别，既不能咸，也不能甜；既不能腻，也不能淡；既不能辣，也不能酸；咸、甜、辣、酸还都必须有点。做的时候，不能焙煎，不能烙煎；不能水煮，不能汽蒸；不能火烧，不能油炸。做出来的饭食，又必须是不干不稀，不硬不软，不冷不热，不咸不淡，不香不酸。

你做不出来,我就要你的命!"

巴拉根仓说:"行! 那就请王爷给我准备一只特种锅子吧。它既不是金锅,也不是银锅;既不是青铜锅,也不是紫铜锅;不是钢制的锅,也不是铁铸的锅;不是锡制的锅,也不是陶烧的锅。一句话,不是用金属制成的锅,也不能没有一点金银铜铁;不是泥土制的锅,也不能没有一点砂石泥土。王爷,若你能给我弄来这样的锅,我就能做出您说的那种特异的膳食!"

王爷企图以全盘否定式诡辩惩治巴拉根仓,巴拉根仓以牙还牙,王爷的诡辩便落了空。

全盘否定式诡辩术的破斥:揭露诡辩者析取命题是虚假的,即析取支不存在真的情况;也可采用仿拟推论的方式来反驳,以子之矛,攻子之盾。

下例中谭振兆对付全盘否定式诡辩的方式又更为独特。

清朝时,通山县有个叫谭振兆的人,小时候因为家里比较宽裕,父亲给他定了亲,亲家是同村的乐进士。后来,谭父死了,谭家渐渐衰退,经济条件远不如以前,乐进士便想赖婚。一天,谭振兆卖菜路过岳父家,就进去拜见岳父。乐进士对他说:

"我做了两个阄,一个写着'婚'字,另一个写着'罢'字。你拿到'婚',我就把女儿嫁给你;拿到'罢'字,咱们就退婚,从此谭乐两家既不沾亲也不带故。不过,两个阄你只看一个就行了。"

说完就把阄摆出来。谭振兆心想:这两个阄分明都是"罢"字,我不能上他的当。想到这,他立刻拿了一个阄吞在腹中,指着另一个对乐进士说:

"你把那个阄打开看看,如果是'婚'字,我马上就离开这,咱们退婚;若是'罢'字,那就说明我吞下的是'婚'字,这门亲事算定了。"

乐进士本想用两个都是"罢"字的阄让谭振兆选,这实际上是使用析取支均为虚假的析取命题要对方选择,不管选哪个都得退婚;然而,乐进士煞费苦心设置的骗局却被谭振兆识破,没办法乐进士只好把女儿嫁给了他。

77 互斥混淆
东食西宿的千古笑谈

汉代应邵《风俗通》中谈到:

齐国有户人家有个女儿,有两家人来求婚。东家的男子长得丑陋但是家境富裕,西家的男子容貌美好但是家里很贫穷。父母犹豫不能决定,嫁给富家吧,又嫌人长得丑;嫁给穷家吧,又怕闺女受苦。老两口没个主意,只好去问闺女:

"你来决定你嫁给谁,你要是难于亲口指明,不用指明表白,就将一只胳膊伸出来,伸出左胳膊,表示愿嫁给东家;伸出右胳膊,表示愿嫁给西家。让我们知道你的意思。"

话还未说完,女儿就赶紧伸出两只胳膊。父母亲感到奇怪,就问她原因。

"我想吃在东家,住在西家。"女儿说。

这就是"东食西宿"这一成语的由来。比喻贪婪的人各方面的好处都要,贪得无厌。

在人们的日常生活中,有一种命题表示几种情况只允许有一种情况存在,这叫互斥析取命题。比如:

今天要么是星期一，要么是星期二。

互斥析取命题的真假情况是：几种情况只允许一种情况存在，当几种情况均为假，或均为真，那么该命题为假。

其实，"要么嫁给东家，要么嫁给西家"，这就是一个互斥析取命题，只允许选择其中一种情况。这个女子却把它当成了相容析取命题，对几种情况同时加以选择，这就难免成为千古笑谈。

有的诡辩者故意混淆一个互斥析取命题的逻辑特性为其谬误辩护，我们便称之为互斥混淆式诡辩。比如：

有个县官下乡视察，村中人不敢出头，一个捐了监生的人只好出面。他上前拱手作揖说："大老爷在上，在下有礼了。"

县官问："你贵姓？"

"请大老爷公断。"

县官感到奇怪，说："我断你姓张，可是你要姓李呢？"

"大老爷，您断得对，我姓张，又姓李。我原姓张，入赘李家当女婿。"

县官问："你多大年龄。"

"请大老爷公断。"

"我断你 30 岁，可你是 28 岁呢？"

"大老爷，您断得对，我本已 30 岁，但婚娶时瞒了两岁，都说 28 岁。"

县官问："你生日是什么时候？"

"请大老爷公断。"

"我断你是二十八，你要是二十九呢？"

"大老爷，您断得对，闰年二月二十九日生，平常年份二十八过生日。"

　　这个县官的问话中,都是包含互斥析取命题要求对方选择,比如,"你要么姓张,要么姓李""你要么 28 岁,要么 30 岁",这些都不可能几个析取支为真,但这个监生却把它们当成相容析取命题,对几种情况同时加以选择,这就有溜须拍马之嫌,难免流于诡辩。

　　互斥混淆式诡辩术的破斥:明确揭示互斥析取命题的逻辑特性,只允许对其中一种情况加以选择。

78　　条件虚假二难
医生不出诊的托词

　　二难法是一种神奇的论辩方法。在论辩过程中,只列出两种可能性的情况,迫使论敌从中作出选择,不论对手选择哪一种,得出的结果都对他不利,除此以外又别无选择,这就必然使论敌陷入进退维谷、左右两难的境地,这种论辩方法就是二难法。比如:

　　聪明的哈萨克小姑娘阿格依夏和一个商人在法官面前打赌,两个人都说一个谎话,谁要是认为对方所说的确是谎话,谁就输一千块钱。商人说了一通谎话以后,阿格依夏认为这是实话。轮到阿格依夏说时,她说:

　　"我的叔父是一个专门给商人带路的向导。一天,他正领着一个拥有 600 峰骆驼的商队在戈壁滩上赶路,忽然遇到一伙凶恶的强盗。强盗将商队的财产全部抢光了,最后还杀死了几个无辜的路人。昨天,我叔叔告诉我,杀死那些赶路的人的强盗头子就是你!你说说,我说的是真话还是假话?"

商人气急败坏地对法官说："她……她……她说的是假话。"

对于阿格依夏的那一段话，商人便感到左右为难：

商人如果承认小姑娘说的是真话，那就得赔偿财产、被判刑；

如果承认小姑娘说的是假话，那就得输掉一千块钱；

或者承认小姑娘说的是真话，或者承认小姑娘说的是假话；

所以，商人或者赔偿财产、被判刑，或输掉一千块钱。

两害相权取其轻。于是，这个商人只好选择后者：输掉一千块钱。阿格依夏就是用二难法战胜贪婪的商人的。

二难法实际上是以两个条件命题和一个析取命题为前提进行推演的论辩方法。然而，**诡辩者也会故意利用错误的二难推论为其谬误作出似是而非的论证。二难法的错误形式之一是，推论前提中的条件命题是虚假的。利用前提中条件命题虚假的二难法来狡辩的方法，我们称之为条件虚假二难式诡辩。**

有个医生接到请他去出诊的电话，他不愿意去，就这样回答对方：

"如果病人病重，那么我去也不能解决问题；如果病人病轻，那么请病人来看门诊，所以我不必去了；病人或者是病重或者是病轻，反正我是不必去了。"

这个医生的二难法是错误的，是在诡辩，原因就在于他的论证前提中的条件命题是虚假的。因为病重，医生去了并不就是不能解决问题；病轻，医生并不就是不必去出诊。医生运用二难法来搪塞病人。又如：

甲："这本书不好。"

乙："你怎么知道这本书不好？你看过这本书没有？如果你没有看过，怎么知道它不好？如果它真的不好，你为什么还要看？"

　　乙的二难法是荒谬的,因为前提中的条件命题虚假。比如,没有看过这本书,但可以听人说过,也可以知道这本书的情况。

　　有个学生经常迟到、旷课,老师批评他,要他遵守学校规章制度,他却反驳说:

　　"如果我没有违反学校制度,则批评我是多余的;如果我违反了学校制度,则已是既成事实,这是'放马后炮',是不必要的;我违反了或是没有违反学校制度,总之,批评是多余的,或是不必要的。"

　　这个学生的二难法纯属狡辩,因为前提中的条件命题均为虚假。如果学生没有违反学校制度,老师可以善意提醒;如果学生违反了学校制度,批评并不就是"放马后炮",可以防止再犯。

　　条件虚假二难式诡辩术的破斥:指出前提中条件命题是虚假的,即前件真而后件假的情况存在。

79　**析取缺支二难**
难道要我把手一直举在空中?

　　二难法要求,前提中的析取命题必须将某方面的情况列举完全,不能遗漏。如果遗漏的情况恰恰是唯一为真的情况,就将导致结论的虚假。如果诡辩者故意用析取支列举不全的析取命题为前提的二难法为其谬论辩护,这就叫析取缺支二难式诡辩。

　　有个营业员向经理诉苦说:

　　"如果我小声地回答顾客的问话,他们说我细声细语听不清楚;如果我大声地回答他们的问话,他们便说我态度不好;不论是大声回答还是小声回答，都不行，真难啊！"

这个营业员在为自己劣质服务进行辩护时，使用的是二难法。这个营业员的二难法中，前提的析取命题却将唯一为真的情况漏掉了，即说话声音不大不小的情况，因而导致诡辩。又如：

有一天，某初中班班长给班主任写了一份辞职书。辞职书中写道：

"我不能胜任班长工作，请求辞职。因为我要是对同学严加管理，同学们会说我盛气凌人；我要是对同学放松管理，同学们又会说我不负责任。"

班长辞职书中写的这段话是一个析取支不全二难推理，因为在析取前提中还存在既不过严、又不过宽，宽严适度的管理的可能性。只要管理方法得当，同学们是会支持班长工作的。

析取缺支二难式诡辩术的破斥：指出前提中析取命题支不穷尽，遗漏了唯一为真的情况。

一个小偷站在法庭的被告席上，他的手插在口袋里。法官大声训斥道："你要尊重法庭，快把手从口袋里抽出来！"小偷回答：

"这事很难办……我把手放在自己的口袋里，你们要我把它抽出来；如果我把手放进别人的口袋，你们就会把我送进监狱；唉！我的法官先生，难道你要我把手一直举在空中吗？"

这个小偷故意漏掉了一种情况：双手在身体两侧自然下垂。

80 谬推二难

赖账律师的赖账术

有个以赖账出了名的律师,请了一位医生给他的妻子治病。通过诊断,医生发现律师妻子的病情十分严重,对律师说:"我担心看完病后,您不会付钱。"

"请放心,我向您保证,无论您救活了她,还是误诊医死了她,我都将如数付给您 500 英镑。"律师说。

医生听完这话后,竭尽全力投入抢救律师妻子,但确因病情太重最终没有救活病人。医生在表示歉意后,要求律师付急救酬金。

"我的妻子是您误诊医死的吗?"律师问。

"当然不是。"医生回答说。

"那么,您把她救活了吗?"

"这也不可能,我竭尽全力抢救,也未能奏效。"

"这就对啦!我刚才保证的是,您救活她或误诊医死她,我付给您 500 英镑,现在既然您没有救活她,也没有误诊医死她,根据刚才的保证,就不该讨给您 500 英镑了。"

这个律师是在诡辩。除了前提中漏掉了一种可能情况,病重抢救无效而死亡的情况外,还违反了条件推演的规则。像这样,**诡辩者运用违反推论规则的二难推理来混淆是非,为其谬论进行辩护,我们称之为谬推二难式诡辩**。这个律师的推论形式是:

如果您救活了她,我付您 500 英镑;

> 如果您误诊医死了她，我付您 500 英镑；
>
> 您没有救活她，或您不是误诊医死了她；
>
> 所以，我不必付您 500 英镑。

这个律师是通过否定两个条件命题的前件而得出否定其后件结论的，这种形式是错误的。这位医生没有识破这一诡计，上了他的当。

谬推二难式诡辩术的破斥：指出违反了条件推演的有关规则，即由否定前件到否定后件，或由肯定后件到肯定前件。

81　半费之讼
古希腊诡辩家打官司

"半费之讼"式诡辩是由下面这则故事而得名的。

古希腊著名诡辩学者普洛塔哥拉斯招收了一个学法律的学生，名叫欧提勒士。师生曾商定学费分两期付，一半学费规定在欧提勒士毕业时付，另一半学费规定在欧提勒士出庭第一次胜诉之后交付。但是，欧提勒士毕业后迟迟没有出庭，普洛塔哥拉斯急不可待，便决定向法庭起诉，要欧提勒士付另一半学费。他对欧提勒士说：

"如果这次你胜诉，那么按照我们的合同你应当付给我另一半学费；如果你这次败诉，那么按照法庭判决，你也应付我另一半学费；你或者胜诉或者败诉；总之，你应该付给我另一半学费。"

老先生本想这样无论如何也能收回另一半学费。谁料到，良师出高徒，老先生亲自传授的诡辩术，竟被学生用来对付自己。欧提勒士回答老先生说：

"如果这次我胜诉，那么按照法庭判决，我不应付你另一半学费；如果我败诉，那么按照我们的合同，我也不应付给你另一半学费；这场官司我或者胜诉，或者败诉；总之，都不应付给你另一半学费。"

这就是半费之讼式诡辩。

半费之讼式诡辩，是指诡辩者在构造二难推论时采用了两个不同的标准，在不同的情况下分别采用不同的有利于自己的标准，以此来使对手陷入困境的诡辩手法。

普洛塔哥拉斯的二难推论中采取了两个标准：按照合同的标准和法庭判决的标准，在不同的情况下采用不同的有利于己的标准；欧提勒士则如法炮制，构造了一个相反的二难推论。他们师徒俩的推论针锋相对，完全相反，各执一端，互相否定，据说当时竟把法官难倒了，无法作出判决。

其实，他们都是在诡辩，在一个推论过程中标准没有保持同一，违反了同一律。

古希腊研究辩论术的人还喜欢讲这么一则寓言：

有一位妇女怀抱的孩子被一条鳄鱼抢走，妇女请求鳄鱼归还孩子。鳄鱼说："我会不会吃掉你的孩子？如果你猜对了，我就把孩子还给你。"

妇女说："我猜你是想吃掉我的孩子吧！"

鳄鱼说："如果你猜得对，则根据你说话的内容（即我想吃掉你的孩子），我不把孩子还给你；如果你猜得不对，则根据原来约定的条件，我不把孩子还给你；无论你猜得对，还是你猜得不对，总之，我都不会把孩子还给你！"

妇女想了想,也说:"如果我猜得对,则根据原来约定的条件,你应该把孩子归还给我;如我猜得不对,则根据我说话的内容(即你不是想吃掉我的孩子),你应该把孩子还给我;我或猜得对,或猜得不对;所以,你都应该把孩子还给我。"

这里鳄鱼和妇女的论辩都不正确,和普洛塔哥拉斯师徒一样,标准没保持同一,是诡辩。

半费之讼式诡辩术的破斥:要求诡辩者推论的标准必须保持同一,不能随意偷换。

82　多难推论
阿凡提的演讲偷懒怪论

在论辩过程中,诡辩者列举几种可能情况要求对方作出选择,不管选择哪一种情况,都令对方感到为难,这就是多难推论式诡辩。

阿凡提是一位大家都很熟悉的人。一个演讲俱乐部想吸收他为会员,但他也必须和其他会员一样演讲一次,大家满怀期待地立于台下。

阿凡提登台便问:"诸位听众,你们知道我要讲什么吗?"

大家异口同声地说:"不知道!"

"既然你们不知道我要讲什么,你们如此无知,那我讲了有什么用?"阿凡提说着便走下讲台。

第二天阿凡提又登上讲台说:"听众们,你们知道我要讲什么吗?"

大家一致说:"知道!"

"行啦,你们已经知道了,我重复一遍有什么意思呢?"说着,他又从讲台上走下来。

听众们见他这样,便商量好,下一次一部分人说知道,一部分说不知道。

第三天,阿凡提再一次登上讲台说:"各位,你们知道我要讲什么吗?"

台下的听众一部分大喊"知道",一部分大喊"不知道"。

他连忙接着说:"那么好吧,知道的人去讲给不知道的人听吧!"

说完,阿凡提走下讲台,扬长而去。

阿凡提所使用的就是多难推论式诡辩。他的论辩之所以是荒谬的,这是因为,他的推论中的若干条件命题的前提是虚假的。比如,听众说"不知道",并不就是"听众无知";听众说"知道",并不等于他是"重复一遍"的意思。另外,他还犯有偷换概念的错误。我们要反驳多难推论式诡辩,就必须指出其作为推论前提的条件命题是虚假的。

多难推论式诡辩术的破斥:揭示其前提中条件命题的虚假性,或指出其析取前提不穷尽的情况。

83　　　**滥用归谬**

地球背面的人头朝下倒立着?

在论辩过程中,为了反驳对方的观点,先假设对方的观点是正

确的,然后由此推出荒谬的结论,进而将对方的观点驳倒,这就叫归
谬法。诡辩者也会使用归谬法为其谬论作出似是而非的论证,我们
称之为滥用归谬式诡辩。

比如当代地平论者为"地平学说"所作的一则论证:

> 如果地球是圆的,是球形,那么,在地球另一面的人就应该
> 头朝下、脚朝上倒立着。可是我从美国来到澳大利亚,身体并
> 没有头朝下、脚朝上倒立。所以,地球并不是圆的球形,而是
> 平的。

这则论证使用了归谬法。他们为了反驳"地球是圆的,是球形"
的观点,先假设这一观点是正确的,并由此推出"地球另一面的人就
应该头朝下、脚朝上倒立着",而他们"从美国来到澳大利亚,身体并
没有头朝下、脚朝上倒立",便由此得出结论:"地球并不是圆的球
形,而是平的。"然而,这则论证是荒谬的。

这则论证之所以是荒谬的,这是因为,地球的体积太庞大了,有
着强大的地心引力,地球上人们都脚朝地心站立。地球被大气层包
裹,地球处于浩瀚的宇宙中,各个方向均有其他天体的存在,任何时
候抬头都是天空。所以,也就不存在地球另一面的人头朝下、脚朝
上倒立着的现象,除非你进行头朝下倒立的杂技表演之类的活动。

**滥用归谬式诡辩术的破斥:科学的论断应以事实为依据,凡是
与客观事实相符合的便是真理。另外,归谬法由假设为真的论断推
出新的论断的过程中,不能犯推不出的谬误。**上一地平论者的论证
中,由假设为真的论断推出新的论断的过程中,恰好犯有推不出的
谬误。

84 类比归谬

全世界的人都参加奥运开幕式?

　　某初中即将举行春季运动会,校长办公室在布告栏里张贴了一个通知:本校全体师生员工必须参加运动会的开幕式。在布告栏前,小马发表议论说:

　　"我们学校的运动会是一个学校的运动会,如果一个学校的运动会要一个学校的全体人员参加开幕式,那么,奥林匹克运动会是全世界的运动会,就该让全世界的所有人都参加开幕式;而这是不可能的,因此,我们学校的全体人员都参加开幕式也是不必要的。"

　　这里小马的议论使用了归谬法,但却是荒谬的。

　　在论辩过程中,为了反驳对方的观点,先假设对方的观点是正确的,然后由此推出荒谬的结论,进而将对方的观点驳倒,这就叫归谬法。**使用归谬法的过程中,由被反驳的观点推出新的荒谬观点时,如果使用的是类比推论的方法,这就是类比归谬法。诡辩者使用类比归谬法为其谬论辩护时,往往犯有机械类比的错误,这就是类比归谬式诡辩**。

　　小马为了反驳校长办公室的通知,便由这一通知使用类比的方法推出"全世界的人都得参加奥运会开幕式"的论点,而这一论点是荒谬的,进而得出否定校长办公室通知的结论。小马议论的错误就在于,他由被反驳的论点推出新的论点的过程中,所使用的类比推论犯有机械类比的错误。因为全校师生员工参加校运会的开幕式是可能的,而全世界的人参加奥运会的开幕式则是不可能的,这二者之间是不能简单类比的。

当论敌使用类比归谬式诡辩术时,我们必须抓住类比推论结论是或然性的这一要害,揭露其中机械类比的地方,严厉地给予反击,千万不要被对方的花言巧语所迷惑,或被其汹汹的气势所吓倒。又如:

有这么一则笑话:一个人看中了广告中说的那种新颖美观的自行车。他专门找到登广告这家商店,但挑选时发现实际出售的自行车上没有灯,而广告中可是有的。顾客指责店主骗人,店主平静地解释道:

"噢,先生,这灯是额外的东西,没有计入车子的售价。广告里还有位骑在车上的女郎呢,难道我们也要随车提供一位吗?"

店主反驳顾客时,使用了类比归谬法,但他的类比归谬是极其荒谬的。因为"自行车上的灯"与"骑在车上的女郎"是有本质区别的,是不能简单类比的,车灯是属于车子的一个组成部分,而女郎却不是,以女郎来类比车灯,犯有机械类比的谬误,这只能是荒唐的诡辩。

类比归谬式诡辩术的破斥:揭露诡辩者由被反驳的观点推出新的荒谬论点的过程中,使用的类比推论形式,犯有机械类比的谬误。

85　条件归谬

吃白米饭就是家里死了人?

在使用归谬法时,由被反驳的观点推出新的荒谬结论的过程中,如果使用的是条件推演的方法,如条件分离、条件拒取等,这就是条件归谬法。但**诡辩者使用条件归谬法为其谬论辩护时,往往违反条件推演的有关规则,这就是条件归谬式诡辩**。比如:

有户人家家里有人去世,居丧期间,偶然吃了一餐红米饭,有人对此议论道:"家里死了人是不能吃红米饭的,因为红色是喜色。"

"难道吃白米饭的就是家里死了人吗?"这家主人反驳道。

虽然,居丧期间不能吃红米饭,这毫无科学道理,纯属胡说;但这家主人的反驳过程中,使用的推论方法也是荒谬的。主人由被反驳的观点推出新的荒谬观点的过程中,使用了这么一种条件推演方法:

> 如果死了人,则不能吃红米饭;
>
> 吃白米饭(即不吃红米饭);
>
> 所以,就是家里死了人。

这里使用的是肯定后件的错误形式。

有些向来认为是机智人物的答辩中,也不乏使用此术而取胜者。请看这么一则民间故事:

从前,有位财主,生有两个女儿,大女儿嫁了个有钱人家子弟,二女儿嫁了个种田人。财主六十岁大寿这天,两个女婿都来拜寿。

院子里有几只大白鹅，见了生人"嘎嘎"地叫。财主问："这鹅的叫声为何这么响？"

大女婿说："鹅有长颈之优。"

"不对，水坑里的蛤蟆没有长颈，叫起来的声音也那么大。"二女婿说。

大女婿看见财主胡须飘飘，称赞着："老丈人真是须长寿长啊！"

小女婿又反驳说："不见得吧，河里的王八没有须，怎么人称'千年的王八万年的龟'呢？"

这个小女婿的反驳粗粗一听，灵巧有力，但只要略加分析，就可发现其由被反驳的观点推出新的荒谬观点的过程中，使用的是否定前件的错误形式。

使用条件归谬式诡辩术甚至是"无往而不胜"的，如果对此缺乏剖析能力，不管你的命题如何正确，都可能被其驳倒。比如：

甲："如果一个人被砍头，就会死亡。"

乙："这么说来，秦始皇没有被砍头，就是现在还活着么？"

这里使用的是否定前件的错误形式。又如：

甲："如果没有水，人就会死亡。"

乙："某人淹死了，也是因为没有水么？"

这里使用的是肯定后件的错误形式。

当然，区别一则论辩是否为诡辩，关键是看其主张是否正确。如果主张荒谬、论证形式错误，便是诡辩；如果主张正确、论证形式错误，便是巧辩。但是即使是巧辩，其主张正确，但推论形式仍然是错误的。

然而这种种错误形式并未引起人们的注意，人们总是认为它是正确的、合理的，即使在我国数十种逻辑学著作中也是如此，这不能不引起我们足够的重视。逻辑学著作中引用最为普遍的是鲁迅《文艺的大众化》中的一句话：

"倘若说，作品愈高，知音愈少，那么，推论起来，谁也不懂的东西，就是世界上的绝作了。"

这里使用的是条件归谬法，反驳得铿锵有力，但使用的是肯定后件到肯定前件的错误形式。因为这种错误形式难以被发现，所以在我国逻辑学著作中被普遍引用。

条件归谬式诡辩术的破斥：条件归谬式诡辩的要害就在于，其中由被反驳的观点推出新的荒谬论点的过程中，使用了错误的条件推演形式，有的是肯定后件式，有的是否定前件式，我们要反驳这种诡辩，就必须指出其中推论形式的谬误。

第二节 谓词逻辑的障眼法

谓词逻辑是一种更为复杂的逻辑演算系统,除包含命题逻辑的性质和规律外,还把命题分析成个体词、谓词和量词等非命题成分,研究包含这些非命题成分组成的命题形式的逻辑性质和规律。诡辩者会故意违反其中的规则和规律为其谬误辩护,我们必须提高警惕。

86 偷换中项
贪官豪夺财主貂皮的诡计

三段论是一种古老的推理方法。从亚里士多德创立三段论的学说起,一直使用至现在。比如:

从前,一个贪官对一个财主说:"如果一件东西,你不曾拿出来,当然东西仍在你手中,还应当记在你的名下。"财主一听,觉得这话对自己有利,于是赶忙应承:"不错,不错。"那贪官突然问道:"你最近向衙门交出过什么东西吗?"

"没交出过什么东西。"财主答。

"真的?"

"真的。你说的是什么东西?"

"一件珍贵的貂皮。"

"没有,从来没有。"

贪官把桌子一拍,翻脸喝道:"好了,快把赃物貂皮交出来吧!"

财主被弄得丈二和尚——摸不着头脑,问:"什么赃物?"

"你刚刚说完,东西没拿出来之前,仍在你手里,你既然始终没交出过貂皮,当然这貂皮还在你手里。"

财主一听,简直糊涂了,怎么一时间竟平白无故地变成了盗贼?他明知贪官在栽赃,但一时又揭露不了贪官的骗局,只好自认倒霉。贪官的推理是:

> 你不曾拿出来的东西就仍在你手中,
>
> 你不曾拿出赃物貂皮,
>
> 所以,赃物貂皮还在你手里。

这个贪官敲诈财主貂皮的诡辩过程中,使用了三段论,但却是荒谬的。

一个三段论包括有大前提、小前提和结论三个部分。比如:

> 所有的鸟都是有羽毛的(大前提),
>
> 燕子是鸟(小前提),
>
> 所以,燕子是有羽毛的(结论)。

在一个三段论中,只能有三个项:大项、中项、小项。结论中的主项称为小项,通常用 S 表示;结论中的谓项叫大项,通常用 P 表示;在前提中出现两次的概念叫中项,通常用 M 表示。如上例中,"燕子"是小项,"有羽毛的"是大项,"鸟"是中项。

一个三段论中,其中每个项都出现两次,所以一个三段论只能有三个项。如果多出一个项,就要犯四项的错误。**而诡辩者为了达到其混淆是非的诡辩的目的,往往随意偷换三段论前提里中项的不同含义,导致四项的错误,这就是偷换中项式诡辩。**

上面贪官的三段论中,就偷换了中项的含义,前一中项"你没交出的东西"是指原来就有的东西没有交出来;后一中项"你没交出的东西"是指原来就没有的、不存在的东西。由于财主无法揭穿贪官的这一诡辩,结果他吃了哑巴亏。

又比如,某寝室中的学生正在争论:

甲:"爱情与玉米粥相比,哪个好?"

乙:"当然爱情好,'爱情价更高'嘛!"

甲:"其实不然!毕竟说来,没有东西比爱情好,而一碗玉米粥总比没有东西好,所以,玉米粥比爱情好。"

甲的议论中,中项"没有东西"前后的含义不同,甲用的是偷换中项式诡辩。

又比如,有人这样发表议论:

> 故意杀人者应处死刑,
> 行刑者是故意杀人者,
> 所以,行刑者应处死刑。

这种论辩显然是荒谬的。假如真的如此,那么处死行刑者的人也是"行刑者",因而也应处死,如果一个一个地杀下去,最后一个行刑者就必须自杀了。这是地地道道的诡辩,因为,大前提中"故意杀人者"是指有预谋的残害人命的犯人;而在小前提中,"故意杀人者"

是指依据法律程序、奉命处死犯人的人。语词形式相同,含义并不相同,表达的是不同的概念,这一论辩属偷换中项式诡辩。

偷换中项式诡辩术的破斥: 要反驳这种诡辩,就必须明确揭示出诡辩者前提里中项的不同含义,不得偷换。

87 中项不周延

牛何之?

明代浮白斋主人所撰《雅谑》一书中,记有这么一则故事:

翟永龄是明朝中期一位小有名气的神童,然而却经常逃学。老师一怒之下,命他罚写作文一篇,题目是《牛何之》,意思是牛到哪里去了,借此对翟永龄进行挖苦。这个翟永龄也有点小聪明,拿起笔来一挥而就,并在文章结尾写道:

"查何之二字,在《孟子》一书中出现两处,一处是'先生将何之',一处是'牛何之',这岂不就是说,先生就是牛,牛和先生是一回事么!"

翟永龄无故逃学,不但不认错,反而乘机反咬一口,将先生说成是牛,他是这样推论的:

> 先生何之,
> 牛何之,
> 所以先生是牛。

这个推论是错误的。因为运用三段论形式进行论辩,中项在前提中至少要周延一次。所谓周延,是指是否对某个直言命题的主项

或谓项的全部外延作出断定。断定了其全部外延,则该项周延;没有断定其全部外延,则该项不周延。直言命题的项的周延规律如下:

全称命题主项周延,特称命题主项不周延;

肯定命题谓项不周延,否定命题谓项周延。

如果您想学好三段论,就必须花点力气牢牢记住这四句话。

这个翟永龄的三段论中项"何之"两次都是肯定命题的谓项,均不周延。如果中项两次都不周延,就要犯中项不周延的错误,翟永龄是在狡辩。**诡辩者运用中项不周延的错误形式为其谬论辩护,这就是中项不周延式诡辩。**

中项不周延式诡辩术的破斥:要反驳这种诡辩,就要揭露中项两次均不周延,违反推理规则。又比如:

犬是有毛的,

羊是有毛的,

所从,犬是羊。

这就是先秦名家"犬可以为羊"的辩题。中项"有毛的"两次都是肯定命题的谓项,都不周延,所以推理犯有中项不周延错误。

诗人刘征曾对这种诡辩进行过辛辣的讽刺,他写道:

"你长胡须,耗子也长胡须,你就是耗子作家。你在床上睡觉,臭虫也在床上睡觉,你就是臭虫的同伙。你咳嗽,刺猬也咳嗽,你就是刺猬的应声虫。你为了杀鸡在磨刀,十万八千里外的爪哇国的一座古庙里有个强盗也在磨刀,你就是与强盗狼狈为奸,你也是一个汪洋大盗。如若不然,何其相似乃尔!"

这里面包含了四个中项不周延式诡辩,荒唐又可笑。

88　大项扩大

捡人家东西不必还的谬论

某人这样发表谬论：

"俗话说，有借有还，再借不难。凡是借人家的东西是要还的，捡人家的东西不是借人家的东西，所以，捡人家的东西是不要还的。"

这种论调显然是荒谬的，其中包含了这么个三段论：

> 凡是借人家的东西是要还的，
>
> 捡人家的东西不是借人家的东西，
>
> 所以，捡人家的东西不是要还的。

这个三段论是荒谬的，因为犯有大项扩大的谬误。

在一个三段论中，结论的大项或小项所涉及的范围不能超出前提里大项或小项的涉及范围，也就是说，前提里不周延的项在结论中不得变为周延。而**诡辩者的三段论中，如果前提里大项不周延而在结论里大项却变为周延了，这就是大项扩大式诡辩。**

上例的大项"要还的"在前提中是肯定命题的谓项，不周延；结论中是否定命题的谓项，周延了。因而，这种论调犯了大项扩大谬误，纯属诡辩。

大项扩大式诡辩术的破斥：大项扩大式诡辩是在日常生活中非常常见的一种诡辩手法，我们要加以驳斥，就要揭露其大项扩大的谬误，结论超出了前提的范围。又如：

运动员要锻炼身体；

我不是运动员；

所以，我不要锻炼身体。

大项"要锻炼身体"在前提中是肯定命题的谓项，不周延，因为运动员要锻炼身体，不是运动员也要锻炼身体；而在结论里大项却变为否定命题的谓项，周延了，这是大项扩大式诡辩。

89 小项扩大
由甲生疮引发的怪论

鲁迅在《论辩的魂灵》中概括了当时的顽固派和许多反对改革者的奇谈怪论。其中写道：

"你说甲生疮。甲是中国人，你就是说中国人生疮了。既然中国人生疮，你是中国人，就是你也生疮了。你既然也生疮，你就和甲一样。而你只说甲生疮，则竟无自知之明，你的话还有什么价值？倘你没有生疮，是说诳也。卖国贼是说诳的，所以你是卖国贼。我骂卖国贼，所以我是爱国者。爱国者的话是最有价值的，所以我的话是不错的，我的话既然不错，你就是卖国贼无疑了！"

这段话揭露了一系列的诡辩伎俩，其中之一是：

甲生疮，

甲是中国人，

所以中国人生疮了。

这则推论显然是荒谬的，是诡辩。

在运用三段论形式进行论辩的过程中,如果前提中只涉及小项的部分对象而在结论中却涉及小项的全部对象,也即前提小项不周延而在结论里小项却变为周延,这就要犯小项扩大的错误。如果诡辩者故意使用这种错误的形式为其谬论辩护,这就是小项扩大式诡辩。

上一三段论中,小前提"甲是中国人"中,小项"中国人"是肯定命题的谓项,不周延,只对"中国人"的部分对象作出了断定,只是说甲是中国人中的一个,而不是说甲是"所有的中国人";而在结论中,"中国人生疮了",小项"中国人"是全称命题的主项,是周延的,对"中国人"的全部对象作出了断定,也就是说"所有的中国人生疮了"。小项"中国人"在前提中不周延而在结论中却变为周延了,这就是小项扩大式诡辩。

小项扩大式诡辩术的破斥:揭露其小项扩大的谬误,结论超出了前提的范围。又如:

> 人是能思维的,
>
> 人是动物,
>
> 所以,动物都是能思维的。

这一推论中,小项"动物"在前提中是肯定命题的谓项,不周延;在结论中,是全称命题的主项,周延了,这是小项扩大式诡辩。

90　　　　荒谬换位
手脚冰凉的就是死人

有一天，朱哈问老婆："人死了之后会怎么样？"

他老婆说："人死后手脚冰凉。"

朱哈把老婆的话牢记在心。朱哈在山上放羊，近晚手脚冰凉，以为自己死了。他躺在地上，看见不远处的羊被狼撕咬，想驱赶，又觉得人既然已死，就不应该管太多的事。他看狼吃羊，后来实在看不下去了，便抬起头来恶狠狠地咒骂着：

"你们这些该死的狼，看见我死了，就欺负我的羊；如果我没死，看我把你们一个个收拾掉！"

朱哈断定自己死了，使用了这么一则推论：

死人是手脚冰凉的，所以，手脚冰凉的就是死人。

朱哈使用的叫换位推理，但却是错误的。

换位推理是指，通过改变某一直言命题主、谓项的位置，从而推出一个新的直言命题为结论的推理。使用换位推论的规则是：

在前提中不周延的项，在结论中不得变为周延。

否则，结论不可靠。比如，朱哈的推论前提中"手脚冰凉的"是肯定命题谓项，不周延；结论中却变为全称命题的主项，周延了，所以朱哈的推论荒谬可笑。

诡辩者故意利用错误的换位方法来为其谬论辩护，我们称之为

荒谬换位式诡辩。又如：

一个衣衫褴褛的穷人，在街上拦住一个西装笔挺的人讨钱买点面包充饥，那衣服漂亮的人说："我没有钱，但我可以带你进酒吧喝杯酒。"

"我不会喝酒，我只需要几毛钱买点吃的东西。"

"我可以给你一支雪茄。"

"我不会抽烟，我只需要一点东西充饥。"

"我教你怎么办吧，我替你下注赌跑马吧！"

"先生，我从来不赌博，我只要求得到一点食物，便很知足了。"

"那么，你随我回家吧！"

于是那穿着漂亮的人便把穷人带回家中，对妻子说：

"你看，这个穷人不饮酒、不吸烟、不赌博，因而不饮酒、不抽烟、不赌博的人便是穷人了。难道你让我不饮酒、不抽烟、不赌博，要使我变成一个穷光蛋吗？"

这个人的议论中包含了这么一种推论：

> 穷人是不饮酒、不吸烟、不赌博的，
>
> 所以，不饮酒、不吸烟、不赌博的就是穷人。

这里使用的是换位的方法，但却是错误的，因为前提中"不饮酒、不吸烟、不赌博"是肯定命题的谓项，小周延；结论中是全称命题的主项，变为周延，因而这种推论纯属诡辩。

荒谬换位式诡辩术的破斥：揭露其前提中不周延的项在结论中变为周延的谬误，结论不可靠。

91 荒谬附性
咸鸭蛋是咸鸭子生的

一个外国人首次来中国,对一切都感到好奇有趣。

有一天他到一个中国朋友家里去做客,主人家用"宁波汤圆"作第一道点心招待远方来的客人。可是,这位"老外"心里有一个疑问:"这芝麻馅子怎么放进去的呢? 这汤圆表面可没缝啊!"

吃饭时,他感到这咸蛋的滋味不错,可是,这蛋壳完好,盐又从何进入的呢? 他百思不解,恰好主人又端上一盆整只的咸鸭,他似乎恍然大悟:

"哇! 原来中国有咸鸭子,怪不得能生咸蛋呢!"

这个外国朋友的话中包含了这么一则推理:

　　鸭蛋是鸭子生的,所以,咸鸭蛋是咸鸭子生的。

这是一则附性法推理,但却是错误的。

附性法推理,是将表示某一属性的概念分别附加在直言命题的主项和谓项上,从而形成一个新命题的直接推理。比如:

　　马不是牛,所以,马头不是牛头。

这个推理就是在前提的主、谓项分别加上"头"这一概念得出结论的。

运用附性法进行推理必须遵守的规则是:

(1) 分别附加在前提的主项和谓项上的那个表示某种属性的

概念,必须是同一个概念;

(2)附性后所得命题的主项和谓项之间的关系必须同原命题中主项和谓项之间的关系保持一致。

如果违反这两条规则,就不能保证由真的前提推出真的结论。如:

> 蚂蚁是动物,所以,大蚂蚁是大动物。

这则推论就是错误的,因为前提中,主、谓项之间具有种属关系,而结论的主、谓项之间却不具有种属关系,大蚂蚁不属于大动物。

上例的外国人的推论中,前提"鸭蛋是鸭子生的"中,主项"鸭蛋"与谓项"鸭子生的"具有种属关系,结论"咸鸭蛋是咸鸭子生的"中,主项"咸鸭蛋"与谓项"咸鸭子生的"不具有种属关系,事实是咸鸭子什么也生不出来。又如:

> 师者人也,老师者老人也。
>
> 鼠者动物也,老鼠者老动物也。

这些附性法推论都是错误的。

然而,有的诡辩者却会故意使用这种错误的附性法推论形式为其谬论辩护,这就是荒谬附性式诡辩。比如:

甲:"强盗是人。"

乙:"你说强盗是人,那么,强盗多,就是人多了! 没有强盗,就是没有人了! 厌恶强盗,就厌恶人了! 希望没有强盗,就是希望没有人了! 爱强盗,就是爱人了! 不爱强盗,就是不爱人了!"

乙这样说就是在玩弄荒谬附性式诡辩术。因为乙的推论前提中,主、谓项即"强盗"与"人"之间具有种属关系,而若干结论的主、谓项之间却不具有种属关系。

　　荒谬附性式诡辩术的破斥：揭露诡辩者违反附性法推理规则，附性法分别附加在前提的主项和谓项上的那个概念不是同一个概念，或者附性后所得结论的主项和谓项的关系，同前提命题中主项和谓项的关系没有保持一致。

92　集合混淆

人民的财产就是我的财产

　　请看发生在电车上的这么一次论辩：

　　一辆电车进站了，有些人一窝蜂地往上挤，突然"哗啦"一声。一块玻璃被挤碎了。售票员冲着那挤碎玻璃的人大声叫喊：

　　"玻璃碎了，要照价赔偿！"

　　"为什么要我赔？"

　　"损坏了人民的财产难道不应该赔偿吗？"

　　那个人却狡辩道："我也是人民的一员，这财产我也有一份，我这份我不要了，我不赔了！"

　　这突如其来的回答，使售票员无言以对，只好看着那人扬长而去。

　　这个乘客的回答显然是错误的，错就错在混淆了集合概念与非集合概念的区别。

　　在逻辑学中，根据概念是否反映事物的集合体，可分为集合概念与非集合概念。集合概念是反映事物集合体的概念，非集合概念是不反映事物集合体的概念。

集合体是同类个体有机结合构成的,集合体具有的属性,集合体中的个体并不必然具有。比如,"森林"是由"树"丛生在一起构成的,"森林"是集合概念,"森林"具有的属性,其中某棵树并不必然具有。我们不能说,"这棵树是森林"。在这种语境中,"森林"是集合概念。

事物的类是由具有相同属性的分子组成的,类所具有的属性,其中的每个分子都必然具有。比如,"中国人"是由14亿个具有中国国籍的人组成的类,其中任一个人都可以自豪地说:"我是中国人!"在这种语境中,"中国人"是非集合概念。

要注意的是,在不同语境中,同一语词可以表达集合概念,也可以表达非集合概念。比如说,"中国人占世界人口五分之一"中的"中国人"就是集合概念,它具有"占世界人口五分之一"的属性,而组成"中国人"这一集合体中的每个个体却不具有这一属性。其中的个体不能说:"我占世界人口总数五分之一。"

集合概念与非集合概念是不相同的,集合概念所具有的属性而组成集合体中的每个个体则不必然具有。上例中,"人民的财产"里的"人民"是集合概念,它反映的是由人民的个体组成的不可分割的整体,并不是指组成这一整体中的每一个具体的个体。"电车玻璃是人民的财产",并不是其中某个人的财产,这个乘客的话纯属诡辩。

某些诡辩者故意通过混淆集合概念与非集合概念的区别来混淆是非、颠倒黑白的手法,便是集合混淆式诡辩。

集合混淆式诡辩术的破斥:我们要反驳这类诡辩,就必须明确揭示集合概念与非集合概念之间的区别,集合概念所具有的属性而

组成集合体中的每个个体则不必然具有。比如：

小高看书不加选择，连海淫海盗的书也看。老师发现了，批评他说："这种坏书不能看！"

小高却振振有词地反驳道：

"书籍是人类进步的阶梯，这些书也是书，我为什么不能看？"

在这里，"书籍是人类进步的阶梯"中的"书籍"是集合概念，作为集合体，书籍具有人类进步的阶梯的属性，但并不是说其中的每一本书都具有这一属性，比如海淫海盗的书就没有这一属性，这个小高是在狡辩。又比如：

"人已经存在几百万年了，而你没有存在几百万年，所以你不是人。"

这句话的前一个"人"指的是作为物种整体存在的"人类"，是集合概念；而后一个"人"指的却是作为生命个体的"人"，是非集合概念。

在逻辑学中，"集合概念"与"非集合概念"是非常"烧脑"的概念。要揭露这类诡辩，得花些精力。

93　相对混淆
我的爸爸和我一样大

请看这么一则对话：

"小朋友，你爸爸今年多大了？"

"和我一样大，老奶奶。"

"怎么回事？你爸爸怎么可能和你一样大？"

"当然啰，他成为我的爸爸和我成为他的儿子都是同一天发生的事呀！"

这个小孩的话显然是错误的，错就错在混淆了相对概念的关系。

有些事物是相互对应、相互依存的。比如，"父母"与"子女"，没有生子女，也就不能称为父母；同样，没有父母也就没有子女。反映这种相互对应、相互依存的事物的概念就叫相对概念。"爸爸"同"儿子"可以是一对相对概念。但是，这里老奶奶询问的并不是对方的爸爸当了几年的爸爸，而是对方的爸爸这个人活了几岁。"爸爸的岁数"与"儿子的岁数"并不是相对概念，这个小朋友正是把这对不是相对关系的概念当成"儿子"与"爸爸"这一相对概念来进行狡辩的。

在论辩中我们必须正确地把握相对概念，而**诡辩者却往往肆意混淆相对概念与非相对概念之间的关系来达到其混淆是非的诡辩目的，这就是相对混淆式诡辩**。又如：

有部电影有这样一段故事情节：太空开发公司董事长兼经理是个借搞活经济名义进行不法活动的家伙。他卖假药，用牛骨冒充虎骨，用旧皮鞋制阿胶，用红糖加淀粉制成所谓"营养增高剂"，他的手法高明，被骗群众不计其数。事情败露后，这个家伙被群众押送至公安局。在那里他和公安人员有如下一段对话：

公安人员："他们控告你卖假药，是否事实？"

董事长："我认为这不是事实。什么叫假药？假药只有同真药相比较才知道，'营养增高剂'是我首创的，全世界就我一家，你怎么知道我的药是假的呢？"

"真药"是指能达到预定医疗效果的药物，"假药"是指无法达到其预定医疗效果的药物，"真药"与"假药"是相对概念。可是董事长却把它偷换成"真营养增高剂"与"假营养增高剂"的关系，这就混淆了"真药"与"假药"这一对概念的相对关系，纯属诡辩。

另外，相对性的事物是在一定范围里的相对性。比如，"大牛"与"小牛"具有相对性，是在牛的范围内的关系，而诡辩者也往往会混淆这种范围来达到其混淆是非的目的。

甲："象大还是蚂蚁大？"

乙："当然是象大喽！"

甲："不对，有的蚂蚁比象还大。比如以下的推论：小象是小的，大蚂蚁是大的，'大'比'小'大，所以大蚂蚁也就比小象大了。"

"大蚂蚁"的"大"是相对于"小蚂蚁"来说的，"小象"的"小"是相对于"大象"来说的，甲的诡辩就在于混淆这两者之间的讨论范围。

相对混淆式诡辩术的破斥：明确揭示相对概念的对应关系，不容对方随意混淆。

94　　**绝对混淆**

你买什么，我就吃什么

请看这么一则论辩：

甲："昨天你买什么，我今天就吃什么。"

乙："我昨天买的是耗子药，所以你今天吃耗子药！"

乙的话显然是荒谬的，那么，为什么是荒谬的呢？

有些关于客观事物的普遍性原则是有一定的限定条件的。比如,"人是能思维的",这是人在正常发育的条件下才是真的,而对于那种长期昏迷的人来说,就是假的;但是,**诡辩者却往往会以这种有限定条件的普遍性原则为论据,错误地推论出一个超越这种限定条件的特殊性结论,我们称之为绝对混淆式诡辩。**

比如,甲说的"昨天你买什么,我今天就吃什么",是有一定的限定条件的,即所买的东西必须是人能吃的前提下,我今天就吃什么。但是乙却超越了这个条件,因而得出一个荒谬的结论,这就是绝对混淆式诡辩。

绝对混淆式诡辩术的破斥:要反驳这类诡辩,就必须明确将关于客观性事物的普遍性原则的限定条件揭示出来,有关的限定条件明确了,对方的诡辩也就落空了。

请看一则关于棋迷兄弟的故事。

从前有兄弟两人都喜欢下棋,有一天,哥哥到朋友家下棋去了,家中不慎失了火,嫂嫂叫弟弟赶快去找哥哥回来救火。弟弟跑到哥哥的朋友家,看到哥哥正在下棋,就一声不吭地在旁边站着看,直到棋下完了,他才大声说:

"哥哥,家里着火了,嫂嫂叫你赶快回去!"

哥哥听了,非常生气地说:"你怎么不早说?"

"你没见棋盘上写着'观棋不语真君子'吗?"弟弟辩解道。

哥哥见弟弟这样不明事理,更加生气了,抬手就打了他一巴掌。弟弟挨了打,仍然呆呆地站着,哥哥的朋友问弟弟:

"你哥哥打你,你怎么不还手呢?"

"你没见棋盘上写着'举手无回大丈夫'吗?"弟弟理直气壮地说。

"观棋不语真君子"是指下棋时要求旁观者不要为下棋的双方出主意,乱发议论;"举手无回大丈夫",是指下棋人举棋为定,不要悔棋。但是这个弟弟却超越了有关的特定条件,认为下棋场合不能说任何话,挨打后也不可回手,这样便荒谬可笑了。

95　　论域混淆
非工作人员不得入内

小王上班忘了戴安全帽,工长朝他走来:

"为什么不戴安全帽？照章罚款十元,快去戴上！"

"罚款？且慢,"小王抓了抓脑袋,灵机一动,狡辩道,"工长,你看那边门上不是明明写着'非工作人员不得入内'九个大字吗？安全帽当然不是工作人员,我也是照章没带它入内的呀！"

"你这是狡辩！"

"那你把我是狡辩的理儿说出来看看。"

这个小王显然是在狡辩,原因就在于他混淆了负概念的论域。

根据概念是否具有某种属性,可以将其分为正概念和负概念两类。正概念是指具有某种属性的概念,比如"正义战争";负概念是指不具有某种属性的概念,比如"非正义战争"。负概念是有一定论域的,它的论域就是邻近的属概念,比如,"非正义战争"的论域就是"战争",它是指战争中不具有正义性的那部分。在论辩中如果混淆了负概念的论域,就往往导致谬误。

事实上,"非工作人员"是一个负概念,它有一定的论域,它的论域就是"人员"或"人"，它是指人员之中不具有在此工作这一属性的其他的人员，而不是指安全帽什么的。

诡辩者往往会通过混淆负概念的论域来达到其混淆是非、颠倒黑白的诡辩目的，这就是论域混淆式诡辩。

论域混淆式诡辩术的破斥：明确揭示有关负概念的论域，负概念的论域明确了，对方的诡辩也就破产了。

96　　　　　　虚　概　念
找不回来的丢失的骆驼归管家

有个财主临终时，关于遗嘱，又吩咐加上这么一句：

"关于那头丢失的骆驼，如找回来了，就归我的儿子；如果找不回来，就归我的管家。"

这财主关于丢失骆驼的临终遗嘱，看似公正，既考虑到了儿子，还照顾到了管家。可事实上，给管家一头找不回来的骆驼，这给管家骆驼的外延数量不过是零，是个虚概念。

传统逻辑认为，概念有内涵与外延两个方面。内涵是对事物本质属性的反映，外延是指概念所反映的一切对象。如果某个概念的外延对象为零，便称为虚概念、空概念。例如，"圆的四方形""永动机""鬼"等便是虚概念。财主关于"找不回来的丢失的骆驼"便是虚概念。**有的诡辩者故意用虚概念来混淆是非、颠倒黑白，我们便称之为虚概念式诡辩。**又如：

史密斯先生来到伦敦一家报纸的编辑部。

"我想在你们的报纸上登一条广告,内容是:谁能找到我妻子心爱的猫,赏金一万英镑……"

广告部的编辑问:"您不认为这笔巨款对一只小猫太过分了吗?"

"你放心,昨天我已把猫炖着吃了!"

这位史密斯先生"赏金一万英镑寻找的妻子心爱的猫"这一概念,便是个虚概念,因为这只猫已经不存在了,被史密斯先生炖着吃了。他故意花高价悬赏寻找一只不存在的小猫,不过是借此糊弄他的妻子而已。

虚概念式诡辩术的破斥:揭露诡辩者所使用概念的虚概念本质,不容对方招摇撞骗。

97　　　　　　　　　　**非存在谬推**
你不纯洁的爱情给了谁呢?

请看下面一则恋人之间的对话。

男:"请你相信我。"

女:"相信你什么呢?"

男:"亲爱的,我所有纯洁的爱情都只献给了你一个人。"

女:"那你不纯洁的爱情又给了谁呢?"

面对这样的质问,一般情况下,男方只能张口结舌,有苦说不出。

这则对话中,女方的结论的意思是:

"你存在不纯洁的爱情,并且将它给了别人。"

其实,女方的推论是错误的。由"所有纯洁的爱情都只献给了你一个人"为前提并不能必然推出"你不纯洁的爱情给了别人"的结论。要得出这一结论,就必须附加"你存在不纯洁的爱情"这一前提。然而,有哪个热恋中的男方会承认这一前提呢?

在现代逻辑谓词演算系统中,当推导出的结论为特称命题时,前提中必须有断定有关主项存在的内容,否则,推演就无法进行;如果强制进行,推论就是错误的。有的诡辩者故意利用这种谬误来颠倒是非、混淆黑白,为其谬论辩护,我们便称之为非存在谬推式诡辩。

为什么当推导出的结论为特称命题时,前提中必须有断定有关主项存在的内容? 道理很简单,因为谓词逻辑中,全称命题转换成公式为"全称量词加蕴含式",特称命题转换成公式为"存在量词加合取式"。蕴含式即条件命题公式,前件是假设,不是事实;合取命题各支命题说的是事实。所以,前提是全称命题,推导出的结论为特称命题时,就必须有断定主项存在的内容,才能进行正确推演。

非存在谬推式诡辩术的破斥: 指出诡辩者推导出特称命题结论时,前提中缺少断定有关主项存在的谬误。比如,上一议论中的男方可义正辞严地声明:

"我的爱情都是纯洁的,我根本没有什么不纯洁的爱情。"

还要说明一点,上一推论即使有断定主项存在的内容,推论还是错的,因为犯了条件推演否定前件的谬误。

再请看下一个推论:

"所有有机物都是发展变化的。"

这是一个真实的全称肯定命题,用换质位法,即:

由前提（1）"所有有机物都是发展变化的"换质，也就是将联项"是"换成"不是"，将谓项换成负概念，可得（2）"所有有机物都不是不发展变化的"；

由（2）换位可得（3）"所有不发展变化的都不是有机物"；

由（3）换质可得（4）"所有不发展变化的都是无机物"；

由（4）换位可得结论（5）"有些无机物是不发展变化的。"

这一结论显然是荒谬的，违背了马克思主义哲学的基本原理。为什么由正确的前提，正确地运用传统形式逻辑的换质位法，却推出了错误的结论呢？这在传统形式逻辑的规则上是无法作出判定的，对研究传统形式逻辑的人来说，这是一个烧脑的无解难题。

在现代逻辑谓词演算系统中，当推导出的结论为特称命题时，前提中必须有断定有关主项存在的部分，否则，推演就无法进行。上一推论中，由（4）换位得结论（5）这一步骤，必须有"存在不发展变化的物体"为前提。而"存在不发展变化的物体"这一前提荒谬，无法加入，所以推论无法进行；强制进行推论，则导致非存在谬推式诡辩，得出了荒谬的结论。

在传统形式逻辑中，有种对当关系推理，其中的差等关系推理，由 SAP 真的可推出 SIP 真，由 SEP 真的可推出 SOP 真，也是如此。在现代谓词逻辑中，前提中必须有断定有关主项存在的部分，否则，推演就无法进行。比如：

"所有吸血鬼都是人们幻想的产物。"

这是全称肯定命题，而且是真的。在现代谓词逻辑中，不能由此推出：

"有的吸血鬼是人们幻想的产物。"

也即不能推出"存在吸血鬼,并且吸血鬼是人们幻想的产物"这一结论的,因为吸血鬼不存在,前提中不能增加"吸血鬼存在"的内容。

98　　　　非黑即白
不是朋友,就一定是敌人

世界上的事物往往不是黑白截然分明,还存在中间状态。否认事物的这种中间状态,就有可能导致谬误。比如:

> 一切颜色或者是黑色,或者是白色,
>
> 这种颜色不是黑色,
>
> 所以,这种颜色一定是白色。

这种推理之所以错误,在于第一个前提没有看到颜色除了黑色、白色之外,还有红色、黄色、蓝色……各种中间状态。

据报载:多年前,德国总理突遭投掷西红柿袭击,这可难坏了德国一家地方法院。按照量刑的标准,如果是一个已经熟软的红番茄,嫌犯将被判处相对较轻的故意伤害罪;而如果是硬些的青番茄,罪名则是较重的人身伤害罪。然而,这次却偏偏是个黄色番茄,而德国没有一条法律规定用黄番茄打人是什么处罚,最后那个人只好被释放。德国法律注意到了红色与青色的番茄,却忽略了还有黄色的番茄存在。

在语言运用中,人们有时会以某种属性为根据,把事物对象一分为二分成两个相互矛盾的子项,这就是二分法。但是如果两个子

项实际上并未穷尽该类事物的一切可能,那就往往会导致诡辩,这就是非黑即白式诡辩。

古希腊哲学家柏拉图的著作里,曾记录诡辩者尤里贝蒂与某少年的这么一段对话:

尤问:"想要学习的人是贤明的人还是愚蠢的人呢?"

少年答:"是贤明的人!"

尤问:"那么,要学习的时候,他是懂得了他要学习的东西,才来学习的吗?"

少年答:"不,他是不晓得他要学习的事,才来学习的。"

尤问:"那么,不懂得事理的人,可以说是贤明的人吗?"

少年答:"不是贤明的人。"

尤问:"不是贤明的人,就是愚蠢的人啰?"

少年答:"是的!"

尤总结说:"可见,想要学习的人,不是贤明的人而是愚蠢的人。你最先的回答是错误的!"

尤里贝蒂的论辩表面上看起来似乎是环环相扣、逻辑严谨,其实是在诡辩。他除了偷换概念,即将"不晓得要学习的事的人"偷换成"不懂事理的人"之外,还玩弄了非黑即白式诡辩术。比如,尤里贝蒂的论辩中,其中的"一个人不是贤明的人就是愚蠢的人"便是如此,因为事实上还存在大量的既不愚蠢也不贤明的处于中间状态的人。

非黑即白式诡辩的荒谬性就在于,故意否认事物的中间状态,看问题好走极端。什么东西不是好的,就一定是坏的;不是善的,就一定是恶的;一个人不是朋友,就一定是敌人,但现实生活中的情形却并非如此。

非黑即白式诡辩术的破斥：要反驳这种诡辩,就必须明确揭示事物的中间状态,事物的中间状态揭示出来了,对方的诡辩也就破产了。

在林肯和大法官道格拉斯关于奴隶制的论争中,道格拉斯攻击林肯等人关于给黑人以人的平等权利的思想。他说,这种思想就意味着要和黑人一起投票,一起吃,一起睡,也就是要和黑人结婚,否则就是不可理解的。对此,林肯反驳说：

"我反对这种骗人的逻辑,说什么我不想要一个黑人女人做奴隶,就一定是要想娶她做妻子。两者我都不要,我可以听凭她自便。在某些方面她当然和我不同,但是就她吃以自己双手挣来的面包而不必征求任何人同意这个天赋的权利来说,她却是和我相同的,也是和其他所有人相同的。"

道格拉斯玩弄非黑即白式诡辩术,要林肯在"要一个黑人女人做奴隶"和"要一个黑人女人做妻子"中间加以选择,但林肯一眼看穿其所玩弄的鬼把戏,提出了事物的中间状态：两者都不要,听凭她自便。诡辩便彻底破产。

99　滥用限制

唯有天吏才可讨伐燕国

在论辩中,概念所指称的范围必须恰当,不能过大或过小。我们认为,某个概念所指称的范围太宽,需要加以缩小时,可以使用限制的方法。

据《韩非子·外储说左上》记载：

郑县有个卜氏，他的裤子破了，就买了一块布让他的妻子做裤子。

妻子问："现在这个裤子做什么样的呀？"

丈夫说："像我原来那样子就行了。"

妻子把新裤子做好后，又按照原来裤子的样子，有洞的地方也弄个洞，弄得破破烂烂、皱皱巴巴像他的旧裤子一模一样了。

丈夫一看，大为光火："你怎么把新裤子做成了烂裤子？"

妻子说："不是你自己说要做得像原来裤子那样的吗？"

卜氏由于没有对"裤子"这一概念进行必要的限制，结果被妻子钻了空子，浪费了一块布。所谓限制，也就是增加某个概念的内涵，使它过渡到外延更小的新的概念。如果卜氏将"裤子"这一概念限制为"和原先裤子尺寸一样的裤子"，妻子就钻不到空子了。

限制可以使概念变得更精确，但这种限制必须恰当。诡辩者往往会使用不恰当的限制来达到其诡辩的目的，这就是滥用限制式诡辩。

《孟子·公孙丑下》中，记载下了孟子劝齐人伐燕的经过。

当初，齐大夫沈同曾询问孟子："可以讨伐燕国吗？"

"当然可以！"孟子答道。

听孟子这么说，齐人立刻就出兵伐燕了。

后来有人质问孟子："您劝齐国讨伐燕国，有这回事吗？"可孟子竟然全盘否认了：

"没有！沈同来问'燕国可以讨伐吗？'，我回答说'可以'。他如果再问：'谁可以讨伐？'我就会回答：'唯有奉了上天使命的人才可以去讨伐。'譬如这里有个杀人犯，别人来问'这个犯人该杀吗？'我当然会答'该杀'；但再问'谁可以去杀他呢？'我就会回答'唯有狱官，才可杀他！'现在与燕国同样残暴的齐国去讨伐燕国，我怎么会去鼓励呢？"

怂恿一个国家去侵略另一个国家，这毕竟不是什么光彩的事。当初孟子说"可以讨伐燕国"，在当时特定语言环境里，当然是指齐国可以讨伐燕国。而当齐国果然讨伐了燕国之后，为了推卸责任，便对原话滥加限制，变成"天吏可以讨伐燕国"。当初加以鼓励，事后又赖账，孟子赖账的手法就是滥用限制，这就是滥用限制式诡辩。

滥用限制式诡辩术的破斥：紧扣对方当初所使用概念的内涵与外延，不容对方随意增加或减少，扩大或缩小。

100　无限上纲
掉饭在地上，抓去枪毙！

在论辩中，当需要将某个问题从具体的、个别的情况提高到一般的、原则性的高度来认识，以期引起人们的关注，加深人们对该事物本质的认识时，可以使用概括的方法。所谓概括，就是减少某个概念的内涵，使它过渡到外延较大的新的概念的逻辑方法。但是，**这种概括必须以事实为根据，如果以整人为目的，故意对对方的言论进行不顾事实的胡乱概括，进行随心所欲的联系，这就是无限上纲式诡辩。**

这种诡辩的具体表现形式就是乱扣帽子，乱打棍子。比如：

甲吃饭时不慎掉了几颗饭在地上，乙便对此大发议论道：

"你吃饭掉饭在地上,这是浪费粮食的行为;浪费粮食的行为,当然是浪费;毛主席说过,贪污和浪费是极大的犯罪,所以你这也是极大的犯罪;既然是极大的犯罪,就应该判徒刑,坐班房,枪毙!"

吃饭时掉了饭在地上固然不对,但乙的议论也是荒谬的。乙由甲吃饭时掉了饭在地上,随心所欲地进行概括、拔高,得出要对甲判徒刑、枪毙的结论,这就不是以事实为根据,因为事实上并不至于这么严重,乙这样说是无限上纲。

据《韩非子·外储说右下》载:

有一天,秦昭王生病了,许多村庄的百姓都买牛为他祭神,家家都为他祈祷。公孙述看到了这种情况,就进宫祝贺秦昭王说:"百姓都买牛祭神为您祈祷。"秦昭王就派人调查,果然确有其事。昭王说:

"给我惩罚他们!罚他们每人出两副铠甲。没有我的命令却擅自为我祈祷,这是偏爱我;他们偏爱我,是希望我也改变法令而顺从他们,去施行仁爱;如果我改变法令而顺从他们,这样法制就不能建立;如果法制不建立,这是使国家走向混乱灭亡的途径。不如每人罚两副铠甲!"

秦昭王生了病百姓为他祷告,他却乱扣帽子、乱打棍子,把老百姓的一片好心当成驴肝肺,还上升到使国家混乱灭亡的高度,这就叫无限上纲。

杂文家刘征在《上纲法》的杂文中,用辛辣的语言、讽刺的笔调,深刻地揭露了这种诡辩的狰狞面目。他将这种手法归纳为:披金拣沙法、无中生有法、古今焊接法、抽象取义法、漫天类比法、去真存伪法、斩头去尾法、黑白颠倒法、火箭拔高法等。比如,其中抽象取义法写道:

　　"施行此法,妙在抽筋披骨,从有血有肉的躯体中抽出并不存在的幽灵来。在春天刮起扬沙折木的老黄风的时候,你骂一声:'妈的,这春天!'于是舍去讲话时的具体条件,把这句话一抽象出来,你就是指桑骂槐、诅咒春天,你就是妄想焚花斫柳、烹莺煮燕,让严寒回潮,你的险恶用心,不是司马昭之心,路人皆知了吗?"

　　无限上纲式诡辩术的破斥:指出使用概括方法应以事实为根据,不能乱扣帽子,乱打棍子。

101　　机械类比
我发现了意大利!

　　机械类比式诡辩,是指诡辩者仅仅根据两类事物的一些表面相似的属性,推断它们其他的属性也相同,以此为其谬误作出似是而非的论证。比如:

　　1973 年 9 月 25 日合众国际社报道:

　　"罗马电:一名美国的印第安人昨日从波音 747 客机上冲下来,将他的 支矛插在罗马国际机场的柏油路上,然后宣布:他发现了意大利。这名美国印第安人名叫诺威尔。他说:'如果印第安人在美国已经居住了数千年,而哥伦布却仍能宣称他发现了新大陆,我们为什么不能同样地宣布发现了意大利?'"

　　这名印第安人的论辩就是似是而非的。因为哥伦布发现新大陆,是就以前这块大陆并不为发达的欧洲人所知而言,而意大利是早已为世人所知的,并无"发现"可言,现象相似,实质不同,这种类比是荒谬的,这就是机械类比式诡辩。

机械类比式诡辩之所以是荒谬的,这是因为:客观事物都是个性与共性的统一,正因为事物之间存在着共性,类比推论才可以根据两类事物某些属性相同而得出它们其他属性也相同的结论。但是,事物除了具有共性之外,还具有与其他事物不同的独特的个性,如果类比推论的根据是它们相同的属性而推断恰好是它们的差异性的话,这就势必导致结论的虚假。

谢列松到警察局去领身份证。一位填写证件的官员问:

"出生地?"

"巴黎。"

"这么说,您是法国人?"

"我不同意,因为我的父母是丹麦人。"

"不过,先生,既然你出生在法国,当然你就算法国人!"

"我说警官,请您听我说!我的狗不久以前在马厩里下了小狗。因此,我就必须把小狗崽儿叫作小马驹吗?"

固然,一个人在哪里出生,并不必然就是哪国人。但是,一条小狗不管它在什么地方出生,它都是小狗。它们之间是不能简单类比的,谢列松这样说是在诡辩。

机械类比式诡辩术的破斥:要反驳这类诡辩,就必须指出这两类事物缺乏必然联系,由论据真实性无法达到论证其论题真实性的目的。

102　轻率概括

大象明明像一只笸斗呀！

　　轻率概括又叫以偏概全。**轻率概括式诡辩，是指诡辩者仅仅根据某类事物中个别的事实、片面的经验，便贸然地作出关于该类事物一般性的错误结论的诡辩方法**。比如：

　　在很久以前，印度有一个很有智慧的国王，名叫"镜面"。有一天，国王命令把国境内生下来就眼睛失明的人找到宫里，再命令牵来一头大象，于是他便叫那些盲人去摸大象的身体：他们中有摸着象脚的，有摸着象尾的，有摸着象头的……

　　国王便问他们："你们所感觉到的象是怎样的呢？"

　　摸着象脚的说："王啊！大象跟柱子差不多。"

　　摸着象尾的说："不，它像棍杖！"

　　摸着象腹的说："像鼓呀！"

　　摸着象背的说："你们都错了！它像一个高高的茶几才对！"

　　摸着象耳的说："像簸箕。"

　　摸着象头的说："谁说像簸箕？它明明像一只笸斗呀！"

　　摸着象牙的说："王啊！象实在和角一样，尖尖的。"

　　摸到象鼻的说："圣明的大土，大象实在像一根粗绳索。"

　　…………

　　因为他们生来从没有看见过象是什么样的动物，难怪他们所摸到的，想到的，都错了。但是他们还是各执一词，在王的面前争论不休。

于是，镜面王哈哈大笑地说："盲人呀，盲人！你们又何必争论是非呢？你们都说错了。一定要摸遍大象的全身，才能知道大象到底是什么样子。你们每个人都只摸了大象身体的一部分，就断定大象是什么样子，这样怎么能说对呢？"

从论辩的角度来说，这些盲人犯有轻率概括的谬误。

轻率概括式诡辩是荒谬的，这是因为，个别与一般是辩证统一的，个别中必然存在着一般，因而我们可以根据某类事物中的部分对象情况推出关于该事物的一般性的结论，这就是简单枚举法，这是一方面；另一方面，个别与一般又是对立的，个别中除了一般的属性和特征外，还包含着自己特有的属性和特征，因而如果仅仅根据个别的表面的现象推出关于该类事物的一般性结论，这就难免产生谬误，导致诡辩。又如：

有则民间故事讲道：有一年，华北大旱，老百姓祷告上天，祈求甘霖。玉皇大帝大发慈悲，下令降雨。三天之后，派了哼哈二将到下界查看雨情。哼哈二将几个斤斗翻了下来，脑袋撞在太行山巅的岩石上。二将急急返回天宫，禀报玉帝：土地仍然干硬得像石头一般！结果，倾盆大雨又下了七天七夜，大地沦为汪洋，与东海连成一片……

事实上当时大地雨水已经够了，哼哈二将只见一斑不见全豹，以太行山巅的坚硬岩石代替整个华北土地，这种结论就是以偏概全，轻率概括。

轻率概括式诡辩术的破斥：指出对方由个别性前提不能推出一般性结论，犯有以偏概全的谬误。

103　对称混淆

我爱她，她就应该爱我呀！

有个财主家的少爷，一早见到丫鬟就问：

"昨晚我梦中见到了你，你梦中有没有见到我？"

"没有。"丫鬟答道。

"昨晚我梦中明明见到了你，你怎么会没有见到我？"

这个少爷的议论是荒谬的。他不知道，甲梦见了乙，乙却不一定梦见甲，"梦见"这是非对称关系。

根据事物之间是否具有对称性，关系可分为对称关系、非对称关系、反对称关系。

对称关系：同学、邻居、相等、同桌、同事、同乡……是对称关系，比如，甲和乙是同乡，乙和甲也是同乡。

非对称关系：喜欢、认识、帮助、批评、厌恶、攻击、迎合、吹捧……是非对称关系，比如，甲喜欢乙，乙却不一定喜欢甲。

反对称关系：高于、低于、大于、小于、早于、晚于、多于、少于……是反对称关系，比如，甲高于乙，那么乙不高于甲。

诡辩者有时故意混淆事物之间的对称、非对称、反对称关系来达到其混淆是非的诡辩目的，这就是对称混淆式诡辩。又如：

有个刚满 21 岁的男青年，将一个无辜的姑娘强奸杀害而走上了犯罪的道路。请看一段对他的审讯笔录：

问："你为什么要杀人？"

答："因为我爱她！"

问："既然你这样爱她，为什么又要杀害她？"

答："因为她不爱我。"

问："她不爱你，你就可以杀她吗？"

答："我是一片痴心，深深地爱她！我爱她，她就应该爱我呀！"

"爱"这种关系是非对称关系，甲爱乙，乙却不一定爱甲。可是这个青年却把它当成了对称关系，"我爱她，她就得一定爱我"。他正是在这种野蛮、愚昧的逻辑驱使下，使一个无辜的姑娘被杀害，使自己走上了犯罪的道路。

对称混淆式诡辩术的破斥：准确揭示事物现象之间的对称关系、非对称关系、反对称关系的区别，不容对方狡辩。

104　传递混淆
骄傲是成功之母

有这么一段对话：

父："孩子，你得改一改骄傲的毛病啊！"

子："骄傲有什么坏处呢？我看用不着改。"

父："你不知道有句格言'骄傲必败'吗？"

子："您不是曾教给我另一句格言'失败是成功之母'吗？骄傲既然带来失败，失败又是成功之母，骄傲不就是成功之母吗？"

这个小孩的议论显然是荒谬的，荒谬之处就在于混淆了事物的传递关系。

　　客观事物之间总是存在一定的关系，其中之一是传递关系。根据事物关系是否具有传递性，可以分为传递关系、非传递关系和反传递关系。比如：

　　传递关系：高于、低于、大于、小于、早于、晚于、多于、少于、等于……都是传递关系。比如：今天上课，小朱比小王早到，而小王又比小韩早到，那么，小朱比小韩早到。

　　非传递关系：战胜、喜欢、认识、帮助、批评、厌恶、攻击、迎合、吹捧、抨击……都是非传递关系。比如：小刘认识小吴，小吴认识小李。那么，小刘可能认识小李，也可能不认识小李。

　　反传递关系：高一层楼、低一层楼、是父亲、是母亲、大一岁、小三岁……都是反传递关系。比如：甲是乙的父亲，乙是丙的父亲。那么，甲不可能是丙的父亲。

　　事实上，"骄傲—失败—成功"这之间并不具有必然的传递关系，而是非传递关系，因为并不是所有的失败都可以成为成功之母，都可以必然带来成功，只有在失败以后认真总结经验教训，在以后的实践中克服导致失败的因素，才能使失败成为成功之母。这个小孩就是企图通过将非传递关系概念偷换为传递关系来为自己的骄傲行为作出似是而非的论证的。

　　也有的人把传递关系当成非传递关系。比如：

　　一个自认为是"聪明的人"，骑着毛驴赶路，肩上背着个包袱。别人问：

　　"你为什么不把包袱放在驴背上呢？"

　　"我哪能那么狠心，毛驴驮我，已经够累了，再把包袱放在它身上，不把毛驴给压坏了吗！"骑驴人说。

　　"在……上"是传递关系。包袱在人的背上，人在毛驴背上，包袂的重量还是在毛驴背上。这个人无论是背着包还是把包放在驴背上,驴所承受的重量是相同的。

诡辩者往往会通过混淆事物之间的传递关系来达到其混淆是非的诡辩目的,这就是传递混淆式诡辩。又如:

有人偷窃了国家财产被抓获,被审问时,他竟抵赖说:

"国家的东西变成了我的,而我本人又是国家的,所以这些东西还是属于国家的,这有什么值得大惊小怪的?"

东西是国家的,就不能非法据为己有,既然私自据为己有,这就侵犯了国家利益。这之间并不存在传递关系,而是反传递关系。这个窃贼故意混淆这之间的区别来为其盗窃行为狡辩,这当然是徒劳的。

传递混淆式诡辩术的破斥:明确揭示事物传递关系、反传递关系和非传递关系的区别,不容对方混淆。

105　知道悖论
你认识这幕后的人吗?

请看以下论辩。

(1)幕后人悖论

"你认识你父亲吗?"

"认识。"

"这幕后藏着一个人,你认识吗?"

"不认识。"

"你说你认识你的父亲,可这幕后人正是你的父亲,你又说不认识他,所以你认识自己的父亲又不认识自己的父亲。"

（2）爱勒克特拉悖论

爱勒克特拉悖论是幕后人悖论的变异。它的情节是这样的:

奥列斯特是爱勒克特拉的哥哥,爱勒克特拉也知道奥列斯特是自己的哥哥。有一天,奥列斯特回家来了,可是爱勒克特拉却认不出他,不知道他是自己的哥哥。于是有人推论:

爱勒克特拉知道奥列斯特是自己的哥哥;

爱勒克特拉不知道站在她面前的这个人是她的哥哥;

站在她面前的这个人与奥列斯特是同一个人;

所以,爱勒克特拉知道奥列斯特是自己的哥哥,同时又不知道奥列斯特是自己的哥哥。

以上悖论,如果按照以往的推论规则,是检查不出什么问题的,然而它们却无情地推出了矛盾。这是因为,以往所讲的推论主要是从外延方面来考虑的,而概念除了有外延以外,还有内涵。如果仅仅从外延的观点来考虑,"父亲"与"幕后藏着的这个人","奥列斯特"和"站在她面前的这个人",外延相同,从外延来说,可以互相替换,但是,它们的内涵并不相同,它们具有不同的含义,而"知道""认识""了解"等概念直接地同一个概念的内涵发生联系,这样的命题提供的是内涵语境,外延相同而内涵不同的概念不能简单互换。一个人知道自己的父亲,但是却可以不知道藏在幕后的人是谁;爱勒克特拉知道奥列斯特是自己的哥哥,但是却不知道站在她面前的人是自己的哥哥,在这样的推论中外延相同而内涵不同的概念就不能简单互换了。如果随意地、简单地进行互换,就有可能导致矛盾,构成悖论,我们这里称这种悖论为"知道悖论"。**诡辩者故意混淆外延**

相同而内涵不同的概念来为谬误辩护，就是知道悖论式诡辩。

知道悖论式诡辩术的破斥：警惕外延相同而内涵不同的概念不能简单互换。

106 模糊悖论
满头乌发的人仍是秃子

在现实生活中，并不是每个事物都是界限分明、非此即彼的，往往存在大量的模糊性的情况。比如，高个子、速度快、胖子、青年等都是模糊的，没有明确的界限。如果把模糊概念当成绝对精确的，就有可能导致谬误，构成悖论。比如：

"谷堆悖论"。古希腊著名诡辩家欧布利德论证道：一粒谷不能算是谷堆，再加一粒也不是谷堆，如此连续推导下去，那么可得结论，谷堆根本不存在。

"秃子悖论"。有人论证道：我们可以把没有一根头发的人称为秃子，那么比秃子多一根头发的人是不是秃子呢？当然还是秃子。如此连续推导下去，那么可以推出结论：满头乌发的人还是秃子。

"饥者悖论"。有人论证道：假如一个人三天没吃任何食物，显然他是饥者，比饥者多吃一粒米饭的人显然还是饥者，如此推导下去，可以推出结论，饥者吃了三斤米饭以后还是饥者。

像这种以包含模糊概念的真实命题为前提，运用一系列近似的条件分离式推理，最后得出荒谬的结论，就是所谓模糊悖论。利用

模糊悖论的形式来为谬误作出似是而非的论证,便是模糊悖论式诡辩。

对于这类诡辩,传统逻辑只能是束手无策,无能为力。因为传统逻辑研究的是精确的概念、命题。传统逻辑认为,一个命题或是真的,或是假的,界限是绝对分明的。但是模糊悖论式诡辩中却包含有模糊概念,以及由这种概念组成的命题、推理,传统逻辑是无法胜任的。为了研究这类问题,于是人们构造了模糊逻辑。

模糊逻辑描述模糊性的关键是引进"隶属度"的概念。就拿概念"秃子"来说,由秃子组成的集合记为S,人们对秃子集合S的关系有这么几种情况,如果某人没有一根头发,毫无疑问他是秃子,可以确定他属于S,那么这个人对S的隶属度是"1";某人满头乌发,毫无疑问他不是秃子,可以确定他不属于S,那么这个人对S的隶属度是"0";而对于大多数的人来说,对S的隶属度不是"0",也不是"1",而是"0"和"1"之间的某个值。

我们可以用模糊逻辑来分析上述秃子悖论:某个人没有一根头发,是秃子,他确定地属于S,隶属度是"1";比秃子多一根头发的人,对S的隶属度虽然极其相似,但并不是严格相等,有了一个极微小的偏差,随着推理步数的增加,结论的真值随前提也就积累起来,与"1"的差距越来越大,以至最后结论的真值下降为"0",得到假的结论。这个悖论用模糊逻辑来分析,从真的前提出发,经过一系列的近似推理,最后得出结论,这就很好理解了。

用模糊逻辑同样可以反驳谷堆悖论、饥者悖论。

模糊悖论式诡辩术的破斥:运用模糊逻辑,引入"隶属度"的概念,不难作出剖析。

107 　道义混淆
两个条约文本中的一字之差

　　有些命题含有"允许""禁止""必须"等模态词,这种命题就叫道义命题(或称规范命题),各种道义命题的逻辑含义是不同的。**有的诡辩者却故意混淆道义命题之间的区别来达到其混淆是非的诡辩目的,这就是道义混淆式诡辩**。比如:

　　苏联作家卡达耶夫的小说《时间呀,前进》描写了某工地青年开展劳动竞赛的情况。纳尔盆杜夫是工地的总工程师,他反对青年突击队的一项革新措施。竞赛的领导者马尔古里斯问他:

　　"……你禁止这种工作吗?"

　　总工程师答:"我并不禁止。"

　　"这就是说,你允许这种工作?"

　　"我既不禁止,也不允许……"

　　道义逻辑的知识告诉我们,"禁止"与"允许"之间是矛盾关系,不禁止就等于允许,不允许就等于禁止,这名总工程师却混淆这两者之间的区别,对二者全部加以否定,这就必然导致矛盾,自己打自己的嘴巴。

　　也有的诡辩者通过故意偷换道义命题的逻辑含义来进行狡辩。下一则历史故事中的侵略者就是如此。

　　事情发生在非洲的埃塞俄比亚。19世纪后期,苏伊士运河通航了,作为红海沿岸的埃塞俄比亚,它的战略和经济地位变得更加重要起来。英、法、意侵略者在瓜分非洲的争夺中,都想把埃塞俄比亚占为己有。1889 年,埃塞俄比亚经过内乱以后,麦纳利克掌权,建立了统一的中央集权国家。就在这时,意大利乘麦纳利克需要外援时,和他签订了《乌查里条约》,表示永久友好。于是意大利便想利用条约的措辞来为自己的利益服务。请看条约第 17 条:

"埃塞俄比亚万王之王陛下在其与其他列强或政府所发生的一切交涉中,可以借助于意大利国王陛下的政府。"

这句话意思很明白,当埃塞俄比亚一旦与外国发生纠纷,他们可以请意大利帮忙,自然,也可以不请。这个决定权在埃塞俄比亚国王那里。但是,条约还有个意大利文本,意大利有意把第 17 条中的"可以"改为"必须"。

埃塞俄比亚人忽略了这两个文本中的一词之差。条约签字生效了,1890 年,意大利得意洋洋地通知各国,宣布埃塞俄比亚是意大利的保护国。因为,按照意大利文本的解释,埃塞俄比亚只能处在意大利的卵翼之下了。

其中条约里的"可以"表示"允许""许可"的意思,"必须"表示"一定要"的意义,它们的逻辑含义是不同的,由"允许"命题真,并不能推出"必须"命题真。意大利企图通过偷换这之间的含义来为其侵略野心服务,这就只能是诡辩。

道义混淆式诡辩术的破斥:准确揭示各种道义命题的逻辑含义,不容对方混淆。

108 时态混淆
这是未来的大肥鸡!

有些命题的真假是与时态无关的,在任何时态中,它都可以是真的,比如"2 是偶数";而有些命题的真假却与时态有关,它只是在某些时态中才为真。**有的诡辩者却有可能通过混淆命题的时态来混淆是非,为其谬论进行辩护,这就是时态混淆式诡辩**。比如:

有人这样论证道:

"鲁迅是伟大的革命家、思想家、文学家,三岁的鲁迅是鲁迅;所以,三岁的鲁迅是伟大的革命家、思想家、文学家。"

这一议论从传统逻辑三段论的观点来看,前提是真的,推理形式也是正确的,但是却推出了荒谬的结论。其之所以如此,是因为推论的大前提的真假是与时态有关的,是一个时态命题。鲁迅是伟大的革命家、思想家、文学家,三岁的鲁迅却还只是孩童,而不是革命家、思想家、文学家。这里却混淆了这一命题的时态,这就难免导致谬误,陷入诡辩。

从前有个地主,以做寿为名,扣下长工们一个月的工钱用来送礼,等到请客那天,他只给长工们每人一个鸡蛋,并且说:

"这是未来的大肥鸡,吃吧!"

长工们听了,气得两眼喷火。长工们决心治一治这可恶的地主。

不久,有个长工娶亲。地主用红纸包了个小铜钱做贺礼,叫人送去。到这长工办喜事那天,他来到长工家一看,里面早已坐满了客人,只有上首一张桌子空着,便立即坐了下来。开席的时候到了,只见其他的桌子都摆满了酒菜,唯独他这张桌子主人却给他端来一大碗毛竹片。财主不禁怔了一下,主人笑了笑,殷勤地说:

"老爷不要客气,这菜名叫'过去的鲜味嫩笋',请啊!"

长工将现在的竹片当成过去的鲜味嫩笋,惩罚了可恶的地主。

这个地主故意混淆命题的时态,把现在的鸡蛋当成未来的大肥鸡,把将来时态为真的命题当成现实时态为真的命题,进行诡辩;长工们将现在的竹片当成过去的鲜味嫩笋,把过去时态为真的命题变为现实时态也为真的命题,惩罚了可恶的地主。又比如:

有两姑娘到某超级市场购物,付完款准备离开时,被两名男服务员拦住,严厉地逼问:"拿没拿别的东西?"姑娘屈辱地回答:"没拿。"并打开包给他们看。他们不听解释,反复逼问十多次,还把她们俩像押犯人一样推进了一间仓库里。她们孤立无援,羞愤交加,不得不摘下帽子、解开衣服、打开包,让他们检查。她们确实是无辜的,男服务员只得让她们离去。可是后来贸易公司却歪曲事实真相,说服务员不是把她们推进仓库,而是请进办公室。记者前往实地调查,发现那里明明是仓库,于是贸易公司方面便狡辩道:

"不错,这里曾经是办公室。"

也许,这间房间以前曾经是办公室,但是现在就是仓库;现在把两个姑娘推进这个房间就是把她们推进仓库,不能因为以前曾经是办公室就得出不是推进仓库而是"请进办公室"的结论。他们所使用的这种拙劣的手法正是以过去时态为现实时态的诡辩术。

时态混淆式诡辩术的破斥：准确揭示有关时态命题的逻辑含义,不容对方混淆。

109 模态混淆
一个鸡蛋里的万贯家产

　　明代江盈科编撰的《雪涛小说》中记载有这么一个故事：

　　城里有户人家，穷得吃了早饭还不知道晚饭在哪里。一天，丈夫偶然捡到一个鸡蛋，便欣喜若狂，赶快跑回家里，高兴地对妻子说："我们有家当了！我们有家当了！"妻子见他那高兴的样子，忙问："家当在哪里？"他拿出鸡蛋一晃说："这就是！"于是他便扳起指头，给妻子细细地计算起来：

　　"我拿这个鸡蛋借邻居的母鸡孵化一下，孵化出来后拿1个雏鸡回来，它长大以后就下蛋，每个月可以得到15个鸡蛋；然后再孵成小鸡，两年内，鸡再生鸡，就可得到300只鸡，能卖10两金子。用这10两金子买5头母牛，牛又生牛，3年可得25头牛，牛再生牛，又过3年，就能发展到150头，可以卖300两金子。我用这些金子放债，3年之间，连本带利，可以得到500两金子。我用其中三分之二买房置地，三分之一买奴婢，娶小老婆。我和你就可以优哉游哉地过上神仙一样的日子了。"

　　妻子一听他说要娶小老婆，勃然大怒，一拳就把鸡蛋打碎了，还没好声地说，"趁早打碎它，免得留下祸根！"

　　丈夫一看鸡蛋打碎了，美妙的打算霎时成为泡影，便揪住妻子狠狠地揍了一顿，然后又把她扭送官府，向县官告状说："这个恶妇把我的全部家产都毁了，请老爷把她杀掉！"

县官问:"你的家当在哪里? 怎么毁掉的?"

丈夫便从捡到鸡蛋说起,如何计划发家,一直谈到他娶小老婆为止。县官听了说:"这么大的家产被这个恶妇一拳打掉,实在可杀!"于是宣布判处"烹刑",命令支起大锅,要把这个恶妇煮掉。妻子见此,大声嚎叫:

"他所说的家产都还是不一定的事,怎么就把我煮掉?"

"你丈夫说的娶小老婆也是不一定的事,你怎么就妒忌了?"县官说。

妻子说:"虽是这样,还是早除祸根为好。"

县官笑着把她释放了。

这个拾得鸡蛋的人的议论是荒谬的,因为他混淆了命题的模态。

模态命题是含有模态词"必然"或"可能"的命题。有些命题反映的是事物情况的必然性,这就是必然模态命题;有些命题反映的是事物情况的可能性,这就是可能模态命题。这个丈夫所说的"得500两金子"只是可能的,并且是渺茫得很的事,而不是必然的,他将可能命题当成必然命题,混淆命题之间的模态,并以此罗织罪名,企图置妻子于死地,真是荒谬到了极点。

在论辩中,我们要正确地对客观事物作出断定,就必须把握命题的模态。而诡辩者则往往通过混淆命题的模态来达到其诡辩目的,这就是模态混淆式诡辩。

模态混淆式诡辩术的破斥:准确揭示有关模态命题的逻辑含义,不容对方混淆。

第三节 辩证逻辑的对台戏

唯物辩证法认为，一切事物都是充满矛盾的，矛盾着的事物的两个方面又是对立统一的。同时，任何事物总是和外界事物有着千丝万缕的联系，是永恒地运动、发展、变化着的。辩证逻辑就是把握客观事物的矛盾、对立与统一，以及事物的联系、运动、发展与变化的逻辑。

然而，有的诡辩者往往坚持唯心主义世界观，僵化地、机械地、片面地看待问题和分析事物，作出似是而非的断定，以达到其混淆是非、颠倒黑白的诡辩目的，我们务必擦亮眼睛、提高警惕。

110 否认联系
分家把一条活狗也分成四份

辩证唯物主义认为，客观世界中一切事物和现象都是直接或间接地处于种种相互联系之中，我们在研究个别事物时，不可忽视它同周围有关事物的相互联系和相互作用；在研究某一部分时，不要忽视它同整体以及整体中其他部分之间的联系，只有这样，才能正确地认识客观事物。**有的诡辩者却否定客观事物的联系，这种诡辩我们称之为否认联系式诡辩。**

传说古时候，有户有钱人家，四个兄弟分家，所有的财产都分成四份，连一条狗也分成四份。当时是这样决定的：狗头、狗的躯干和狗尾归四个人共同所有，四条腿一人一条。

有一天，狗的一条腿受伤了，那条腿是属于较老实厚道的最小的弟弟所有。他便给狗涂上药膏，缠上纱布。第二天，狗追赶一只猫时，纱布松开了。旁边正好生着一个炉子，不知怎的纱布烧着了。这条狗被吓得四处乱窜，又把油瓶碰倒，结果引起火灾，财产被烧了一大半。几个哥哥对小弟弟说：

"大火是由你分的那条狗腿燃着的，你必须赔偿我们所有的损失！"

小弟弟断然拒绝了这一要求，反驳道：

"家里的火是由于狗跑才引起的，你们知道，受了伤的腿是不能跑路的。而这条狗所以能跑，全是因为依靠了你们三位所分得的狗腿。没有这三条腿，狗无论如何也无法奔跑，火也就不可能燃烧起来。由此来看，损失不应当由我来承担，而应当由你们三位承担。"

他的哥哥们被驳得哑口无言。

一条狗是由狗头，狗的躯干、狗尾和四条腿相联系而构成的一个整体。这场火灾的发生，不仅是与狗腿上的纱布有关，而且狗跑是更主要的原因。可是，他们兄弟将一条活生生的狗的四条腿平分，这就显得荒唐可笑；而当火灾发生后，三个哥哥又将火灾起因全部推到小弟弟分得的那条狗腿，这就不仅可笑，而且是诡辩了。

否认联系式诡辩术的破斥：必须全面地考察事物和现象的相互联系，这样才能对有关事物作出恰如其分的判断。

111　选择性展示
真实的谎言

一些制药厂商在广告宣传时可能会说：

"我们这款胃药和其他同类型的胃药相比，长期服用也不会对胃造成副作用。"

广告宣称的确实属实，但它没有告诉你的是——对胃是没有负作用，但是对肝有负作用。像这样，**只选择对诡辩者有利的部分展示出来，这就是选择性展示式诡辩**。选择性展示式诡辩在生活中屡见不鲜。比如：

一位员工向老板汇报：

"因为贸易战，我们的鞋子的销量下降了两成。"

另一位员工向老板汇报：

"尽管有贸易战，我们鞋子的销量依然保住了八成。"

同样的鞋子销量，要论证业绩下滑，选择数据中"销量下降了两成"的部分加以展示；要论证业绩影响不大，选择了数据中"销量依然保住了八成"的部分加以展示。两种数据都是真实的，但留给人的印象却截然不同。

又比如，书商为了宣传，他也许会在图书封面上印上这样的话：

"这是一本在情节上引人入胜的小说"——《纽约时报》

然而,《纽约时报》书评写的是"这是一本在情节上引人入胜的小说,但它恶俗的价值观和对女性的蔑视只能让其成为三流作品……"

书商给你看的部分是真的,但它只是事实的一部分。

唯物辩证法认为,任何事物都包含着矛盾,我们要获得客观事物的科学认识,就需要认识事物矛盾着的各个方面。唯物辩证法主张用全面的观点看问题,而形而上学则主张用片面的观点看问题,它否认事物的矛盾,必然是强调一方面而忽视另一方面。

选择性展示式诡辩术的破斥:坚持唯物辩证法用全面的观点看问题,反对形而上学用片面的观点看问题的方法。

112　攻其一点
白居易的江州司马之贬

诡辩者从事物的整体中任意地抽出细枝末节的一点当作理由来反对论敌的一切,这种诡辩手法就是攻其一点式诡辩。

比如,白居易的江州司马之贬,便缘于政敌攻其一点的迫害。

白居易是伟大的现实主义诗人,唐代三大诗人之一。808 年任左拾遗。任左拾遗时,白居易认为自己受到喜好文学的皇帝赏识提拔,故希望以尽言官之职责报答知遇之恩,因此频繁上书言事,并写了大量反映社会现实的诗歌,希望以此补察时政,乃至于当面指出皇帝的错误。白居易上书言事多获接纳。然而,白居易任左拾遗时,敢于仗义执言,也因此得罪不少权贵。

元和九年(814)，蔡州刺史吴元济谋反，烧杀抢掠，来到京城东面，形势危急，宰相武元衡坚决主张出兵讨伐，吴元济便与平卢节度使李师道狼狈为奸，派盗贼将武元衡杀死，取其头颅而去，京师震动。这时白居易首先上疏请求捕贼，以雪国耻。但是，这时白居易已改职为赞善大夫，已不再履行谏官职能。而有些向来嫉恨白居易的人便攻击说：

"白居易的母亲因看花堕井而死，可白居易却作过《赏花》及《新井》诗，伤坏名教，不宜处于朝中。"

于是白居易被贬为江州(今江西九江)司马。江州司马之贬是对白居易的一个沉重打击，随着政治环境的日益险恶，他的思想便集中于儒家的安天乐命、道家的知足不辱和佛家的四大皆空，因而也就由积极转为消极。

白居易的母亲虽因看花坠井去世，然而白居易早有许多咏花之作，而依宋代的记录，《新井》诗作于元和元年(806)左右(《新井》诗今已失传)，写作于白居易母亲去世之前，可见此事其实并不能构成罪名。他被贬谪是与他写讽喻作品而得罪权贵有关。是权贵罗织罪名，攻其一点的结果。

攻其一点式诡辩术的破斥：攻其一点式诡辩之所以是荒谬的，这是因为，诡辩者用机械的、形而上学的观点看待事物，用片面的观点看待整体问题，这就难免得出片面的甚至荒谬的结论。因而，我们研究客观事物时，必须全面地、整体地去考察。

113　相对主义
打就是不打，不打就是打

宋代沈俶所撰《谐史》中，记载有这么一则故事：

宋朝的时候，有一个名叫丘浚的人，他在朝廷做一名殿中丞官员。有一次，他去杭州大寺院里拜访一位名叫"珊"的老和尚。老和尚瞧着丘浚官职卑微，理都不屑理一下，态度很傲慢。一会儿，外面报说有位将军的公子驾到，老和尚慌忙跑下石阶，亲自把公子扶下马鞍，迎进禅堂，点头哈腰，嘘寒问暖，还命小和尚沏上香茶。丘浚在一旁看着，心里气愤不平，等公子走了以后，他责问老和尚说：

"你待我如此傲慢，为何看见将军公子这般恭敬？"

"先生不懂我们出家人的道理，这叫作恭敬就是不恭敬，不恭敬就是恭敬。"老和尚答道。

丘浚勃然大怒，抄起杖棍就在和尚的秃头上打了几下，一面打一面说：

"师父休要见怪，打你就是不打你，不打你就是打你！"

这个老和尚"恭敬就是不恭敬，不恭敬就是恭敬"就是相对主义。**相对主义是指，不存在普遍的标准，没有绝对的对与错，这样一种学说。认识论相对主义认为合理性没有普遍的标准，道德相对主义认为道德没有普遍的标准，审美相对主义认为审美评价没有普遍的标准。一些诡辩者也往往借相对主义来为其混淆是非、颠倒黑白的诡辩目的服务，我们称之为相对主义诡辩。**

战国时期的庄子是相对主义的代表人物。《庄子·齐物论》中说：

有一天，庄周在草地上睡觉，做了一个梦。他在睡梦中觉得自己变成了一只蝴蝶，蝴蝶在空中翩翩然飞舞着，四处游荡，快乐得忘记了自己本来的样子，也忘了自己是由庄周变化而成的。过了一会儿，庄周忽然醒了过来，但是梦境还清晰地印在他的脑海里。他起身看了看自己，又想了想梦中的事情，一时间有些迷惘。他竟然弄不清自己到底是庄周还是蝴蝶了。究竟是他在自己的梦中变成了蝴蝶，还是蝴蝶在它的梦中变成了庄周？竟然分不清哪一个是真的。

这件事让庄周很有感触，他觉得，有时人生中的梦境和真实的生活是很难区分开的。梦境有时会给人一种真实的感受，而在真实的生活中也会让人有身在梦中的感觉。庄周认为，世间万物就是这样不断变化着的，人生也是这样不停变幻着的，没有什么是永恒不变的。

庄子还说："人睡在潮湿的地方就会得湿疾而死，难道泥鳅也这样吗？人站在树上就会战栗害怕，难道猴子也这样吗？这三者，谁能知道哪里是最恰当的地方？"

"毛嫱、丽姬是众人欣赏的美女，但是，鱼见了她们就潜入水底，鸟见了她们就飞到高空，麋鹿见了她们就赶紧逃跑。人之所美的，鱼、鸟、麋鹿却避之唯恐不及。这四者，谁知道天下真正的美色是什么？"

"人吃牛、羊、猪肉，麋鹿吃青草，蜈蚣爱吃蛇，鸱鸟和乌鸦喜欢吃老鼠。这四者，究竟谁能认识什么是世界上最好的滋味呢？"

在庄子看来，"是""非"是完全凭认识主体的感觉而定的，感觉不同,标准就不同。"彼亦一是非,此亦一是非",这就否定了是非的客观标准,最终得出了不可知论的结论。

相对主义是诡辩论的认识基础,它把一切都看作是相对的、主观的、任意的,取消了真理和谬误的客观标准,为颠倒黑白、混淆是非大开方便之门,成为进行诡辩的得心应手的工具。

相对主义诡辩术的破斥:揭露相对主义的荒谬本质。相对主义是一种形而上学、唯心主义的哲学学说,它的主要特征是抹杀事物确定的规定性、取消事物之间的界限、否认客观的是非标准,从而根本否定事物的客观存在。

114　否认矛盾
孙悟空和唐僧谁厉害?

看完电影《孙悟空三打白骨精》后,儿子问爸爸:

"孙悟空和唐僧谁厉害?"

爸爸:"嗯,当然是孙悟空。"

儿子:"那唐僧念起经来,为啥孙悟空头痛得满地打滚?"

爸爸:"嗯,还是唐僧厉害。"

儿子:"唐僧厉害?那唐僧为啥被白骨精捉去,差点被白骨精烧来吃掉,后来孙悟空一棒把白骨精打死了?"

爸爸:"嗯,孙悟空厉害。"

儿子:"那孙悟为啥叫唐僧师父?"

爸爸:"嗯,唐僧厉害嘛。"

儿子:"那……唐僧怎么不会打妖怪?"

爸爸:"嘻!依我看呀,还是你最厉害!"

这父子俩之所以发生这场无谓的争论,是因为他们没能认识到事物的矛盾属性。

客观世界是非常丰富和具体的,每一个具体的对象都包含着差别和矛盾,我们的思维要按照客观世界的本来面目去反映客观世界,那么就必须反映客观事物的各种差别和矛盾。虽然,一般说来,孙悟空比唐僧厉害,但这并不是绝对的,他们都是多种规定性的复杂的矛盾统一体。我们不能说孙悟空比唐僧厉害,就是一切方面都比唐僧厉害;也不能说唐僧不如孙悟空,就是一切方面都不如孙悟空。我们应作出辩证的分析:在降妖除魔方面,孙悟空比唐僧厉害;在用紧箍咒制服对方来说,唐僧比孙悟空厉害。这样就全面、无懈可击了。可是,**诡辩者却往往否认事物的差别和矛盾,否认事物的对立和统一,仅仅是机械地、僵死地去认识事物,进行论辩,为其谬误作出似是而非的论证,这就是否认矛盾式诡辩。**

古希腊有个叫芝诺的哲学家,通过论证得出结论:阿基里斯追不上龟。

阿基里斯是古希腊神话传说中行走如飞的人,而龟却是爬得很慢的动物。为什么阿基里斯追不上龟呢?因为追赶者需要一定的时间,当阿基里斯到达乌龟的出发点时,乌龟已经向前爬行了一段,当他追赶到乌龟新的出发点时,乌龟又向前爬行了一段。以此类推,以至无穷。设阿基里斯与龟相距十丈远,并且阿基里斯的速度为龟的十倍,当他跑完这十丈的距离时,那么乌龟又前进了一丈,如此下去,所以阿基里斯永远也追不上乌龟。

那么,芝诺论证的错误在什么地方呢?就在于他没有正确地认识事物的矛盾,没有认识到运动的矛盾对立。运动物体在某一瞬间,既在某一点,又不在某一点,运动是连续性和间断性的统一。芝诺发现了运动自身的矛盾,但他把活生生的运动过程分割为无穷的部分,并给予孤立的考察,从而使他得出运动是不可能的结论,导致诡辩。

否认矛盾式诡辩术的破斥:客观世界每一个具体的对象都包含着差别和矛盾,我们的思维要按照客观世界的本来面目去反映客观世界,就必须反映客观事物的各种差别和矛盾。

115　思维固化
吾儿七岁,着鞋六寸

客观世界是永恒地运动、发展、变化着的,人类要认识和改造客观世界,就必须认识客观世界的运动、发展和变化。如果我们的思想不能随着客观事物的变化而变化,就难免滑到形而上学、世界不变的道路上去。**所谓思维固化式诡辩,就是否认事物的运动、发展、变化,作出似是而非的论断的诡辩手法。**比如:

迪尼太太正在打电话。

警察:"喂,太太,我们发现一具男尸,很可能是你的丈夫。请问,你丈夫有什么可供辨认的特征吗?"

迪尼太太先是尖叫了一声,然后回答说:"噢,有的。他的特征是走路总是慢吞吞的,他的耳朵是聋的,还有就是经常咳嗽。"

迪尼太太丈夫的"走路总是慢吞吞的""耳朵是聋的""经常咳

嗽"等特征是在他活着的时候所呈现出来的,当他发生由活着转为死亡这一质的变化之后,这些特征也会随之消失。而迪尼太太并没有认识到这一点,思维固化,这就难免可笑。又比如:

从前有个书呆子,绰号"全信书",成天埋在书堆里。一天,读书时脚上的鞋被炉火烧着了,他急得不知如何是好,忙去找书本。书上说,桔能降火。他忙拿起一个大桔子就咬,用桔子的汁水把鞋上的火灭了,书呆子大喜。但鞋头已被烧出大洞,于是他上街买鞋。掌柜问他尺寸,书呆子答不上来,忙奔回家中,从书箱里找出其父留下的书简"吾儿七岁,着鞋六寸",于是赶紧返回鞋店。

老板拿了一双十寸的鞋子给他,一穿正合适。可是一看,是十寸而不是六寸,他便说:

"我要买的是六寸的鞋子,不要十寸的。"

"我卖鞋卖了千万双,我一看你的脚就知道要穿十寸的鞋子。"老板说。

"不对,我父亲明明写着'着鞋六寸',难道我父亲会说错吗?"

老板接过他父亲的书简一看,说:"你父亲写的'吾儿七岁,着鞋六寸',后面还有两句'脚随人长,步步前进',你没看见?"

"全信书"一定要掌柜给他六寸的鞋,掌柜无可奈何地把鞋拿给他。书呆子使劲穿进去,鞋破了,脚趾露在外面,仍旧穿着那双六寸的鞋子回去了。

七岁时着鞋六寸,但随着人的长大,穿的鞋子也应相应地增长。而这位愚人却以七岁时父亲写的"着鞋六寸"来与老板瞎争,这就只能是思维固化式诡辩。

又如,人们问朱哈多少岁,朱哈答 40 岁。过了 10 年,人们又问朱哈多少岁,他仍答 40 岁。人们问:

"十年前你就说你是 40 岁,怎么今年还是 40 岁?"

"难道你们不知道,'君子一言既出'誓不反悔,这句话么? 再过20 年,我的回答还是 40 岁!"朱哈答道。

岁月有如江河是不断流逝的,人的年龄也是随岁月同时增长的。朱哈这里故意借"君子一言既出,誓不反悔"为他的胡说作出一番别出心裁的诡辩。

思维固化式诡辩术的破斥:客观世界是永恒地运动、发展、变化着的,人类的认识也要随着客观事物的变化而变化,否则就会滑到形而上学、世界不变的道路上去。

116 冒充转化
长有羽毛的鸡蛋

辩证唯物主义认为,客观事物是处于永恒的运动、发展和变化中的,但是,辩证唯物主义所讲的转化是有条件的,没有一定的条件,任何事物都还是该事物,事物的各方面都不会转化。**诡辩者却往往肆意抹杀转化条件,抽象地谈论转化,借此否定事物之间质的区别,这就是冒充转化式诡辩。**

我国古代"卵有毛"的诡辩命题,就是不讲转化条件,抽象地谈论转化的一个典型。

众所周知,鸡蛋是没有毛的,但是,一个受了精的蛋在一定条件下又可以孵化成为有羽毛的鸡。而要使蛋变为鸡,就必须具备一定的条件,没有一定的条件蛋是不会转化为带毛的鸡的。在没有转化之前,蛋是蛋,鸡是鸡,它们之间是有界限的,尽管这种界限是相对的,可变动的,但毕竟还是存在的,抹杀转化的条件,笼统地说"卵有毛",这就只能是诡辩。

《淮南子·人间篇》中"塞翁失马"的故事也是如此。

离边塞不远的地方住着一个老翁。一天,他的马忽然跑到塞外去了。邻居们为他丢失马匹而感到惋惜,纷纷前来慰问。老翁却说:

"不错,丢了马是件坏事,但是又怎么知道失马不会成为一件好事呢?"

过了几天,老马识途,丢失的马又跑回来了,并且还带来一匹好马。邻居们都来庆贺,老翁却又说道:

"家里来了马是件好事,但是怎么知道不会变为一件坏事呢?"

有了好马,儿子又喜欢骑马,结果儿子从马上摔下来跌断了腿。邻居们又跑来慰问,老翁却说:

"我儿子跌断了腿是坏事,但你们又怎么知道这不会成为一件好事呢?"

过了一年,边塞发生战争,附近许多青壮年都应征入伍,在战争中牺牲了,老翁的儿子因腿残废没有应征打仗,从而保全了性命。

这则故事反映了矛盾着的对立面可以转化的辩证法思想,但是,却并不讲转化的条件,好事可以变成坏事,坏事可以变成好事,它们是随时变化的,这样便否定了好事与坏事之间的质的区别。像这样,丢开条件讲转化,就难免走向诡辩。

冒充转化式诡辩术的破斥:在讨论事物的发展和变化时,不能抽象地谈论转化,必须明确有关转化的条件。

117 割裂发展
先有鸡还是先有蛋

是先有鸡还是先有蛋？这是一个让人百思不得其解的古老谜题。

蛋是由鸡生出来的,没有鸡就没有蛋,这样看来应该是先有鸡;可是鸡又是由蛋孵化出来的,没有蛋就没有鸡,这样看来又应该是先有蛋。到底是先有鸡还是先有蛋？这一古老、有趣的难题曾使不少人争论不已,也曾难倒不少先哲。解放后,我国学术界曾多次对先有鸡还是先有蛋的问题进行讨论,但都不了了之。其实,不管争论的结果是先有鸡,还是先有蛋,都是错误的,错误的原因就在于割裂了事物的发展。**如果诡辩者故意通过割裂事物的发展来为其谬论作出似是而非的论证,这就是割裂发展式诡辩。**我们要反驳这种诡辩,就必须把握事物的周期发展规律。

辩证唯物主义认为,任何事物都包含着矛盾,任何事物都包含着肯定因素和否定因素,在这两个对立面中,有一方面是主要的,决定着事物的性质,这就是事物的肯定因素;另一方面则是非主要方面,是促使现存事物走向灭亡的方面,是否定因素。在这两种因素的相互斗争中,否定因素不断发展,当它上升为主要方面时,事物性质就发生了变化,导致了旧事物的灭亡和新事物的产生,这就是否定。事物总是通过否定而向前发展的,这种发展不会有止境,肯定的因素被否定了,而否定了旧事物之后产生的新事物同样要为它内部所包含的否定因素所否定,为更新的事物代替。事物就是由肯定阶段走向否定阶段,由否定阶段走向否定之否定阶段发展的。一般地说,在事物发展过程中经过两次否定,事物的运动状态就表现为一个周期,会出现与肯定阶段某些相似的属性。但是,否定之否定并不就是肯定阶段的简单回复,而是更高级的某物。以麦子为例,播下的麦种被由它生长起来的植株所否定,经过出苗、拔节、开花、结果,最后又产生麦粒,麦粒成熟了,麦秆被否定,这就完成了种麦子的一个周期。而在否定之否定阶段出现的麦粒,不论在数量上和质量上都和肯定阶段不相同。肯定—否定—否定之否定的周期性是事物发展的普遍规律。

同样,鸡和蛋的关系也是如此,由蛋孵化出鸡,这是对蛋的否定;小鸡经过生长,发育,又会生出蛋,这是对鸡的否定。但是,经过否定之否定的蛋和原来的蛋并不完全相同,总会发生一些变化。鸡和蛋就是这么一个相互制约、渐进演变的过程。最初的"蛋"似蛋非蛋,最初的"鸡"也似鸡非鸡。似蛋非蛋的"蛋"孵化出了似鸡非鸡的"鸡",似鸡非鸡的"鸡"又生出似蛋非蛋的"蛋",鸡和蛋就是经过这么长期的周期性的发展,才有了今天的鸡和蛋。它们是一个连续的不间断的过程,是不可能有先后之分的。如果用机械的、形而上学的观点去分析,就难免得出荒谬的结论,甚至导致诡辩。

类似这样的问题还可能提出许多,比如:

先有稻谷还是先有禾苗?

先有白天还是先有黑夜?

先有秋天还是先有春天?

等等,我们都可以用以上理论去进行思考与辩论。

割裂发展式诡辩术的破斥:必须把握事物的周期发展规律,不允许割裂事物的发展。

118 滥用抽象
百万人齐动手1秒建好房子

唯物辩证法认为,真理是具体的、有条件的。我们的认识所反映的客观事物都是处在一定时间或时期的客观事物,同时也都是处在一定空间或领域的客观事物。如果超出了特定的时间、空间,情况就可能发生改变。比如,三角形内角和等于 180 度,这只限于平面三角形。然而在黎曼球面几何中,三角形内角和大于 180 度;在罗氏双曲几何中,三角形内角和小于 180 度。

所谓滥用抽象式诡辩,是指诡辩者离开具体的时间、地点、条件,抽象地、笼统地、模糊地对事物发表议论,以此达到其混淆是非的目的的手法。

比如,有这么一段对话:

老师:"桌上有四只苍蝇,打死一只,还有几只?"

小威利:"还有三只。"

小彼得:"一只也不剩,都飞走了。"

老师:"小克立,你说呢?"

小克立:"还剩一只,因为这一只飞不走了,它给打死了。"

关于桌上还有几只苍蝇,也许会因具体情况不同还会有其他答案。他们的答案之所以各不相同,并不是因为这些学生不懂算术,而是因题目要求不具体造成的。

滥用抽象式诡辩之所以是荒谬的,这是因为,客观事物都是具体的,是不同的规定性的统一,是多样性的统一,离开多样性的统一,就不能很好地认识事物的本质。

另外,科学真理用来指导实践时,必须从具体的情况出发。如果把真理当成无条件的、抽象的东西,不分时间、地点、对象、条件生搬硬套,这也往往导致谬误。比如下例:

老师说:"算术是不容怀疑的,例如,一个人建造一间房屋需要12 天,12 个人一齐动手,这间房子 1 天就可建成。"

学生推理道:"288 个人一齐动手,1 小时就可以建好;17 280 个人只需 1 分钟;如果 1 036 800 个人一齐动手,就只需 1 秒钟。照这样推算,一艘轮船横渡大西洋要 6 天,如果 6 艘船一齐开航,1 天就可以横渡大西洋了。老师说了,'算术是不容怀疑'的嘛!"

适当的人数建造一间房屋,可以充分发挥每个人的作用;如果脱离具体情况,几千几万人去建造同一间房屋,人们又该怎样去施工呢? 这个学生就是脱离具体情况,玩弄滥用抽象式诡辩术。

滥用抽象式诡辩术的破斥:真理都是具体的,如果把真理当成无条件的、抽象的东西,往往会导致谬误。

119 否认静止
人不能踏进同一条河流

运动是物质的固有属性,但是,在承认物质世界绝对运动的同时,也必须承认物质世界中存在着相对静止。某一事物在一定条件下还没有发生质的变化之前,这一事物还是这一事物,因而呈现出相对静止的面貌。但是，**诡辩者如果否认事物的相对静止状态，取消事物质的稳定性，把运动物质歪曲成瞬息万变、无从捉摸的东西，混淆事物之间的区别，这就是否认静止式诡辩。**

比如，古希腊哲学家克拉底鲁。

克拉底鲁是赫拉克利特的学生。赫拉克利特有一句名言"人不能两次踏进同一条河流"，深刻而形象地说明了事物运动发展的思想。但是克拉底鲁由此引向极端，宣称"人连一次也不能踏进同一条河流"。他认为，我们既然承认一切皆流，一切皆变，那就是事物在任何时候都会发生变化，不可能有一刻的稳定和静止。这就像一条河流，我们刚刚踏进去的一瞬间，它就变成另外的河流，所以我们一次踏进去不是同一条河流了。对此，人们问克拉底鲁：

"河流是这样，那别的东西是不是也这样呢？"

"我是哲学家，哲学家讲的都是世界的普遍性，既然一切皆流，一切皆变，这里说的'一切'当然适应于任何事物。"克拉底鲁傲慢地说。

这时，有人指着他坐着的椅子问："你坐着的是什么？"

克拉底鲁随口答道："是椅子。"

"不对，按照你刚才的理论，你的'是椅子'这句话还没说完，它已经变成不是椅子了。你怎么能说出来你坐的是椅子呢？"

克拉底鲁感到自己给作弄了，但他仍然顽固地坚持自己的观点。后来他怕再出洋相，干脆对任何人提的问题，都只是把大拇指摇动一下。意思是说，你问的问题我不能说出来，就像指头的摇动一样，任何事物都是在变化着的，我们对每一个事物都无法认识，因为还没有认识出来它就变了。我们更不能把事物说出来，因为话还没说出来，这个东西已经不存在了。

这样，克拉底鲁就由否认事物的相对静止而走向诡辩。正像列宁所揭露的一样，"克拉底鲁只'动了动手指头'便回答了一切，他说：一切都在运动，关于任何东西都不可能说出什么来"，"这位克拉底鲁把赫拉克利特的辩证法弄成了诡辩"。[1]

为了揭露克拉底鲁的荒谬性，据说有一位作家特意编了这么一个喜剧：

一个希腊人向朋友借了一笔钱，指天发誓一月以后准还。可到了时间又不愿还了。因为他把这笔钱交了学费，拜一位老师学哲学。按照老师教的道理，他辩解道：

"我们知道，一切都是变化的，人连一次都不能踏进同一条河流，何况从借钱至今已有一个月了，现在的我已不是过去的我，所以我不欠你什么债。"

朋友听了非常气愤，抓住那个希腊人痛打了一顿。希腊人告到法院，要求赔偿损失和付医药费。朋友陈述了事情原委，最后辩解道：

"我知道打人是犯法的，但是现在的我并没有打人，而打人时的我又不是现在的我。所以，根据他不还钱给我的同样道理，现在的我是不负任何责任的。"

剧演到这里，全场观众无不捧腹大笑。观众中有人认出了克拉底鲁也坐在观众席上，便说："大家看，那个赖账不还的人拜的老师就是这位克拉底鲁先生！"

克拉底鲁惊慌失措，又习惯地伸手摇动大拇指。他的这一举动让每一个人都笑得前仰后合。这场喜剧也就在笑声中结束了。

------

[1] 《列宁全集》第 38 卷，人民出版社 1959 年版，第 390 页。

　　由于克拉底鲁的诡辩是露骨的、赤裸裸的,这就难免受到人们的批判和讽刺。

　　否认静止式诡辩术的破斥:不能否认事物的相对静止状态,取消事物质的稳定性。

第四节　无效论证的诡辩把戏

论证就是用一个或一些真实的命题去支持或反驳另一命题真实性的思维方式。论证必须遵守相关的论证规则。如果违反了有关的论证规则，就有可能导致谬误甚至诡辩。

120　　　　　推 不 出
黑母鸡比白母鸡聪明

在一个论证过程中，论据与主张之间就必须具有必然联系，从论据能够推出所要论证的思想。**如果诡辩者的论据推导不出他的论点，就是推不出式诡辩**。

有一天，杰克对约翰说："我的父亲有一次滑到水里去了，他不会游泳。幸运的是，他的口袋里装了两条鲤鱼，他把这两条鲤鱼抓出来，鱼立即在水中游动起来。他把鱼抓得牢牢的，两条鱼就把他送到岸上来了。"

约翰说:"我不相信,你拿出证据来!"

杰克说:"证据你自己看到了,我的父亲还活着。"

不错,杰克的父亲还活着。但由此论据并不能推导出他父亲曾落水被淹,也不能推导出他父亲衣袋里的鱼无水也能活着,更不能推导出他父亲抓住这两条鱼而靠鱼把他送到了岸边。杰克的论据与论点之间并不具有必然联系,由他的论据的真实性并不能证明他的论点也是真实的。杰克玩弄的就是推不出诡辩术。又比如下一则议论:

A:"黑母鸡比白母鸡聪明。"

B:"你怎么知道?"

A:"嘿,黑母鸡能下白蛋,白母鸡能下黑蛋吗?"

由黑母鸡能下白蛋,并不能推出黑母鸡比白母鸡聪明的结论,两者并不相关。而且,白母鸡不能下黑蛋,同样,黑母鸡也不能下黑蛋。

推不出式诡辩术的破斥:这类诡辩的荒谬性就在于违反了充足理由律,应揭露其论据与论点之间缺乏必然联系,由论据的真实性不能推导出论点的真实性。

小明和小聪是双胞胎兄弟俩,同在小学五年级的一个班学习。一次,语文老师布置了写作文作业,题目是《我的妈妈》。当晚兄弟俩把作文写好了,第二天按时交了上去。老师看过后,把小明叫去,问道:

"你的作文为什么和你哥哥的一模一样?"

"因为我们是同一个妈妈呀!"小明答道。

"同一个妈妈"不是作文一模一样的理由,小明这是犯有推不出式谬误。因为,作文是创造性的劳动,对生活中同样一件事物,不同的人,由于观察角度不同,情感立场不同,思维习惯不同,产生的作品便大不相同。因而,当老师以某人或某件事物为题要求全班学生写作文时,写出的作文绝对不会完全雷同。如果有雷同的,就必然存在抄袭行为。又如:

相传古代有个叫曾希颜的秀才,有一次剽窃了阮籍的诗句。阮籍一气之下,把他告到官府。公堂上,曾希颜狡辩说:

"文章是由字组成,这些字是老祖宗发明的,怎么会是你阮籍的呢? 老祖宗的发明谁都可以用,你犯得着生这么大的气吗?"

"照你这么说,曾希颜一定是个无耻之徒了。"阮籍说道。

曾希颜大怒:"你敢当堂辱骂我,真是欺人太甚!"

"我刚才说的那些话,那些字,都是老祖宗发明的,我可以随便用,随便说的,你犯得着生气吗?"阮籍说。

曾希颜顿时哑口无言。

不错,字是老祖宗发明,谁都可以用;但由字组成的文章、诗词却是作者的独创;如果谁把人家的文章、诗词冠上自己的名字,说是自己创作的,这就叫剽窃,曾希颜这是在玩弄推不出式诡辩。阮籍以其人之道,还治其人之身,反驳得恰到好处。

121　诉诸无知

您见过五个指头的天使吗?

有一位画家,给教堂画壁画,别出心裁地把小天使画成六个指头。牧师见此愤怒地责问:

"您什么时候见过六个指头的小天使？"

"没见过。"画家回答，"但是，您见过五个指头的天使吗？"

牧师被问住了。

牧师以没有见过六个指头的天使，无法证明天使的指头是六个，便断定天使的指头是五个。而画家同样以对方没见过五个指头的天使，无法证明天使的指头是五个，便认为天使的指头是六个，他们的论证都是不具说服力的，是诡辩，是诉诸无知式诡辩。

人的认识能力是无限的，没有什么是人类认识不可逾越的鸿沟，这是就人类整体来说的；而作为一定的时代、一定的个人来说，人的认识能力却又是有限的，总有一些事物是未被认识的。关于人类认识尚未把握的内容，我们便不能贸然地作出断定。比如"有外星人存在"，我们现在既不能断定它为真，也不能断定它为假。而**有的诡辩者仅仅根据人们无法断定某一命题为真，便断定该命题为假；或者根据人们无法确定某一命题为假，便证明该命题为真，这就只能是诡辩，这种诡辩常常出现在愚昧无知的争论中，我们称之为诉诸无知式诡辩**。这样的诡辩者在生活中常常可以碰到。比如：

甲："我的东西肯定是你偷了！"

乙："我根本没偷你的东西！"

甲："你说你没偷，那么请你拿出证据来，你能拿出你没有偷的证据来，就算你没有偷！"

一个人没有偷东西而要他拿出没有偷的证据来，那可不是轻而易举的事。制服这样的诡辩最好的办法是针锋相对，令其拿出证明对方偷了东西的证据来。

诉诸无知式诡辩术的破斥：要求对方拿出确定论题为真的证据，不允许偷换话题。

122 借助不知

我不知道，不知者不为罪！

有些诡辩者违犯了法规，往往借口说："我不知道，不知者不为罪嘛！"以此来开脱，这种诡辩就是借助不知式诡辩。比如：

甲、乙两青年由于好胜心强，进行角斗比试，事先立一字据："在角斗中，如发生意外，甚至死亡，概不追究。"结果甲不慎将乙误伤致死。事后，甲受到法庭审判，在法庭上，甲振振有词地说：

"我不知道立了字据打死人法律还不会饶恕，所以我不必受处罚！"

这就是借助不知式诡辩。

借助不知式诡辩是荒谬的，这是因为，不知道某一事物存在，并不就等于该事物不存在。不知道某一法律条文，并不代表此人就不受某一法律条文的约束。

尽管这种诡辩荒唐可笑，但以此取胜的诡辩者却不乏其人。

在日本曾发生过这样一件事：有一个猎人提着狸皮来到毛皮店出售，但是根据"狩猎法施行规定"，狸是禁猎野兽。警察发觉这个猎人目无法纪，把他带到警察局，要处以罚款。

那个猎人不从，反驳警察说："不可捕狸这件事，我也知道，但是，我捕的是貉，法律上并没有规定不可以捕貉呀！"

"喔！"警察一时语塞，然而，警察也反击说，"狸与貉为同物，所以貉也在禁猎之列！"

　　但这猎人相当顽固，声称不知道这是狸而坚持不肯付罚款，这件案子只好诉至法庭。在一审、二审中，猎人均被判有罪，因为动物学家鉴定狸与貉为同物。然而在狸与貉为同一物的前提下，这件案子在最高法院判决为猎人无罪。判被告无罪的原因是：

　　"狸与貉虽为同一种动物，但也有些地方以不同名称来称呼，被告人认为狸与貉不同，对禁猎动物分辨不清，并非故意犯法。"

　　其实，捕了狸就是捕了狸，知道也好，不知道也好，都是违犯了狩猎法施行规定而应受处罚，而这个猎人玩弄借助不知式诡辩居然得逞了。

　　对于借助不知式诡辩必须以事实为根据给予严厉的反击。

　　比如，逊得尔原是一名纳粹分子，1958年侨居加拿大。多年来他不断制造谣言，说第二次世界大战中纳粹德国从未屠杀过犹太人，屠杀之说是捏造出来的，目的在于向德国索取赔偿。于是，"加拿大纪念大屠杀协会"的负责人在1982年向逊得尔提出诉讼，指控他犯有造谣诽谤罪。法庭出示了逊得尔印刷的各种小册子，人们极为愤慨。可是逊得尔却辩护说：

　　"根据加拿大刑法第177条的规定，只有在明知情况不实时故意散布谣言才能构成犯罪，但是，我一直确信未发生过大屠杀事件，所以不是造谣，故而不能判罪。"

　　控方当即反驳，纳粹"大屠杀"的罪行在今天已是妇孺皆知的常识，任何一个正常人都不可能不知道，逊得尔无词了，经过长期辩论，1985年2月28日，多伦多地方法院刑事庭宣判被告逊得尔犯有造谣诽谤罪。在铁的事实面前，逊得尔借助不知式诡辩最后只能是以失败而告终。

　　借助不知式诡辩术的破斥：以事实为依据，以法律为准绳，不容对方抵赖。

123　**诉诸情感**
以自己的好恶情感为论据

所谓情感,就是由一定的事物所引起的主观体验和反映。当一个人对某些事物持有欢迎趋向的态度时,他接触这些事物,便会产生喜悦、欢快等肯定性情感;当一个人对某些事物持有反对或拒绝的态度时,他接触这些事物,就会产生憎恶、悲哀等情感。**当诡辩者论述自己的观点或反驳他人的主张时,不是摆事实、讲道理,而只是以自己的好恶情感作为论证的根据,凡是喜爱的人说的都是真理,凡是讨厌的人说的都是谬误,这就是诉诸情感式诡辩。**

我国南朝时期,有个叫张率的年轻人把自己写的文章送给虞讷鉴定。虞讷哪里瞧得起张率这个无名小辈。只见他漫不经心地翻了几页,然后傲慢地说:

"这些都是不像样子的东西,怎能拿来给我看?"

张率的文章本来是写得不错的,听了虞讷这番话,心里很不服气。过了一段时间,他再次把新作送给虞讷看,这回他灵机一动,先诡称这是文学家沈约的作品,虞讷一听是权威人士的大作,马上另眼相看,边看边赞赏说:

"名家手笔,果真不凡!"

张率忍不住说:"老先生,其实这是曾被你说得一文不值的人写的呀!"

虞讷听后,顿时陷入窘境。

本来,评价一篇文章的好坏应以文章的思想内容的优劣、写作手法的高下作为标准,不管是对名家还是无名小辈的作品都应该如此。而虞讷则不然,他对无名小辈的作品就说是"不像样子的东西",听说是名家作品就称赞"果真不凡",他的这种论证方法便是十足的诉诸情感式诡辩。

以情感来左右自己判断的情况并不少见。

纳粹头子希特勒反对相对论,并不是根据相对论本身是否科学,而是由于发明相对论的科学家爱因斯坦是犹太人——纳粹所仇恨之人;崇拜唐太宗的人,是因为唐太宗是贞观之治的英明皇帝才崇拜的,如果有人告诉他唐太宗是杀死自己的哥哥而当上皇帝的,唐太宗也必然会被认为是大谬不然;有些人因为培根做官不清廉,曾因收取他人的红包而被罢官,而对培根学术著作的价值也拒绝承认;由于罗贯中在《三国演义》中丑化了曹操,许多人看了之后受到感染,因而对曹操在文学史上的造诣也加以否认……

如此等等,就是仅仅以自己对他人的好恶情感来代替对客观事物的判断,这就是诉诸情感式诡辩。

许多事实告诉我们,被喜爱的人说的话并不都是金科玉律,有真也有假;被仇恨的人说的话也未必都是谬误,往往有假也有真。如果一个人的情感操纵了理智,连基本事实、基本逻辑规则都不顾,就不可避免地要陷入诡辩。

诉诸情感式诡辩术的破斥:对事物的判断应根据事实,而不是凭借自己的情感。

124 　激而怒之

揽二乔于东南兮!

激而怒之,又称为诉诸愤怒。在论辩中,诡辩者为达到制服对方的目的,便故意利用一些具有挑衅性、侮辱性、诽谤性的言辞激怒对方,使对方言辞过激、头脑发胀、狂怒暴躁,说出一些不该说的话,做出一些不该做的事,这样便可牵着对方的鼻子走,这就是激而怒之式诡辩。

曹操官渡之战后,利用七年时间剿灭了袁绍,同时向北出击乌桓杀了蹋顿,收服辽东公孙康。曹操引兵凯旋南归,路过漳河时,谋士程昱建议曹操在此修建铜雀台,以彰显曹丞相的文治武功。曹操欣然允诺,命次子曹植负责工程建设。曹植修建了三座楼台,中间为铜雀台,南边为金虎台,北边是冰井台,两条飞桥横空而上连接铜雀、金虎和冰井三台。铜雀台建完之后,曹操命曹植赋诗以庆贺,曹植临感而发,作《铜雀台赋》。

建安十三年,曹操率领八十三万人马诈称百万南下,意欲一举消灭刘备和孙权。此时的刘备感到事态危急,派诸葛亮出使江东联络孙权共同抗曹。诸葛亮深知周瑜是东吴三军的大都督,只有说服他,孙权才会下定决心抗曹。

周瑜的老婆是小乔,东吴孙策的老婆是大乔。诸葛亮早就知道周瑜与小乔情投意合,恩爱有加。但是他装作不知,在第一次见周瑜的时候就拿二乔来刺激周瑜。诸葛亮向周瑜献出一计说道:"愚有一计：只要把两个人送与曹操，曹操的百万之兵便会撤走。"

周瑜忙问其详，诸葛亮说：

"曹操在漳河造铜雀台，广选天下美女，以实其中。久闻江东乔公有二女：有沉鱼落雁之容，闭月羞花之貌。曹操发誓要得二乔，以乐晚年。今虽引百万之众，虎视眈眈于江南，其实只是为此二女也。将军如寻到此二女，差人送与曹操。操得二女，称心如意，必会班师矣。此范蠡献西施之计，何不速为之？"

周瑜说："操欲得二乔，有何证验？"

诸葛亮说，曹操命幼子曹植，作《铜雀台赋》。当诸葛亮念到赋中两句：

　　　　"揽二乔于东南兮，乐朝夕之与共。"

此时的周瑜勃然大怒，离座指北而骂："老贼欺吾太甚，吾与老贼势不两立！"又对诸葛亮说："望孔明助一臂之力，同破曹贼！"

于是孙刘联盟成功。孙刘联军与曹操决战于赤壁，曹操损失惨重差点丧命。赤壁一战后奠定了三国鼎立的基础。

其实，《铜雀台赋》根本没有这两句诗，诸葛亮为了达到激怒周瑜的目的，添油加醋，强加于人。夺妻之恨，对于堂堂东吴主将来说，最大的耻辱莫过于此，岂有不怒发冲冠之情，哪有不决心抗曹之理？

施用此术的诡辩者，为了达到激而怒之的目的，往往借助于人们的逆反心理。所谓逆反心理，是指为了维护自尊，而对对方的要求采取相反的态度和言行的一种心理状态。比如一些做生意的人就是这样。见到顾客便挑衅说：

"你没钱，你买不起，快走开！"

有的顾客沉不住气，便掏出一把钞票说：

"谁说我没有钱！这不是钱！"

"你有钱也舍不得买！"

于是顾客为了赌气便买了他的东西。

激而怒之式诡辩术的破斥：当面对此诡辩术,应保持头脑冷静,认真分析事性本身的是非曲直,不被对方牵着鼻子走。

125　诉诸恐惧
您的胰腺可能正在癌变!

诉诸恐惧式诡辩,是指诡辩者故意营造恐怖气氛,让人产生恐惧心理,进而影响他人的判断,使人相信他们观点的诡辩伎俩。 比如:

传教士。"你信上帝吗?"

"我不信。"

"那你是要下地狱的。"

传教士便是利用人们害怕下地狱的恐惧心理让人们相信上帝的。

邪教组织要人们加入他们,控制邪教信徒,靠的也是诉诸恐惧术。比如邪教"全能神"。

"全能神"又称"东方闪电"。他们引用的《圣经》中"闪电从东边发出,直照到西边,人子降临也要这样",故被称为"东方闪电"或"闪电派"。该邪教通过大肆散布宣扬"世界末日就要来临"等妖言邪说,只有信"全能神"才能得救,凡不信和抵制的都将被"闪电"击杀。

一些封建迷信思想严重、鉴别能力较差的群众很容易上当受骗。"全能神"还专门设有"护法队",对那些不愿入教或意图脱教的人,"不服权柄"的人,或者怀疑他们的人,抵制他们的人,背叛他们的人,都要施以暴力的报复。他们的手段非常残忍,令人恐惧,殴打、灌粪便、割舌头、割耳朵、剜眼睛、断胳膊、剁手、砍脚趾等都被他们用过。2014 年 5 月 28 日,山东招远六名该邪教成员在麦当劳向周围就餐人员索要电话号码,在遭到拒绝后,竟当众施暴,残忍地将人殴打致死。

邪教"全能神"强迫人们信教、入教,控制教徒,使用的手段就是诉诸恐惧。

如今一些商家有种营销策略叫"恐惧营销",也是诉诸恐惧术。

大街上,总能见到这样的场景——一张桌子,上面摆一台不大的仪器,一名穿白色制服的中年人,看上去像个医生,旁边竖一广告牌:免费体检!然后有好几十号老人排队检查。老人把手指往仪器上一放,稍过片刻,穿白大褂的就对老人说,"您这是脑血栓!""您的血管硬化比较严重""高血压""低血糖""心脑血管疾病"等等。一般情况下,他们会告知老人,你得的不止一种病,可能有几种,而且很严重,哪怕没那么严重,也会故意夸大,目的只有一个:让老人觉得,你再不买保健品吃,就快要不行了!行业内,这叫"下危机",就是不治就躺了,不治就死了,不治就完了!

人们通常对死亡有恐惧感,老人更加如此。随手翻开报纸或打开电视,令人恐怖的广告会扑面而来:

"打呼噜要人命!"

"咽喉炎的危害不可忽视,咽癌、喉癌发病率直线上升!"

"警惕!您的胰腺可能正在癌变!"

"恶变""癌变"等恐怖字眼让人看了心惊肉跳,不寒而栗。诸如此类的鼓噪,就是为了渲染出使人感到恐惧的气氛,使人产生心理压力,进而大量前来就医买药,不法医疗机构则趁机"猛宰"以牟取超额利润。

诉诸恐惧式诡辩术的破斥:对邪教坚决不信、积极举报,由政府严厉打击;对商家的恐惧营销要理智分析,那些威胁性的数据只是吸引顾客的促销噱头,不要上当,不要怕。人是吃饭长大的而不是被吓大的!

126 诉诸怜悯
一把鼻涕一把眼泪地诉说

有一天,有个学生向老师求情说:

"尽管我这次考得不好,请您在批成绩的时候打个高分。"

"为什么? 这不太好。"

"老师,我母亲有心脏病,较低的分数会使她看了受刺激。"

要想取得高分,就得好好学习;这个学生不好好学习,考了低分,却以母亲有心脏病为由要求老师给高分,这就叫诉诸怜悯式诡辩。

诉诸怜悯式诡辩,是指诡辩者在为自己辩护时,不是利用确凿的证据来论证自己的观点,而是装出一副可怜相,喋喋不休地诉说自己如何可怜,企图激起别人的同情心、怜悯心,使对方接受他的不正确的观点。在法庭上更是常常可以见到这样的诡辩者:

"我上有父母,都是年近古稀,下有儿女,尚不能自食其力,我有罪并不值得可怜,可您要可怜可怜我一家老小,如果我被判刑进了监狱,一家老小将无人照管,叫他们怎么活下去呀!"

当诡辩者一把鼻涕一把眼泪地诉说起来,那些感情脆弱的人往往丢开结论与前提之间的关联,成为眼泪的俘虏,产生出一种极为荒唐的结果。我们可千万不能小看这种诡辩的作用。

1671 年 5 月,伦敦发生了一起轰动全国的刑事犯罪。一个以布勒特为首的 5 人犯罪团伙,偷去了英国的"镇国神器"——英国国王的皇冠。国王查理二世对这些目无法纪、胆大包天的歹徒非常感兴趣,便决定亲自提审为首分子布勒特。

查理二世:"你在克伦威尔手下时诱杀了艾默恩,换来了上校和男爵的头衔?"

布勒特:"陛下容禀,我不是长子,所以没有继承权,除了本人的性命以外别无所有,我得把我的命卖给出价最高的人。"

查理二世:"你还两次企图刺杀奥蒙德公爵,是吗?"

布勒特:"陛下,我只是想看看他是否配得上您赐给他的那个高位。要是他轻而易举地被我打发掉,陛下就能挑选一个更合适的人来接替他。"

…………

查理二世:"你越干胆子越大,这回竟然偷起我的皇冠来!"

布勒特:"我知道这个举动太狂妄了,可是我只能以此来提醒陛下关心一个生活无着的老兵。"

查理二世:"你不是我的部下,要我关心你什么?"

布勒特:"……所有英国人都是您的臣民,我当然是您的部下。"

查理二世尽管觉得他是个十足的无赖,但还是继续问道:"你自己说吧，该怎么处理你？"

布勒特："从法律的角度来看，我们应当被处死。但是，我们五个人每个至少有两个亲属会为此落泪。从陛下您的立场看，多 10 个人赞美您总比多 10 个人落泪好得多。"

查理二世听到这番话非常满意，不但免除了布勒特的死刑，还给了他一笔赏金。

这个杀人放火的强盗头子在这场审判中充分施展了他诉诸怜悯式诡辩的伎俩，而查理二世却恰好中了他的圈套。他把自己的强盗行为说成是提醒对方对一个老兵的关心，多 10 个人赞美比多 10 个人落泪好得多等。其实，不绳之以法而让他逍遥法外，继续为非作歹，何止多 10 个人落泪呢？

诉诸怜悯式诡辩术的破斥：以事实为依据，以法律为准绳，而不能以情感代替法律。

127 诉诸厌恶
登徒子好色？

厌恶是一种反感的情绪。诉诸厌恶式诡辩，是指诡辩者竭力蛊惑人们对论辩对手产生恶心、厌恶感，来达到制服论敌的诡辩方法。

战国时期宋玉的《登徒子好色赋》便是这方面的典型。

一天，大夫登徒子对楚王说："宋玉这个人一表人才，油嘴滑舌，又是好色之徒，望大王不要让他出入后宫和妃子们接近。"

于是，楚王立即召来宋玉问话。宋玉说："我长得仪表堂堂，那是受惠于天;能言善辩,那是由于老师的教导;至于好色,那是绝对没有的事。"

楚王说:"你不好色,有根据吗? 有根据,可以继续留在王宫;拿不出根据,就请你马上离开!"

宋玉说:"天下的美女没有比得上楚国的,楚国的美女没有比得上我的家乡的,我家乡的美女没有比得上我东邻的那位姑娘。我东邻的那个姑娘身材苗条适中,增加一分会显得太高,减少一分会显得太矮;她的面色天生妩媚,抹粉则嫌白,涂脂则嫌红;眉如翠羽,肌如白雪;腰如束素,齿如含贝;嫣然一笑,足以使得阳城、下蔡的花花公子见后神魂颠倒。她这么美丽的一位姑娘常常攀上墙头来偷看我,这已经整整三年了,可我至今没理会她。而大夫登徒子就不是这样,他的妻子头发蓬乱,耳朵倾斜,嘴唇裂开,牙齿外露,走路一瘸一拐地,又长了一身疥疮,还患有痔疮,像这么一个丑陋无比的女子,登徒子却很喜欢她,同她生了五个孩子,请大王明察,我与登徒子大夫谁为好色,不是再明白不过了吗!"

本来,登徒子身居高官,不嫌丑妻,这实在是值得称道的美德。但是,宋玉为了达到攻击登徒子的目的,不管对方道德品质如何,也不管他是否有不正当的男女关系,而是竭力张扬登徒子妻子外貌的丑陋,"蓬头挛耳,齞唇历齿,旁行踽偻,又疥且痔",登徒子竟然同这么一个丑陋的妻子感情好并生了五个孩子,竭力蛊惑人们对登徒子这对夫妻产生恶心、厌恶感,并断言登徒子好色,这就是诉诸厌恶式诡辩。按照宋玉的逻辑,如果登徒子同丑妻的关系不好,就不算好色了;如果登徒子抛弃了原来的丑妻,再去找一个漂亮的妻子,那就更不算好色了,真是荒唐至极!

由于宋玉一番摇唇鼓舌的诡辩,"登徒子"这么一个身居高位、不嫌丑妻，发誓与丑妻白头偕老的品德高尚的人，却成了千古好色之徒的代名词，是非黑白被彻底弄颠倒了。

诉诸厌恶式诡辩术的破斥：分清是非善恶，不被对方牵着情绪走。

128　诉诸仇恨
美国炮制的"育婴箱事件"

仇恨，指仇视愤恨，强烈的敌意。诉诸仇恨式诡辩，是指诡辩者通过激起人们对某事物的仇恨，来达到其诡辩目的的一种诡辩方式。

战争贩子们通过煽动公众对敌对国家或势力的仇恨来发动战争，是一种惯用的伎俩。比如美国与伊拉克的战争。

1990 年 10 月，当时一个自称是"科威特志愿者"的 15 岁少女在美国国会上声泪俱下地对伊拉克士兵进行指控：

"我看到伊拉克士兵拿着枪冲进医院，闯入病房，育婴箱内有 15 名婴儿。他们把婴儿从育婴箱里取出来，任由孩子们躺在冰冷的地面上死去。"

这则新闻被美国媒体大肆报道，点燃了美国民众对伊拉克的怒火。美国政客也总是声情并茂地讲述这一"惨案"。据英国广播公司报道，时任美国总统老布什至少 6 次公开引用这段证词，作为美国出兵参加海湾战争的理由。随后，美国国会批准对伊拉克宣战的决议，海湾战争爆发。从 1991 年 1 月 17 日到 2 月 24 日，以美军为首的多国部队在短短 42 天内就碾压式赢得了胜利，让伊拉克损失

2 000亿美元,20 000名军人丧命。

但在这场战争结束后,有美媒曝光"育婴箱事件"完全是美方炮制的谎言,科威特医护人员早就指出该"科威特志愿者"不存在。所谓的"科威特志愿者",真实身份是当时科威特驻美国大使的女儿。她既没当过"志愿者",也没在战时返回科威特,只是在美国情报部门的协助下,配合上演了一出哄骗民众的"悲情戏"。他们通过舆论煽动民众的仇恨,只为实现其战争目的。

这场战争也使萨达姆恨透了美国。萨达姆奈何不了美国,为了出口恶气,便在伊拉克首都巴格达一家名叫拉希德的国际饭店门口的水磨石地板上,镶嵌了一幅美国前总统老布什的彩色漫画像,下有一行英文字"布什有罪!"。这幅画像做得很大,正好撑足一扇门,任何想进门的人都必须从布什的脸上踩过,很难避开。(参见余秋雨《千年一叹·如何下脚》)

美国为了再次发动对伊拉克战争,煽动民众的仇恨,美国又制造谣言。国务卿鲍威尔在联合国大会上摇动一小管洗衣粉,声称伊拉克拥有大规模杀伤性武器,美国再一次入侵伊拉克。战后美国在伊拉克什么也没找到。

《军事记者》主编朱金平曾说:

"经过精心策划、制造和包装的假新闻,哪怕是几行文字,几句录音,几个画面或者几幅图片,如果乘着快速通达的媒体翅膀瞬间传遍全世界,就足以产生原子弹蘑菇云一样的杀伤力。"

诉诸仇恨是战争贩子发动战争的惯用伎俩,因为人类的情绪一旦被点燃,一个小火星,都有可能变成一场大灾难。

诉诸仇恨诡辩术的破斥:揭露谣言,还原真相,消除民众仇恨情绪。

129 **年代势利**
上阳白发人的悲叹

年代势利或称为诉诸年代。**有的诡辩者认为，某观念或事物起于较早的年代，因此不如现今的好，这就是年代势利式诡辩。**

年代势利在时装界最为流行。如果有人穿着过时的服装，必然会被嘲笑。有段时间流行扫街喇叭裤，过了十几年，又流行小裤腿。这时扫街喇叭裤没人穿了，如果有人认为裤子好好的丢掉可惜，又翻出来穿，必定会被讥笑，因为年代势利的大有人在。

当代如此，古代也是如此。

唐代天宝五载以后，杨贵妃专宠，后宫人无复进幸矣。于是"后宫佳丽三千人"，都被打入冷宫。唐代诗人白居易有首《上阳白发人》诗歌，描写了一位上阳宫女长达四十余年的幽禁遭遇，她十六岁入宫，正是"脸似芙蓉胸似玉"的破瓜之年，在深宫内院幽禁了四十四年，变成白发苍苍的六十老人。诗中老人对自己的装束嘲讽道：

> 小头鞋履窄衣裳，青黛点眉眉细长。
> 外人不见见应笑，天宝末年时世妆。

外面已是"时世宽装束"了，描眉也变成短而阔了，而她还是"小头鞋""窄衣裳""青黛点眉眉细长"，一副天宝末年的打扮，无怪她要自嘲道：自己已经变成"外人不见见应笑"的老怪物了。

时人讥讽上阳宫女仍是几十年前的服饰打扮，讥笑为老怪物这就叫年代势利式诡辩。

年代势利式诡辩术的破斥：年代久的东西并不就必然不好，要具体问题具体分析。有的年代越久远的反而越值钱，比如文物。

130　诉诸新潮

呼啦圈热来得快去得也快

诉诸新潮式诡辩，是指诡辩者辩称某事物最新、最符合时代潮流，以吸引他人接受的诡辩手法。

一些年轻人追求时髦、新潮，最容易被其蛊惑。

比如，青少年为什么吸烟？很多是受到他们所崇拜的影视明星的影响，觉得他们吸烟很神气，有风度，有气质，认为某影视明星吸烟的神态、动作很帅气，他们抽烟处处都在模仿该明星。也有的青少年把吸烟视为一种讲排场、显示身份的时尚，有的学生因为没有抽过烟，而被同学嘲笑跟不上时代的发展，缺少男子汉气概等，于是他们也就开始加入抽烟一族的行列。

人们追求新潮的现象在社会心理学中叫作潮流效应。潮流效应是指人们仅仅因为别人在做某件事而不得不采取某一行为、风格或态度的倾向，采用某一特定趋势的人越多，就越有可能使得其他人也加入这一潮流当中。诡辩者也往往会借助人们追求潮流的心理，来兜售其主张。

日常生活中潮流效应的现象很多。比如：

（1）时尚。某名人穿了新潮时装，社会上众人也跟着穿。

（2）音乐。随着越来越多的人开始听某一首歌或某个歌手的歌,其他人也会跟随着听这些歌曲或者关注某个歌手。

（3）减肥。当人们采用某种流行的减肥方法时,其他人就更有可能采用这种方式去尝试减肥。

（4）社交网络。随着越来越多的人开始使用某些在线社交网站,其他人也有可能开始使用这些网站。

诉诸新潮是一种社会"从众"的心理状态,随着越来越多的人采用一种特定的时尚或趋势,就越有可能被其他人模仿,进而也会加入这种潮流。当大多数人在做某件事时,你自己不做那件事,个人会受到所在群体施加的压力,你就有可能被排斥,一种潜在的巨大的压力使个人去顺应这种行为。

有趣的是,不但人类有"从众"的倾向,其他的群居类动物也许都有"从众"的习性。法国的自然科学家法伯曾经做过一次有趣的"毛虫试验"。

法伯把一群毛虫放在一个盘子的边缘,让它们一个紧跟着一个,头尾相连,沿着盘子排成一圈。于是,毛虫们开始沿着盘子爬行,每一只都紧跟着自己前边的那一只,既害怕掉队,也不敢独自走新路。它们连续爬了七天七夜,终于因饥饿而死去。而在那个盘子的中央,就摆着毛虫们喜欢吃的食物。

虽然潮流效应可能非常强大,也往往有着一些脆弱性。人们很快就赶上了潮流,但他们也同样很快地远离了潮流,这也许就是为什么某一潮流往往如此短暂的原因。

20世纪90年代呼啦圈席卷大江南北的时候,从城市到农村,从清晨到黄昏,到处可以看到五颜六色的呼啦圈。呼啦圈热来得快去得也快,很快就消退了。

诉诸新潮式诡辩术的破斥：学会独立思考,认真思考某种时尚

新潮的好坏利弊，有害的坚决加以抵制，比如抽烟行为。

131 诉诸传统
指手画脚的九斤老太

所谓传统，就是指世代相传的具有特点的社会因素。传统有好的，也有坏的，我们必须加以具体分析。对于优秀的传统，我们应该继承和发扬；对于落后的传统，我们则应该破除抛弃。可是，**有的诡辩者对某一事物作出评价时，仅仅以传统为根据，传统如此、历来如此的，便大加赞扬；与传统不合的，便一概排斥，这就是诉诸传统式诡辩**。比如：

当初，一些青年追求婚姻自由，对此，一些有封建观念的家长便横加干涉，说道：“自古以来，婚姻都是遵循父母之命、媒妁之言，你见过哪个大姑娘自己去找汉子，哪个小伙子自己去找姑娘的？”

殡葬仪式实行改革，提倡火化之初，许多人公开反对，说：“这不是作损吗，哪个朝代公开号召过焚尸的？”

实行经济体制改革、政治体制改革，又有人不满意地说：“这么多年没改革天也没有塌下来！”

一个新事物甫一产生，总有那么一些九斤老太看不顺眼，站在一旁指手画脚，评头品足，理山就是“过去从来没有过！”。

这些人对事物情况作出断定时，所依据的不是该事物本身的情况如何，而仅仅是看是否合乎自古以来的传统，这就是诉请传统式诡辩。

诉诸传统诡辩之所以是荒谬的，这是因为，传统的并不都是合理的，有价值的。

裹小脚的习俗在中国存在上千年，能说它有价值吗？合理吗？

清朝男人留长辫子也有几百年时间，有什么合理性？有何价值？

如果仅仅以不合理的传统来对事物情况作出断定，就势必会导致诡辩。

"祖宗之法不可违"，这是封建社会的信条。其实，即使在封建社会也不可能完全承袭祖宗之法而丝毫不变。一味拘泥于习俗或传统的人，也决不会回到那种"巢居洞藏、饮血茹毛"的原始生活中去吧！

诉诸传统式诡辩术的破斥：传统的并不都是合理的，有价值的；对不合理、无价值的传统就应大胆抛弃。

132　诉诸经验
我吃的盐，比你吃的饭还多

我们生活在一个经验的世界里。从幼儿长到成年，我们看到的、听到的、感受到的、亲身经历的各种各样的现象和事件，它们都进入我们的头脑而构成了丰富的经验。在一般情况下，经验是我们处理日常问题的好帮手。只要具有某一方面的经验，那么应付这一方面的问题就能得心应手。特别是一些技术和管理方面的工作。

据说在哥伦布率队出发，横越大西洋的航程中，船上有许多经

验丰富的老水手。一天傍晚,一位船员看见一群海鸟朝东南方向飞去,便高兴地说:

"我们快要到陆地了! 因为这种海鸟是要飞到陆地上过夜的。"

于是哥伦布指挥船队追踪海鸟的方向,很快发现了美洲大陆。

然而,**经验不一定都是可靠的。在论辩中,任何一方如果不管事物的发展变化,总是以经验为根据,就会陷入诉诸经验的诡辩。**

生活中有许多这样的例子。比如,当儿女的观念与父母发生冲突时,父母往往会说:

"我走过的桥,比你走过的路还多。"

"我吃的盐,比你吃的饭还多。"

言外之意,就是"我有经验,你必须听我的"。这就是典型的诉诸经验诡辩。年龄并不是判断是非对错的标准,观点正确与否与年龄大小、经历多少没有直接的因果关系,而是要看论据是否充分、论证是否符合逻辑。对待经验,我们要一分为二来看,既要吸收其合理的部分,也要辨别其不合理的部分。在处理问题时,要具体问题具体分析。

在酒吧,甲、乙两人站在柜台前打赌,甲对乙说:"我和你赌 100元钱,我能够咬我左边的眼睛。"乙同意跟他打赌。于是,甲就把左眼中的玻璃珠拿了出来,放到嘴里咬给乙看,乙只得认输。

"别泄气。"提出打赌的甲说,"我给你个机会,我们再赌 100 元钱,我还能用我的牙齿咬我的右眼。"

"他的右眼肯定是真的。"乙在仔细观察了甲的右眼后,又将钱放到了柜台上。可结果乙又输了。原来甲从嘴里将假牙拿了出来,咬到自己的右眼。

生活经验告诉我们,一个人如果能正常看见东西,不可能两只眼睛都是假的,现在发现甲的左眼是假的,因而认为他的右眼必定是真的,不可能将右眼取出放进嘴里,但乙没想到甲的牙会是假的。

我们还应认识到,经验只是人在实践活动中取得的感性认识的初步概括和总结,并未充分反映出事物发展的本质和规律,因而具有较大的偶然性,一般都不可避免地具有某种局限性。比如:

智者韦伯与富翁杰米订了一个合同:在 1 个月内,韦伯每天给杰米 10 万元,杰米第一天只回报韦伯 1 分钱,但此后每天的回报数额应是前一天的两倍。杰米高兴极了,暗笑韦伯是个大傻瓜,又一再坚持要持续 3 个月。韦伯笑笑说:"我钱不多,先来一个月吧。到时你如果还有兴趣,我会奉陪的。"

究竟谁是傻瓜?我们千万不要小看倍数。由一变二是小事,但经得起 30 次翻番吗?那是一个可怕的数字。如果您的选择出了错,肯定又是经验性思维定式在作怪。如若不信,请动笔算算看。

诉诸经验式诡辩术的破斥:经验具有时空狭隘性、主体狭隘性。任何经验往往只适应于一定的时空范围;每一个人没有经历过的事情总是无穷多的,因而应具体问题具体分析。

133 **诉诸权威**
谁不是这样想的,请站出来!

权威是使人信从的力量或威望,信仰权威是人们最自然的心理倾向。而诡辩者则往往会根据人们对权威信赖的心理定式,借助权威人物的形象,拉大旗作虎皮,以势压人,以达到其诡辩目的,这就

是诉诸权威式诡辩。

在泰国，有个叫西特诺猜的人，在皇宫做官。一天，上朝之前，他对官员们说："我可以洞察你们的内心，你们心里想的是什么，我全都知道，不信咱们打赌！"

官员们虽然知道西特诺猜足智多谋，但绝不相信他会聪明到这种地步。于是一致同意每人以一两银子为赌注，与他打赌。皇上出来后听到这件事，也放声大笑："赌什么不好，偏偏要赌猜人心，那么多人想的是什么，你怎么知道？我看西特诺猜今天要名声扫地了！"

打赌开始了。西特诺猜不紧不慢地高声说道：

"我十分清楚，在座的诸位尊贵大人心里想的是什么，当我把你们心里想的说出来，如果诸位认为我说错了，你心里想的和我说的正相反，那就请诸位立刻提出来。如果认为我说的不错，您心里想的和我说的完全一致，那就请诸位按约定每人马上给我一两银子……"

西特诺猜停了一会儿，接着说：

"在座的诸位大人心里想的，我了如指掌，那就是你们的思想十分坚定，你们的整个一生都要忠于对你们有着浩荡皇恩的圣上，永远不会图谋背叛和造反。你们是不是每个人都有这种想法？哪一位不是这样想的，请站出来！"

文武百官听到此话，一个个浑身出汗，呆若木鸡。谁要是蠢到对这几句话提出异议，那就等于对皇上当面宣布自己是不忠的，要背叛皇上，要造皇上的反，这就势必丢掉脑袋。因此，百官只好甘拜下风，按照约定每人给了他一两银子。

"我的天，谁打赌也别和孤的西特诺猜打赌！"皇上说完，便笑了起来，"我向你祝贺，西特诺猜，你这样轻易就成了富翁！"

西特诺猜打赌取胜,就是借助于皇上的最高权威。

然而,权威并不永远代表真理。比如,某人是一时的权威,并不永远是权威;他是某地域的权威,在外地并不必然是权威;在某领域是权威,在别的专业领域内并不必然是权威。判断某种认识是否为真理,应根据它是否符合客观实际,而不是权威。

诉诸权威式诡辩术的破斥:人类应该相信科学真理,而不是迷信权威。

134　黄鼠狼的话
据专家研究表明……

匿名权威,是指有的人为了使自己的主张更可信,便称某专家支持这一主张,因此这一主张是对的,但该"专家"身份不明,因而令人怀疑,这是假资讯来源的一种。因为黄鼠狼是一种狡猾的动物,又有人将匿名权威称为"黄鼠狼的话"。

一些诡辩者为了使自己的主张更容易让人相信,便往往会冠上"专家研究表明",这就是匿名权威式诡辩。匿名权威是"滥用权威"的一种特殊表现。

"专家研究表明"的话并不必然可靠。而且"专家研究表明"的话还常常互相矛盾。比如:

专家研究表明:吃苹果应该削皮。

专家研究表明:吃苹果不应该削皮。

吃苹果到底应不应该削皮? 又如:

专家称,买房比租房划算。

专家不建议,掏空 6 个钱包凑首付。

人们到底该信谁的? 因而有人将专家谐音成了"砖家"。

因而网友们呼吁:"建议专家不要建议。"

匿名权威式诡辩术的破斥: 不同领域有不同的权威,权威的话并不必然可靠,更何况匿名的。人们必须学会独立思考,明辨是非。

135　希特勒归谬法
杀人魔王希特勒吃素

希特勒归谬法诡辩是一种诉诸人身谬误,即宣称某个像希特勒般邪恶的人或团体也支持某主张,因此这个主张是荒谬的。希特勒归谬法诡辩是一种诉诸负面权威,是诉诸权威的反向运用。

希特勒犯下滔天罪行,发动第二次世界大战,荼毒无数生灵,制造惨绝人寰的大屠杀,然而他却又是个虔诚的素食主义者,他有个口头禅:吃肉者是伪善的"食尸者",最终无资格进入优等民族行列。希特勒甚至一度考虑是否在党纲里加入素食要求,这个想法因为太过不现实而作罢。

希特勒是邪恶的,但他却吃素。然而,如果因为他是邪恶的,所以得出结论,我们不该吃素,凡是吃素的都是错的,这就是希特勒归谬法诡辩。

希特勒归谬法式诡辩术的破斥:希特勒归谬法诡辩之所以是荒谬的,是因为前提与推断之间缺乏必然联系。吃素是否是良好品

质,与希特勒是否有这种品质无关。

　　如果希特勒归谬法诡辩成立,那么凡是希特勒做过的事情都是反动的,别人都不能做,那么希特勒要吃饭,人们都不能吃饭;希特勒要睡觉,人们都不能睡觉;希特勒要喝水,人们都不能喝水;希特勒要呼吸空气,人们都不能呼吸空气……人类还能生存吗? 又如:

　　1927 年 4 月 12 日,蒋介石在上海发动的反革命政变,疯狂捕杀共产党人和革命群众。仅三天,即有 300 多人被杀,500 多人被捕,5 000 多人失踪。此后,广东、江苏、浙江、安徽、福建、广西等省份也以"清党"名义,对共产党员和革命群众进行大屠杀。这次反革命政变,使当时大革命顿时从高潮转入低潮。

　　蒋介石的双手沾满了共产党人的鲜血,但他却不抽烟、不酗酒、不打牌。然而,如果因为他双手沾满了共产党人的鲜血,所以得出结论,不抽烟、不酗酒、不打牌的行为方式是反动的,应加以抵制;我们应该倡导抽烟、酗酒、打牌的行为,这就错了,这也是希特勒归谬法诡辩。因为抽烟、酗酒、打牌是不是不良嗜好,与蒋介石是否有这种嗜好无关,两者之间没有必然联系。

136　曲解名言
杀了我,大白天也要睡一觉!

　　名人的言论,经典著作中的语句,往往包含着深刻的哲理。在论辩中恰当地运用,可以增强我们论辩语言的雄辩力量。同样,**诡辩者也往往乞灵于名言,故意歪曲名言的含义,为其谬论作出似是**

而非的论证,这就是曲解名言式诡辩。

　　某神父谆谆告诫大家不要喝酒,说酒是人之大敌,但他自己却嗜酒如命,常常喝得烂醉。一次,他喝醉酒时被人发现了。人们用神父自己说过的话来质问他:

　　"神父,您干吗喝酒呀? 您不是说过,酒是人类的敌人吗?"

　　"是呀,可是你们知道《圣经》上是怎么说的吗?《圣经》上说,'要爱你们的敌人'哪!"

　　由《圣经》上"要爱你们的敌人"并不能必然得出人类可以酗酒的观点。因为前后语句中的两个"敌人"的概念含义并不一样。"酒是人类的敌人"中的"敌人"只是比喻的说法,并不是指人;而"要爱你们的敌人"中的"敌人"则是指人。神父是在曲解名言为其口是心非、自相矛盾进行狡辩。

　　曲解名言式诡辩术的破斥：准确揭示名言的真正含义,不容对方随意曲解。

　　又如,有的学生晚上玩个通宵,白天上课就难免打瞌睡。可数天下奇闻的怪事是,有个老师白天上课竟然也趴在讲台上打瞌睡。有个学生看不下去,便拿了一本《论语》去问老师:

　　"老师,书中'宰予昼寝'一句怎么个解法?"

　　老师说:"这句话,别人不一定解得通。我告诉你吧,宰,就是杀;予,就是我;昼,就是白天;寝,就是睡觉。合起来就是:'即使把我杀了,我大白天也要睡一觉!'"

　　其实,"宰予"是人名,是孔子最讨厌的学生,因为各方面表现不好,还在上课时打瞌睡,孔子骂过宰予:"朽木不可雕也,粪土之墙不可圬也!"骂宰予是块腐朽的木头没法雕刻,是用粪土垒的墙没必要去粉刷。可是,这个老师却滥拆词语,随意歪曲,为自己的错误辩解，这就是曲解名言式诡辩。

137 滥用名言
龙耳小，象耳大

诡辩者喜欢引用名言来为其论断作出似是而非的论证，但他所引用的名言有时与论断缺乏必然联系，有的并不是科学的，也有的包含着谬误，这就是滥用名言式诡辩。

有一天，顺治皇帝大宴群臣，酒过三巡，他突然提出一个问题："诸位爱卿，为什么你们的耳朵大，我的耳朵小？"

文武百官听了，你看看我，我看看你，都不知如何回答。这时，掌管御书楼的彭而述忽然站起来，走到顺治皇帝案前跪下奏道：

"龙的耳朵小，象的耳朵大，万岁为龙，所以耳朵小；臣等为象，所以耳朵大！"

顺治皇帝听了，认为彭而述是在故弄玄虚，哗众取宠，把脸一沉问道："此说出于何典？"

"《古藏经》第十三篇。"彭而述答道。

顺治皇帝马上命太监把《古藏经》拿来查对，彭而述很快就找了出来。那上面说："龙耳小，象耳大；君为龙，臣为象。"

皇帝连声夸赞说："彭爱卿真是博学多才。"当即封他为翰林院大学士，并请他做太子的老师。

事实上，耳的大小与君臣与否并无必然联系，因为芸芸众生中不是没有耳小的人，但他们并不是君王。彭而述这里不过是滥用经典,故弄玄虚,哗众取宠而已。

滥用名言式诡辩术的破斥:名言必须与论题有必然联系,另外,也可列举相反的名言与之构成对抗。

138 煽动群众
用煽动性言辞鼓动群众

在论辩中,不是用科学的论据和合乎逻辑的论证法去论证他的观点或反驳对方,而是用激动的感情,煽动性言辞去鼓动群众,以激起群众的情绪来兜售自己的错误观点,这就是煽动群众式诡辩。

请看发生在 1860 年英国牛津大学关于进化论的一场大论战。

讲台上,进化论的凶恶敌人威尔福斯大主教滔滔不绝、唾沫横飞地说道:"按照达尔文的观点,一切生物都起源于某种原始菌类,那么人类跟蘑菇就拉上血缘关系了。……按照达尔文的观点,难道说菜园里的萝卜也能变成人吗?"

接着,他用俏皮的口吻对进化论的宣传者与捍卫者赫胥黎说:

"我要请问一下坐在我旁边,在找讲完以后要把我撕得粉碎的赫胥黎教授,跟猴子发生关系的,是你的祖父一方,还是你的祖母一方?"

大主教的话音刚落,许多人狂呼大喊,往空中抛手帕,以为进化论被彻底驳倒了。

威尔福斯大主教的论辩手段是相当卑劣的,他没有提出任何充足的论据,只是凭借人们耻于同猿类及其他低等生物攀上血缘关系的传统观念来煽动群众对进化论的憎恶和对他的支持，他使用的也正是煽动群众式诡辩术。

面对威尔福斯大主教的挑衅，赫胥黎从容作答：

"人是由比铅笔更小的胚胎发育而来的，所以人从低等动物进化而来的是可能的，……一个人没有理由因为猴子做他的祖先而感到耻辱，如果有人在我的回忆中会叫我感到羞耻，那将是这样的一种人：他不满足于自己活动范围内的事情，却要费尽心机来过问自己并不真实了解的问题，想要用花言巧语和宗教情绪把真理掩盖起来。"

赫胥黎的精彩答辩，赢得了热烈的掌声。接着，又有几个学者站起来发言，一针见血地指出，主教根本没有读过《物种起源》，所以他的批评东拉西扯，文不对题，纯系诡辩。

在充足的论证面前，主教理屈词穷，不得不灰溜溜地走了。

煽动群众式诡辩在很多时候能收到效果，因为诡辩者往往善于迎合人们的一些不正当要求。比如有名厂长对工人说：

"我们厂下半年的奖金要大大少于上半年，因为×车间的××已到市纪检委、到报社把我们告了，说我们滥发奖金，有关部门要来查我们！"

这名厂长便是利用公众的特殊利益来挑拨是非，煽动群众对论敌的仇视的。一旦诡辩者煽动群众的氛围形成，当事人的处境的确不妙，因为他暂时失去了群众。这时，摆在他面前的任务就是双重的：一方面要继续证明自己的论题，击退对方的进攻；另一方面又要争取群众，转变群众的立场。为了争取群众，当事人就必须控制情绪，压住底火，不能有丝毫的迁怒于群众的表现。我们应当相信，绝大多数群众是维护真理的，他们的失误仅仅是因为在诡辩者的煽动下情感因素代替了理智因素，没有认清诡辩者的本质。

煽动群众式诡辩术的破斥：将对方主张的荒谬性揭露出来，以达到唤醒群众的目的。

139 武力相逼
块头大、力气大就是真理

在论辩中，论辩者不是以理服人，而是以武力相威胁、恐吓，强迫对方接受其观点，这就是武力相逼式诡辩。

武力相逼常常发生在诡辩者理性辩论失败时，即理屈词穷时，他又不甘心其失败，且别无他法，于是蛮不讲理，以武力相威胁。也有的人从不讲理，一言不合，就伸胳膊捋袖子，要对方到外面比武，这种人坚持块头大、力气大的就是真理，总是企图以武力使对方屈服。通常说的"秀才遇见兵，有理说不清"，指的就是这种情形。

这种诡辩不只存在于个人之间，在国际舞台上，所谓强权外交，实质上也是诉诸武力式诡辩。比如：

1938 年 2 月 12 日，希特勒与奥地利总理许士尼格在伯希特斯加登举行会谈。会谈中，希特勒恫吓说：

"许士尼格先生……这儿是文件的草案。其中没有什么可以讨论的，我不会改变其中的一点点。你必须原封不动地在这个文件上签字，在三天内满足我的要求，不然我要下令向奥地利进军。"

希特勒之所以目空一切，强迫对方屈服，就是以他的强大的军事实力做后盾。

又如：1938 年 3 月 14 日，希特勒会见捷克总统哈查和外交部长契瓦尔科夫斯基时威胁说，德国军队已经在今天进军了，在某兵营处遇到了抵抗，但已经被无情地予以扑灭。德国与捷克的兵力是德军一个师对捷军一个营。建议立即在投降的文件上签字。于是，一次又一次把要捷克投降的文件掷到捷克总统和外交部长身上，并不断重复说——

"要是拒绝的话，两小时之内布拉格就有一半会被炸成废墟。"

心慌意乱的捷克总统昏了过去，打了急救针苏醒之后，终于在国家的死刑判决书上签了字。

这便是强权外交，诉诸武力的典型。

武力相逼式诡辩术的破斥：在敌强我弱的情况下，硬碰硬不是明智之举。最好的办法是养精蓄锐、寻找战机，以智取胜，以弱胜强。

140 自然至上

有谁养条狼当宠物？

人类喜欢自然、亲近自然，因为大自然是人类生命之源。现代城市建筑中，人们每天看到的是林立的大厦，人们尤其崇尚自然，需要鸟语花香的世界，犬吠鸟鸣、清清流水……

然而，也有的人由此走到另一个极端，**认为一个事情如果是自然的，那么它就是合理的，必然的，甚至是好的或者最好的，它的合理有效性就是无可辩驳的，这就是自然至上式诡辩。**

"吃草药要比吃人工合成的药好,因为草药更加自然。"这就是自然至上的典型例子。

事实上,自然的并不必然就是最好的。

弱肉强食的丛林法则是大自然中普遍存在的现象,但是这和现代社会的文明却是格格不入的。

就说我们现在吃的水果,比如香蕉,我们日常所食用的无籽香蕉其实是人工筛选培育出来的。自然界里的野生香蕉通常有大量的硬子,有很多纤维,根本无法食用。所以如果非要纯天然的,那香蕉这种水果怕是会被淘汰了。

生活在非洲的人吃的东西崇尚自然。蝙蝠在我们看来是一种很恐怖的动物,是"吸血鬼",令人毛骨悚然,在非洲人的眼里那却是美味佳肴。他们将蝙蝠直接放入沸水中烹煮几个小时,不会去毛,不知道你是否敢食用这些附有毛皮的、眼睛盯着你看的蝙蝠汤?炸老鼠也是非洲市场上随处可见的食物。非洲的老鼠又肥又壮,非洲人抓来老鼠往锅里一丢,就炸出一道美味了。老鼠都是长期生活在阴暗潮湿的地方,它们身上多少会带有一些病菌,非洲人的一些疾病也许就是由他们毫不忌口的饮食习惯引起的。这些食物是自然的,你敢吃?

现在,我们很多人养宠物狗。科学家认为,狗是由早期人类从灰狼驯化而来,驯养时间在 4 万年前—1.5 万年前。如果是自然的才好,有哪个家庭会养条狼当宠物呢?

自然至上式诡辩术的破斥:自然至上是靠不住的,论据与论点之间缺乏必然联系。我们应具体问题具体分析,不能说自然的一定不好,或者说自然的就一定好。

141 诉诸多数
投票选举谁是小偷的闹剧

诉诸多数式诡辩，是指在论辩中诡辩者不是为了求得认识中的真理性，而是认为多数的就是正确的，多数就是真理，这么一种诡辩手法。

请看这么一则外国幽默故事：

从前有个富商生性吝啬，他儿子在外面借了许多债，他不肯偿还，他儿子只好和债主言明等父亲死后再还。有一天，儿子实在等不及了，就和债主商量要活埋父亲。他替富商沐浴更衣，硬把父亲塞进棺材。过路的法官听到商人呼天喊地的声音，便前来询问。富商在棺材里听见后，以为有救了，便喊道："救命啊！大人。我儿子要活埋我！"

法官责问富商的儿子："你怎么要活埋父亲呢？"

"大人，他在骗你，他真的死了。你可以问问大家。"儿子说。

法官转身问周围的人："你们都能作证吗？"

"我们作证。"众债主答。

于是，法官对棺材里的富商说道："我怎么能相信你原告一个人呢？难道这么多人都说谎吗？"说完，他便一挥手宣判道："埋吧！"

明明商人还活着，法官却仅仅以多数人意见为根据，混淆是非，作出荒谬透顶的判断，法官玩弄的就是诉诸多数式诡辩。又如：

在某技校的女生宿舍里频繁地出现失窃事件，几乎每天都会有同学发现新买的衣服不见了、裤子也没有了。被偷的频率越来越高，被偷的同学实在忍无可忍，报告了校长。到底谁是小偷？知道的人也不敢说，害怕人家骂他，查又查不出来，怎么办？校长便采取了选举小偷的办法：

"你知道是谁偷的，你就写谁的名字，不知道是谁偷的，你们不要写。"

选举结果一出来，校长当即认定这 6 个人就是小偷，而且一怒之下把小偷们当场示了众。几个"小偷"站成一排哭，旁边有一百多同学在围观。

查办失窃案件，找出谁是小偷，正确的方法是认真查找证据，以证据说话；而不是诉诸多数，多数人认为谁是小偷，谁就是小偷。

诉诸多数式诡辩之所以是荒谬的，这是因为，多数的并不必然就是真理，真理有时只是在少数人手中。如果仅仅以多数为根据进行论证，这就难免导致黑白颠倒的诡辩后果。

据《宋书·袁粲传》载：很久以前，在南方有个偏僻的小国。这个国家没有河流，只有一眼山泉，名叫"狂泉"，凡是喝了这泉水的人，个个都会发狂。除国王外，全国的人都喝了"狂泉"水，于是举国上下一片疯狂，有的痴痴呆呆，有的嘻嘻哈哈，有的蓬头裸身，有的龇牙咧嘴，丁姿百态，无奇不有。只有国土在自己后院挖了一口井，汲井水喝，因而安然无恙。老百姓发现国王举止言行与众不同，以为国王疯了，便聚在一起商议，决定帮助国王治疗狂疾。大家拥进王宫，把国王按倒在床，有的用针乱戳，有的用火艾乱烧，国上被折磨得嗷嗷直叫，实在吃不消这般苦楚，只好爬到狂泉边，也喝了几口狂泉水，喝完后，国王也发了狂。这时候举国上下，狂成一片。

当全国人都几乎得了狂疾时，那些狂人诉诸多数，以多数为据，头脑清醒的人反而被诬为狂人、疯子；而真正的狂人反而成了头脑清醒的。这样一来，是非黑白便彻底被颠倒了。

　　诉诸多数式诡辩术的破斥：指出真理并不都在多数人手中，只有和客观相符合的认识才是真理，实践才是检验真理的唯一标准。

142　　　滥用数据
《总理遗嘱》共几个字?

　　在论辩中，人们往往引用数据作为论据，因为数据是经过统计的检验和精确计算的，因而它具有极强的雄辩说服力。然而，并不是生活中的每个数据都是有意义的，**诡辩者往往会借助于某些毫无意义的数据来刁难人，来达到制服论敌的目的，这就是滥用数据式诡辩。**

　　20 世纪 30 年代初，朱家骅出任浙江省民政厅长时，曾举办过一次县长考试，有笔试和口试两项。有位考生叫朱懋祺，笔试名列前茅。口试时，朱家骅西装革履，亲自主考。朱懋祺一身灰布学生装，足穿布鞋，昂然前来。二朱一洋一土，对照鲜明。开考后，几个考官轮番提问，朱懋祺对答如流。最后，朱家骅问道：

　　"你知道《总理遗嘱》共有几个字?"

　　朱懋祺被问得愣住了。他认为，这大概是朱家骅故意刁难，存心不录取自己，于是，心一横，开口便对朱家骅说：

　　"请问朱厅长，您的朱家骅大名共有几笔?"

　　此问一出，举座皆惊，朱家骅也愣住了。考生反难主考官，绝无仅有。静峙片刻,旁边的考官向朱懋祺挥了挥手说:"好了,你出去吧!"这才解了围。好在朱家骅乃雅量高怀之人,事后并未刁难朱懋祺,而是录取了他。

对于一些毫无意义的数据,人们一般都不加以留意,而诡辩者总喜欢要对方说出这类数据来发难。朱家骅想以人们不会留意的《总理遗言》共有几个字这一数据来镇住考生,岂料考生要对方说出自己的姓名共有几笔这一数据,很少有人会去注意这一点,这样反而将对方难住了。

滥用数据式诡辩术的破斥:以其人之道还治其人之身,用一些对方不易注意的数据来回敬对方,不失为有效的方法。比如:

清代有个叫毕秋帆的人,常常通过对人发难来取乐。有一天,他与一位老僧发生了这么一场辩论:

毕:"《法华经》可曾读过?"

老僧微笑作答:"读过的。"

毕:"请问方丈,一部《法华经》有多少个阿弥陀佛?"

老僧略一思忖,笑道:"荒庵老衲,学识浅薄,大人是天上的文曲星,造福全陕,自有夙悟。不知一部《四书》有多少个子曰?"

毕秋帆听后,半晌不语,只得强笑以掩窘态。

143　　无关数据

专给 95 岁以上的人兜售保险

无关数据式诡辩,是指诡辩者所使用的数据与他的推断之间缺

乏必然联系,数据不能证明其论点的真实性。

布里格斯先生自商学院毕业后,在保险公司找到了一份工作。他每天往市区跑,上门推销人寿保险。在他为该公司工作一年后的某一天,公司经理把他找去,对他说:

"布里格斯先生,自你担任推销员后,我一直在关心你的推销记录。有一件事令我感到非常惊讶,为什么你只向那些年过 95 岁的老人兜售保险? 为什么要给他们发出如此优厚的条件呢? 如果再这样下去的话,我们的公司就会毁在你的手里。"

"噢,不,先生。"布里格斯马上解释道,"在我从事这项工作以前,我看了这个国家过去 10 年中死亡数字的统计资料,我可以告诉你,每年很少有人是在 95 岁或超过这个年龄死去的。"

布里格斯的论证是荒谬的。"很少有人在 95 岁或超过这个岁数死去",这是因为人们在这个岁数之前大多已经死亡了,并不是说超过这个岁数的人很少会死去。他所引用的数据与其推断之间缺乏必然联系。

无关数据式诡辩术的破斥:揭示诡辩者的数据与论题之间缺乏必然联系。

144 ▎数 据 歧 义 ▎
得一文天诛地灭!

数据并不是在任何情况下都是确凿无疑的,有时同一个数据结合不同语境,可表达不同含义。有的诡辩者会借助数据的歧义现象

来达到其混淆是非、颠倒黑白的诡辩目的,这就是数据歧义式诡辩。

从前,有一个县令,他第一天上任,为了表明自己的公正廉明,便写下了这样一副对联挂在衙门口:

"得一文天诛地灭;徇一情男盗女娼。"

时间久了,他照样受贿与徇私枉法。有人问他:这么做岂不与当初誓言不合? 他辩解道:

"我当初是发誓不得一文、不徇一情,可我现在得的不止一文,徇的不止一情啊!"

其中的"一"是有歧义的,有时仅仅指数字"1",有时表示"至少一个",或"最多一个"等含义,这个县官就是利用数据的歧义来狡辩的。

有个老方丈问众僧:"有一个偈子的内容是:绵绵阴雨两人行,奈知天不淋一人? 你们能说出其中的道理吗?"

一个和尚说:"这是因为有一个人穿了蓑衣,另一个没穿。"

又一个和尚说:"这是下的局部性阵雨,所以一个挨了淋,另一个没挨淋。"

还有一个和尚说:"这是因为一个人走在路当中,另一个则走在屋檐下。"

互相争论,没有结果。最后老方丈解释说:

"你们众人都执着于'不淋一人'的文字,当然就无法发现真相了,说是'不淋一人',那不是说两个人都淋湿了吗?"

这里的"不淋一人"就是有歧义的,它可表示为有一个人没淋湿,也可表示为不会只淋湿一个人,而是两人都淋湿了。老方丈正是利用这种歧义将众僧难倒的。

数据歧义式诡辩术的破斥:明确有关数据的确切含义,不容偷换。

145 **数据谎言**
随便编造数据来唬人

　　数据给人的印象是一种客观的清楚的事实，人们往往对此深信不疑，在论辩中是不太容易被对方驳倒的。所以，**诡辩者往往根据人们对数据的信赖心理，编造一些貌似客观而实为主观的似是而非的数据谎言，以此来达到其混淆是非、颠倒黑白的诡辩目的，这就是数据谎言式诡辩**。

　　诡辩者为了达到数据谎言式诡辩效果，往往将数据编造得极为精确。比如，在一种新商品的发布会上，商店的代表发言道：

　　"根据我们的调查，本市有 70.8% 的家庭使用了本商品……"

　　如此精确的"客观"的数据，足以令人们震撼，而产生一种我也要去买的冲动。

　　这类高精确的数据在当今的报纸和电视的广告中更是屡见不鲜。例如，有则推销××药品的广告词说：

　　"经临床 81 357 个患者观察，××药的有效率为 99.12%，治愈率为 97.51%。"

　　公众对于这类过于精确的数据宣传，尽管不能断言全是谎言，但也不能轻易相信。

　　数据谎言式诡辩在辩论比赛中更有其特殊的论辩效果。由于论辩比赛本身的特点，决定听众和评委不可能当场去认真核对这些数据是否真实，所以当有利于己方的客观论据无可奈何地并不存

在,而对方几乎是不战而胜时,为了扭转这种被动局面,一方往往会煞有介事地编造一些数据谎言。比如:

在某校举行的"出国潮是不是好现象"的辩论比赛中,反方的学生炮制了"出国人员的回流率只有令人痛心的 3.4%"的数据,以说明损失之巨大。故当正方同学说到"主流是好的"之后,反方立即反问道:

"请问,3.4%与 96.6%哪个是主流?"

反方手无寸铁却置敌于死地,不能不说是得力于数据谎言。

当然,数据谎言毕竟是谎言,只要将关于某方面情况的准确数据列出来,数据谎言就会破产。比如,1990 年亚洲大专辩论会关于"人类和平共处是一个可能实现的理想"的论辩中,反方台湾大学队二辩说道:

"根据统计数字显示,自从 1945 年以来,每天有 12 场战争在进行,这包括大大小小的国际战争以及内战。请问大家,这是一个和平的状态吗?"

对此,正方南京大学队三辩反驳道:"……对方同学所说的1945 年到现在,每天爆发 12 场战争,这个数据引用也是不正确的。事实是,60 年代总共爆发了约 30 次战争,而到 80 年代总共爆发不到 10 次,这不正说明了一种缓和的趋势吗?"

正方四辩也反驳道:"对方认为今天世界每天有 12 场战争,我不知道这个数据从何而来,对方同学是不是把战争的外延无限扩大了? 是不是连夫妻打架、儿童打架也影响了人类和平共处了呢?"

这就使反方数据的虚假性充分地暴露出来了。

数据谎言式诡辩术的破斥:对诡辩者的数据不要盲目轻信,另外还要列举有关的真实数据。

146 重复计算

我根本就没有时间学习

在论辩过程中,将某些数据重复使用,我们称之为重复计算式诡辩。

有个淘气的小孩对他爸爸说,他根本就没有时间学习。他爸爸感到奇怪,对此,他论证道:

"在一年的时间里,每天睡觉 8 小时,共 2 920 小时,合 122 天左右;双休日休息,共 104 天;吃饭每天花 3 小时,共 1 095 小时,合 49 天左右;每天两小时课外活动,共 730 小时,约 30 天左右;暑假 50 天,寒假 20 天,这样加在一起共是 375 天;可一年才 365 天,我能有时间读书吗?"

这个学生的计算是荒谬的,就是因为所列的各项时间是重复的、交叉的。比如,双休日的 104 天中,其中又包含吃饭、睡觉的时间;寒暑假的 70 天中,包含吃饭、睡觉、双休日的时间;等等。这样计算的结果就大大超出了实际的时间,以此为据,就只能算是诡辩。又如:

一名贵妇人花了一万元钱买了一个漂亮的戒指。可是,第二天她又来到同一个首饰店说:

"昨天买的戒指不可心,我换一下。"

说完,她顺手拿起一个价值两万元的戒指抬腿就走。店员十分惊讶上去堵住她,索要一万元的差价。这名贵妇人火了,说:

"怎么还少一万元？我昨天不是给你们一万元了吗？今天又给了你们一个价值一万元钱的戒指，合起来不是两万元吗？"

这名贵妇人的诡辩就在于她把昨日的一万元重复计算了，今天送回的戒指正是昨天用一万元钱买来的。

重复计算式诡辩术的破斥：将重复计算的数据剔除。

147　荒谬计算
你想把我的小女嫁给老头子？

诡辩者使用一些似是而非的错误计算来为其谬误辩护的方法，我们称之为荒谬计算式诡辩。

请看这么一则争论：

甲："1 元 × 1 元 = 1 元。"

乙："不对，是 10 元。因为 1 元 × 1 元 = 10 角 × 10 角 = 100 角 = 10 元。"

算术知识告诉我们，被乘数是物，乘数就是数，1 元 × 10，就是有 10 个 1 元。所以，1 元 × 1 元、10 角 × 10 角等不成立，他们的计算是荒谬的。

隋代侯白所撰《启颜录》中有这么一则笑话：

一次，皇帝称赞《文选》中郭璞的《游仙诗》写得好，石动筒听了说："如果让我来写，肯定胜过他一倍。"皇帝听了很不高兴，就令他也写一首，看看如何"胜过一倍"。石动筒说：

"郭璞的《游仙诗》里有两句写：'青溪千余仞，中有一道士。'我做两句：'青溪二千㺹,中有二道士。'这难道还不胜过他一倍?"

非常明显,文学作品"胜过他一倍"不是这样来计算的,石动筒在这里关于"胜过一倍"的计算是荒谬的。又如:

春秋时期,艾子有个老朋友叫虞任。虞任有个小女儿,长得玲珑可爱,艾子十分喜欢。在她刚满两周岁时,艾子上门要为自己的儿子求亲。虞任问:"你儿子多大了?"

"四岁。"艾子答。

虞任听罢沉下脸说:"你想把我的小女嫁给一个老头子吗?"

"这从何说起呢?"艾子是丈二和尚——摸不着头脑。

虞任说:"你的儿子四岁,我的女儿两岁,你儿子足足比我女儿大一倍的年纪。倘若我女儿二十岁出嫁,你儿子就是四十岁。要是有什么事耽搁到二十五岁出嫁,那你儿子就是五十岁的人了。这不是叫我家小女去陪伴一个老头子吗?"

虞任也许是真的算不清这笔账,也许是不愿定这门亲事,又不便直说,于是耍了这么个诡辩。

荒谬计算式诡辩术的破斥：将对方计算的荒谬之处揭露出来。比如:

一名汽车司机正以 100 公里的时速飞驰,因超速行驶而被交通警察拦车罚款。司机责问警察道:

"请问按多大速度行车应该罚款?"

"凡超过 1 小时 80 公里车速都应该罚款!"警察理直气壮地说。

"可我刚刚开车半小时,行程也不超过 50 公里啊!"司机强辩道。

速度的计算方法是,用行程除以时间,所得的结果即为速度。开车 0.5 小时,行程 50 公里,其速度为 $50 \div 0.5 = 100$(公里/小时)。

这个司机的开车速度远远超过了限制的时速,可这个司机使用与客观实际不相符合的计算方式来为其超速行为辩护,这当然是荒谬的。

148　偏向样本
飞机与火车哪个安全?

偏向样本式诡辩,就是在进行数据统计的过程中,有意由个人喜好抽取选择偏向合乎自己理想的样本作为统计资料的诡辩术。

最典型的偏向样本例子,是 1936 年美国《文摘》杂志组织民意测验预测总统选举结果所使用的样本。

当时正值美国经济萧条,这家杂志按照电话簿和私人汽车登记簿上的名单寄出一千万张询问卡(模拟选票),收回了其中的二百万张,预示共和党候选人奥夫·兰顿得票率为 57%,民主党候选人富兰克林·罗斯福得票率为 43%,据此推断奥夫·兰顿获胜。但是实际选举结果是富兰克林·罗斯福连任总统职务。

《文摘》选举预测失败的症结在于,它仅从装有电话的和拥有汽车的人中抽取样本,而这些人中富有者和持保守态度者居多,并不能代表选举人总体。

又如,有人对 X 市年入百万元的人群进行了幸福度问卷,发现这座城市中有 70% 以上的人感觉生活是幸福的。

问卷对象——样本是这个城市年入百万元的群体,凭什么代表"这座城市"呢? 按照收入标准,这个城市还有年入不足 5 万元的人群、不足 10 万元的人群、不足 30 万元的人群，他们是这座城市的大多数。大多数人没有参与，没有表态，单一的、少数的样本，如何代表整体？

这也犯了偏向样本谬误。

在好多年以前，每当飞机发生空难事故时，航空业界的人士便会一再强调，飞机是目前世界上最安全的交通工具，甚至比走路和骑自行车还安全。根据是飞机飞行一亿公里死亡率才一人；而汽车跑五千万公里，死亡率就有一人。世界上每年因汽车事故而死亡 50 万人，而飞机空难死亡每年不到千人。

其实，这种数据统计方法是不可靠的。因为，单纯地用空难死亡人数与车祸死亡人数相比，当然车祸死亡人数多。因为每年乘飞机的人数并不多，很多人一辈子没有坐过飞机；而绝大多数人天天都要坐车，很多人上下班坐车一年要坐几百次。如果飞机的数量达到汽车的数量，天上的飞机像地上的汽车一样密密麻麻，乘飞机的人和乘车的人一样多，乘飞机死的人数便会高得吓人，那样还会有人说坐飞机安全吗？而且，汽车失去动力，最多停路边；飞机没动力，当然也停路边，不过是残骸停在那里。飞机事故，特别是在高空中出现事故，基本上没有逃生的可能；而火车事故死的人很少，多数是轻重伤，至少火车翻了还有不少人能活下来。

显然，主张飞机最安全的人士是在玩弄偏向样本式诡辩术，是在故意选择对自己主张有利的资料来论证。如果以飞机飞行架次与死亡人数的比率，跟汽车出行的车次与死亡人数的比率为样本，作为统计资料进行比照时，结果便会大不相同。

偏向样本式诡辩术的破斥：要采取随机原则从总体的各个层次中抽取样本，揭露对方有意选择偏向性样本的谬误。

149　幸存者偏差
抽烟的也能活到 99 岁

"幸存者偏差"是一个经典的逻辑谬误,当取得资讯的渠道仅来自于幸存者时,可能会与实际情况存在巨大的偏差,诡辩者故意利用这种偏差来为其谬论辩护,这就是幸存者偏差式诡辩。

吸烟危害健康,这是一种基本常识。烟草依赖是一种慢性疾病,烟草带来的危害也是世界最严重的公共卫生问题之一。每 10 秒全球就有 1 人死于香烟之手;吸烟者的死亡率比非吸烟者高 2.5 倍;你吐一口烟,等于吐出了 250 种有毒物,其中 69 种是致癌物……烟草每年使我国 100 多万人失去生命,如不采取有效行动,预计这一数字到 2030 年将增至每年 200 万人,到 2050 年增至每年 300 万人。

然而,每当劝解烟民戒烟时,总会有人这样回怼:

"你看某某人,抽了一辈子烟,不也照样活到 99 岁?"

"抽了一辈子烟还活到 99 岁",这就是幸存者偏差。因为,"抽了一辈子烟还活到 99 岁",不能证明抽烟无害;在你看不见的世界里,有更多你不认识的人因为抽烟患癌而去世,而死人不会说话。

"幸存者偏差"概念,2000 多年前古罗马一个名叫西塞罗的人就曾提到。西塞罗是政治家、哲学家、演说家和法学家,也是无神论者。当他的朋友们劝他说要拜神时,他质疑说:

"为什么要拜神呢?"

"因为拜过神出海的人都活着回来了。"西塞罗的朋友回答说。

"那你把那些没有活着的人叫回来，我问问他们有没有拜过神。"西塞罗说。

因此，西塞罗也就成了第一个提出"幸存者偏差"的人。因为只有活着的人才可以说话，被淹死的人早已深埋海底，死人是开不了口的，自然无法去验证他是否是无神论者。因而，取得数据的渠道仅来自于幸存者时，此数据可能会与实际情况存在偏差。

第二次世界大战期间，幸存者偏差也有个著名的案例。

1941年，美国哥伦比亚大学统计学沃德教授应军方要求，利用其在统计方面的专业知识来提供关于"飞机应该如何加强防护，才能降低被炮火击落的几率"的相关建议。沃德教授针对联军的轰炸机遭受攻击后返回营地的轰炸机数据，进行研究后发现：机翼是最容易被击中的位置，机尾则是最少被击中的位置。军方指挥官认为，"应该加强机翼的防护，因为这是最容易被击中的位置"。

而沃德教授坚持认为，"我们应该强化机尾的防护"。其理由是：机库里的飞机都是成功返航的，属于生还者，甚至不乏机翼和机身被多次中弹的幸存者，说明机翼和机身扛得住打，中弹了也能安全返航。但机身后半段的机尾、引擎很少甚至没有发现弹孔，说明这些地方一旦中弹就回不到机库了，自然就统计不了数据，所以相比中弹多的地方，更应该重视没中弹的地方。据此，沃德教授强烈建议加强飞机引擎、机尾的强度。之后的战争通过事实证明沃德的建议是对的，看不见的弹痕却是最致命的。

幸存者偏差在日常生活中十分常见。

比如，媒体调查"喝葡萄酒的人长寿"，一般是调查了那些长寿的老人，发现其中很多人饮用葡萄酒。但还有更多经常饮用葡萄酒但不长寿的人已经死了，媒体根本不可能调查到他们。

又比如，很多人得出"读书无用"的结论，是因为看到有些人"没有好好上学却仍然当老板、赚大钱"，却忽略了那些因为没有好好上学而默默无闻，甚至失魂落魄的人。

为什么人们热衷于买彩票？因为某人中了头奖得了几百万元奖金，媒体大张旗鼓地加以报道，使人们觉得人人都可以中头奖。但事实是，千千万万的只有付出而没有中奖的人，他们默不作声，没有谁会关心，更没有哪家媒体会去报道。

拥有洞察"幸存者偏差诡辩"的双眼，你会看到"一将功成"的辉煌，也能看到背后"万骨枯"的牺牲。

幸存者偏差式诡辩术的破斥："幸存者偏差"一个很重要的原因是人们习惯于关注现存的、眼前的事物，更相信"眼见为实"，而忽略了背后隐藏的信息和细节。因而，我们应关注"沉默的信息"，了解到完整的事实，才有机会获得更全面的认知，作出科学的判断。

150　伯克森悖论

糖尿病可抑制胆囊炎？

伯克森悖论，是美国医生和统计学家约瑟夫·伯克森在 1946 年提出的一个命题。

伯克森在研究中发现：医院中患有糖尿病的人群里，同时患胆囊炎的人数较少；而没有糖尿病的人群里，患胆囊炎的人数比例则比较高。这似乎可以说明患有糖尿病可以帮助病人减少患胆囊炎的概率。但是从医学上讲无法证明糖尿病能对胆囊炎起到任何保护作用。他将这个研究写成了论文《用四格表分析医院数据的局限性》，并发表在《生物学公报》杂志上，这个问题就称为"伯克森悖论"。

其实，伯克森悖论是错误的，原因是统计样本只选择了住院的病人，却忽略了更多的没有住院的样本。如果我们对全体人群进行统计，就会发现糖尿病和胆囊炎并没有相关性。但是如果只对医院中的患者进行统计，结论就会出问题。**正是由于统计数据不够全面，才会导致两个本来无关的变量之间表现出貌似紧密的相关关系，信息数据不全直接导致研究结论失真，这就是伯克森悖论。如果诡辩者以伯克森悖论所得结论为其论题作出似是而非的论证，我们称之为伯克森悖论式诡辩。**

比如当年美国"待在海军比待在家中更加安全"的宣传。

在1898年"美西战争"期间，美国海军的死亡率是9%，而同期纽约市市民的死亡率为16%。后来美国海军为招募兵员，曾经在全国广泛散发海报。当时最有名的广告是这样说的：

"美国海军的死亡率比纽约市民的死亡率还要低。"

海军征兵部门宣传说，待在部队里其实比待在家中更加安全。这种论断肯定是错误的，错误不在具体数据，而是这两组数据没有可比性。因为海军里主要是年轻人，他们身强体壮，不会出现太多身体疾病；而纽约市民里包含了新出生的婴儿、老年人、病人等等，这些人无论在哪里，他们的死亡率都会高于普通人。所以，参军不能说比大家待在家中更加安全，但反过来你也无法证明待在家中就比参军更安全，因为比对的对象不是在同一个人群里。海军征兵部门的宣传就是伯克森悖论式诡辩。

又比如,人们观察文化娱乐事业的从业者,或许从直觉上会产生一个认知:外表越有吸引力的人,在演艺、歌唱上的才华似乎就越小;反之,越是才华横溢的艺人,在颜值上就越普通。因而,人们把好看的艺人称为流量明星,后者则被称为实力唱将或老戏骨,虽然外在普通,但有扎实功底。在美国,的确有人分析过明星的外表和才华之间的联系,他们推断出这两个特征是负相关的——有外表吸引力的人往往缺乏才华,而有才华的人往往缺乏外表吸引力。

实际上,这种论断是不可靠的。因为既没外在魅力也没有才华的人通常不会成为名人,而明星样本并没有代表这一大群人。

很多人对富二代都有着"坑爹货"的印象。其实,大部分富二代是相当优秀的,他们大部分人比较低调,没有进入到我们的统计范围,我们能够听到的负面新闻大多是个别案例。

伯克森悖论式诡辩术的破斥:统计数据必须全面。

伯克森悖论和幸存者偏差都属于选择偏差,但又有区别:

伯克森悖论,指的是两个本来无关的变量之间体现出貌似强烈的相关关系。它们之间本来根本没有关系,仅仅是因为选择而有了关系。

幸存者偏差侧重的是"某一个特征",因此就认为所有相关的个体都具有这一特征,或者具有这样的特征才能成为相关的个体。

151 **蒙特卡罗谬误**
带个炸弹坐飞机

蒙特卡罗谬误,通常又被称为"赌徒谬误"。

在摩纳哥有一座富丽堂皇、犹如宫殿一般的大赌场,名叫蒙特卡罗大赌场,内部的天花板和墙壁古典瑰丽,犹如一座豪华的宫殿。该赌场于1863年落成,有"世界赌城"的称号,更是摩纳哥的标志。按照摩纳哥法律规定,本国人不准入内赌博,观光客自然欢迎。来自世界各地的游客和赌客络绎不绝、热闹非凡。

赌场有种轮盘的赌博,轮盘上有1至36的数字,分别画为黑红间隔的格子。赌桌主持人旋转了轮盘后,一个小白球以反方向沿着外围滚动。轮盘慢下来时小白球会因地心引力落入轮盘中的某一个格子,格子中的数字和颜色则是赢家。轮盘里有红有黑,红色和黑色的概率大约都是50%,如果你押中颜色就可以获得一倍的奖金,如果押不中的话自然本金就没了。

那是1913年8月18日。当晚赌场贵宾满座,一切都看来正常。但突然从轮盘赌桌那里传来了一阵惊呼声,这个轮盘已经连续摇出了13次黑,13次! 这个赌桌中了邪似的,这就好比连续掷币13次都是同一个面。赌徒们想,连续13次了,那下一次就必定是红色。赌徒们纷纷把筹码押在红色。结果再摇一次,还是黑的。赌徒想:"怎么可能连续出现那么多次黑色,这已经违背常理了,下一个一定就是红的!"所以不少赌客纷纷加码。最后,轮盘的确摇出红色了,但那是在27次之后。持续下注红色的赌客则一输再输,有些把老本赔光了,有人昏了过去。那一晚最大的意外赢家则是蒙特卡罗大赌场,光是赌注就入账了数百万法郎。

这个夜晚所发生的事件,100年后都还广为流传,成为当地的传奇故事。而当时赌徒们的心理,则被称为"蒙特卡罗谬误",又称"赌徒谬误"。

让我们理性想想:如果你丢一个硬币,它落地是正面或反面的概率是 50/50。若你连续丢了几次都是正面，那下一次丢的时候，会更容易得到反面吗？答案是：不会。因为每次掷币都是独立事件，跟之前没有关系。赌徒心想："明明红黑比率是 50/50，而都连续出现 13 个黑了，接下来一定会是红！"但其实，接下来摇出红的机率还是一样 50/50，会不会开红跟开出了多少次黑根本没有任何关系。坚持押红的赌客其实就是陷入了一种认识上的谬误，错误地将每一次开红开黑的独立事件当作一个连续的事件，并试图从中寻找出规律，实则根本不会改变最终开出来的结果。这就叫"赌徒谬误"，而"赌徒谬误"这个词正是来自于蒙特卡罗大赌场的这个例子。**蒙特卡罗谬误是一种错误的信念，以为随机序列中一个事件发生的概率与之前发生的事件有关，即其发生的概率会随着之前没有发生该事件的次数而上升。如果诡辩者将蒙特卡洛谬误用来为其荒谬主张辩护，我们就称之为蒙特卡罗谬误式诡辩。**

请看下面一则论辩：

1978 年，美国新泽西州某机场检查出一名乘客手提包中竟携带有炸弹。机场顿时如临大敌，因为在恐怖活动十分猖獗、劫机爆炸事件屡屡发生的当今世界，这当然不是等闲之事。那名乘客被带到警察局。警察检查发现，炸弹是空心的。于是警察与这名乘客之间发生了一场论辩：

"先生们，请相信我，我绝不是恐怖分子。"

"那么，你如何解释公文包中携带的这个东西呢？"

"我带这个炸弹的目的是为了大家的安全，当然也是为了我自己的安全。告诉你们吧，由于我每次乘飞机都带着这么一个炸弹，因此我还从没遇上什么麻烦事。"

"你是说，一旦发生劫机事件时你就用它来保护自己？"警方打断他的话。

望着大惑不解的警察先生,乘客慢慢地解释道:

"不是的,我带它的原因是:这样做可以减少劫机事件发生的可能性。因为我发现,一架飞机上不太可能有某个旅客带有炸弹;进一步推论,一架飞机上同时有两个旅客带炸弹是更加不可能的。如果假定,一架飞机某个乘客带炸弹的概率为50%,那么一架飞机上同时有两个旅客带炸弹的概率肯定大大少于这个数,可能只有25%了。由此可见,我带这颗炸弹能使劫机事件的可能性大大减少。"

面对乘客的辩解,警方竟一时无法作答,因为他运用了概率论原理,又是如此令人迷惑。但这个人的论辩毕竟是荒谬的,因为他是否带这个炸弹与别人是否带炸弹、与劫机事件发生概率的大小并无必然联系,这是蒙特卡罗式诡辩。当然,由于警方调查后证实他确实没有犯罪的动机,警方最后还是把他释放了。

蒙特卡罗谬误式诡辩术的破斥:不能将独立事件当作一个连续的事件。随机序列中一个事件发生的概率与之前发生的事件无关,其发生的概率不会随着之前没有发生该事件的次数而上升。

152 协和谬误
协和飞机彻底退出全球市场

"协和谬误"的名称,来源于当年英法两国对协和飞机的研发。20世纪60年代,英法两国准备联合研发一种能够震惊世界的超音速客运飞机,即协和飞机。该种飞机机身大、装饰豪华并且速度快,其研发可以说是一场豪赌。单是设计一个新引擎的成本就高达数亿元。超大客舱和稳定性,以及空气动力等难题,使得这架飞机变成了吸金无底洞。这样的设计定位能否适应市场还不知道,但是停止研制也是可怕的,因为以前的投资将付诸东流。随着研制工作的深入,巨额资金的投入,使他们更是无法作出停止研制工作的决定,只能继续把大把大把的钞票扔进这一无底洞。

1969 年,这架超音速客机才完成,被命名为"协和飞机"。1976年元旦之后,协和飞机第一次投入商业使用。

协和飞机存在着两个重大的缺陷:一个是经济性差,"协和号"飞机的客座少,标准客座为 100,最大客座为 140;由于非常耗油,每小时大约油耗 20 吨,航程较短,最大载重航程只能勉强横跨大西洋,而不能横跨太平洋,这就降低了它的经济性。昂贵的制造和维护费用,使得机票近乎天价,从美国到英国的航班至少需要 10 000美元,当时天价的机票使许多普通消费者望而却步。英法两国的航空公司在"协和号"的运营上每年亏损 4 000 万～5 000 万美元。二是起落噪音太大,致使世界上绝大部分国家都不让它起落。除了伦敦－纽约、巴黎－纽约的每日往返飞行外,其他都先后终止了。

其高昂的运营成本,导致协和飞机根本不具备太大的市场竞争力,在商业上根本无法达成预计的目标。"协和号"于 1979 年停产,包括样机等总共生产了 20 架。2003 年 10 月 24 日,英国航空公司的协和超音速飞机进行了停飞前的最后一次商业飞行。从此以后,协和超音速飞机彻底退出了全球商业飞行市场。

在经济学上,这种已经发生的、难以收回的成本,被称为沉没成本。协和谬误之所以被称为谬误,就是因为人们止损意识的错误投射,把沉没成本当成了非沉没成本。有的诡辩者将沉没成本当成非沉没成本为自己的谬误辩护,与人争论不休,我们便称之为协和谬误式诡辩。

现实生活中,以协和谬误与人争辩的人并不少见。

比如,炒股的人常常会有这种情况,买进一只股票,股价下跌了,于是又在这个下跌的价位买进。人们问他:

"你买的股票已经下跌了,亏损了,为什么还往里砸钱?"

他反驳说:"你懂什么,这叫'摊平'。"

可是它又下跌,于是炒股人又再次购买以求摊平,摊平的本意是减少损失,可是却越陷越深。历史上曾经有许多独领风骚的龙头股,在发出耀眼的光芒后,从此步入漫漫长夜的黑暗中。如:四川长虹、深发展、中国嘉陵、青岛海尔、济南轻骑等,它们下跌周期长,往往深跌后还能深跌,探底后还有更深的底部。投资者摊平这类股,只会越补越套,而且越套越深,最终身陷泥潭。又如:

亚莉妈妈花2 000元给亚莉买了一架电子琴,可亚莉生性好动,对音乐没有什么兴趣。不久,亚莉妈妈的同事介绍说有一位音乐学院钢琴专业的老师可以给亚莉做家教。亚莉妈妈说:

"电子琴都买了,当然要好好学,请一个老师教教,要不这个电子琴的2 000元不就白白浪费了?"

于是,每月500元家教费的付出又让亚莉坚持学琴半年,最终还是不得不放弃。为了不浪费2 000元的电子琴,亚莉妈妈继续浪费了3 000元的家教费。

有个年轻人在一家健身俱乐部办了会员卡,准备在未来一年内好好锻炼身体,遗憾的是,在办卡后不久,他被查出患了某种疾病,医生告诫他:治疗期间要静养,不能剧烈运动。这样意味着,他接下来的一年不能去健身房健身。但因为健身卡是在活动期间办理的,无法退卡或转让,年轻人越想越不甘心,不顾医生的建议,选择去健身房健身,他说:

"如果不去健身,这张卡不就作废了吗? 在健身房不做剧烈运动应该不会有大问题。"

协和谬误式诡辩术的破斥:当出现沉没成本时,应冷静分析思考、权衡利弊,在没有胜算的把握下,及早退出是明智的选择。如果将错就错,会造成更大的损失。

153　　洛基的赌注
脖子和头的界限在哪里?

"洛基的赌注"的名称,来源于北欧神话。

洛基(Loki)在北欧神话中,由于他经常制造恶作剧而被作为诡计之神,但也因此他可以被视作智慧之神。

雷神托尔的妻子西芙女神美丽而善良,她有一头金色的长发,闪耀着比金子还要美丽的光泽,这就引起了洛基搞恶作剧的念头。有一天,顽劣的洛基竟在西芙睡觉的时候,把她引以为傲的一头金发剪得一干二净。洛基的恶作剧使得西芙非常悲伤,就在西芙嘤嘤地哭泣的时候,雷神托尔回到家中。托尔马上知道这是洛基干的坏事,抓住了洛基,准备把他身上的那些骨头一根一根地拆下来。洛基只能拼命地求饶,并且发誓去找侏儒国中的能工巧匠,为西芙打造一副一模一样的金子头发,而且能够像真的头发一样生长。

洛基拜托侏儒杜华林用金丝制成一顶黄金发作为弥补，洛基因此称赞杜华林是世上最好的工艺家。但这句话引来另外一个侏儒勃洛克的不满，因此勃洛克和洛基打赌，赌他的哥哥辛德里能做出更好的东西，而赌注则是彼此的头颅。这场赌局，在诸神的判断下勃洛克和辛德里获胜，洛基输了赌局。

矮人依约取头时，洛基说他这脑袋看来是保不住了，只能由着侏儒割去；然而依照约定，矮人们只能取走他的头，他可没有说连脖子也一并赌上，不能动他的脖子。他们开始争论如何切割：有些部分双方都同意是头，有些部分双方都同意是脖子，然而脖子结束点和头的开始点究竟在哪里？一直无法取得共识。所以，在这么多主持公道的大神面前，勃洛克倘若真的要割他脑袋的话，切不可把他的脖子割走一星半点。于是洛基保住了他的头。

侏儒无奈，只能缝住洛基的嘴当作处罚。

洛基的赌注式诡辩，是指因某类事物对象无法给予精确的定义与划分，便断定有关问题无法讨论，对有关问题持否定的立场的诡辩形式。

例如，秃和不秃，界线是几根头发？很难区别。

冷与热的界线是温度几度？一时也难以断定。

其他如高与矮、美与丑等，也很难有绝对分明的划界。

如果因为秃和不秃、冷与热、高与矮、美与丑等没有绝对分明的划界，便对有关问题持否定的立场，这就是洛基的赌注式诡辩。又如：

动物与植物，大多数可以很容易进行区分，比如大部分动物可以自由行动、有神经系统，对外界刺激有明显反馈；而大部分植物可以进行光合作用，细胞有细胞壁，无法进行自由移动等等。但确实有些动物和植物存在难以区分的模糊情况。比如：

绿叶海蛞蝓。绿叶海蛞蝓是一种动物，它可以在食用海藻后，把这种藻类的叶绿素同化为自身所用，然后终身依靠光合作用生存，是地球上唯一一种可以完全依靠光合作用生存的动物。

猪笼草、捕蝇草。大多数植物会成为动物的食物，但是在地球上，存在一些把活体动物作为食物的植物，比如猪笼草、捕蝇草等等。甚至生长在亚马逊河流的食人花，能够捕食和消化一只小老鼠，但是吃人肯定是假的。

冬虫夏草。第一次听这个名字，一定不知道这东西到底是虫还是草，其实冬虫夏草是冬虫夏草菌（真菌）和蝙蝠蛾幼虫（动物）的复合体。冬虫夏草菌寄生在蝙蝠蛾幼虫体内，使蝙蝠蛾幼虫死亡僵化，最终真菌在夏季从僵化的幼虫头端生出长棒状的子座，形成冬虫夏草。

珊瑚虫。珊瑚虫无法自由移动，属于低等动物，它们能吸收和固定海水中的二氧化碳和钙，然后形成石灰石（碳酸钙），珊瑚虫的母体死亡后，其后代又在周围生长，最终形成巨大的珊瑚礁。

如果因为有这些在动物与植物边界之间的生物存在，就否定动物与植物的分类，这就是洛基的赌注式诡辩。

洛基的赌注式诡辩术的破斥：事物现象都是对立统一的，即承认非此即彼，又适当地承认亦此亦彼。正如恩格斯所指出：

"辩证法不知道什么绝对分明的和固定不变的界限，不知道什么无条件的普遍有效的'非此即彼'，它使固定的形而上学的差异互相过渡，除了'非此即彼'，又在适当的地方承认'亦此亦彼'，并且使对立互为中介。"①

---

① 恩格斯《自然辩证法》，载《马克思恩格斯选集》第 3 卷，人民出版社 1972 年版，第 535 页。

154　德克萨斯神枪手
围绕弹孔画靶子

当年在美国西部德克萨斯州发现一个神枪手,他经常在各地的民居的墙上练习射击,几乎他所有的弹孔都集中在十环左右这个中心的区域,他已经成了神话。人们一直在寻找他。

但是当人们真的找到了这个神枪手后,发现他自己打枪其实一点都不准,也不敢跟其他人去决斗。那他墙上的这些靶子和弹孔是怎么形成的呢? 原来他是先朝墙上开枪,然后围绕弹孔画上了十环的靶子。这样看上去,他每个地方打的靶子都很准确,因为先射击有弹孔,最后再画上靶子。

这就是德克萨斯神枪手谬误。

在我们日常生活当中也很容易出现这种情况。**先决定了自己的立场(靶心),然后在大量的数据中小心地挑选出对自己有利的证据,而对于那些对自己不利的证据就选择性忽略,我们称之为德克萨斯神枪手式诡辩。**

有些广告,只采用对他们有利的数据,而对那些不利的数据却只字不提。

例如:某慈善机构为了证明自己尽到了职责,会到处宣传自己拨出了×××的善款,却只字不提自己公款消费的奢侈无度。那么,这样的慈善机构就是犯了"德克萨斯神枪手"的谬误。

婚恋网站会对求婚者说,根据婚恋网站的匹配结果,某 A 和某

B 是很适合的一对,因为他们有 4 个共同的喜好:电影、意大利餐、跑步、旅行。但婚恋网站没有告诉某 A 和某 B,其实他们还有 20 个不同的地方,足以让他们各奔东西……

德克萨斯神枪手式诡辩术的破斥:要求全面地考察事物对象,不要被对方的片面性论据所迷惑。

155　以部分代整体
5 是偶数又是奇数

在论辩中,我们只是对事物的部分作出断定,诡辩者却会故意混淆部分与整体的关系,把这种部分当作整体而将某些荒谬的观点强加到我们头上,为其谬误作出似是而非的论证,这就是以部分代整体式诡辩。

古希腊有个诡辩论者与一位犬儒学派的哲学家进行辩论:

诡辩论者:"我与你不同。"

哲学家:"我同意。"

诡辩论者:"我是一个男人。"

哲学家:"同意。"

诡辩论者:"因此,你不是一个男人。"

哲学家所同意的"我与你不同"是指有部分属性不同,并不是双方在任何方面都不同,诡辩者将这部分当作一切方面都不同,并由此得出损人性质的结论,这就是诡辩。哲学家以其人之道还治其人之身,对他说:

"如果你认为这句话成立,那么你就从我这儿开始再说一遍……"

诡辩论者脸上的得意神情便立即消失。又比如:

伊朗首相穆罕默德·摩萨台,虽已年逾70,仍然经常应付外交事务。一次摩萨台为伊朗石油出口价格的问题与英国代表谈判,他对一桶石油所要求的额外份额超过了一桶石油的全部价格。参加谈判的中间人美国代表蒙夫里尔·哈里曼对摩萨台说:"首相先生,如果我们要理智地讨论问题,必须共同遵守一些基本原则。"摩萨台凝视着他:"什么样的原则?"哈里曼说:"例如,没有一件东西的局部比它的整体还要大。"摩萨台做了个怪相,慢吞吞地说:

"这个原则嘛,并站不住脚。好,我打个比方,比如狐狸吧,它的尾巴往往比它的身子还要长。"

说完,摩萨台倒在沙发上捧腹大笑,使得哈里曼无言以对。

事实上,狐狸的整体既包括身子也包括尾巴,狐狸的身子并不是整体而只是整体中的一个部分,摩萨台这里将部分当作整体,结果得以摆脱窘境。

另外,在具有部分与整体关系的事物之间,部分所具有的属性,整体并不必然具有,诡辩者有时会用部分具有某一属性为论据,论证整体也具有这种属性,以此来混淆是非。

亚里士多德的《辩谬篇》中记录了这么一则诡辩:

　　　5是2和3;2是偶数,3是奇数;5是偶数又是奇数。

这一论辩中,5是整体,其中2和3是组成部分,部分具有的属性,整体并不必然具有,比如,其中2有偶数的属性,而5却不具有。这是以部分代整体式诡辩。下一议论也是如此:

　　　人体是由细胞组成的,细胞是细小的,所以人体是细小的。

作为人体组成部分的细胞是细小的,但并不能由此证明人体是细小的。

以部分代整体式诡辩术的破斥:辨析部分与整体的不同含义。部分具有的属性,整体不必然具有。整体具有的属性,部分也不必然具有。

156　　　以整体代部分
我是群众,所以我眼睛雪亮

"以整体代部分"与"以部分代整体"相反,是诡辩者将一个整体的特征认为是其中某个部分的特征从而导致的诡辩。比如:

"美国是个富裕的国家,所以美国人都很富裕。"

这就是以整体代部分式诡辩。因为,美国是个富裕的国家,并不是每个美国人都是富翁,美国贫富差距巨大,也有穷人,有贫民窟,有不少流浪汉。

在我们生活中也有不少这样的诡辩。比如:

"群众的眼睛是雪亮的,我是群众,所以我的眼睛是雪亮的。"

这是以整体代部分式诡辩。因为群众的眼睛是雪亮的,但并不是群众中每个人的眼睛都是雪亮的。又如:

"中国人是勤劳勇敢的,我是中国人,所以我是勤劳勇敢的。"

从整体来考察,中国人具有勤劳勇敢的美德,但并不是每个中国人都是勤劳勇敢的,其中也有懒汉,有好吃懒做之徒。

以整体代部分式诡辩术的破斥:辨析部分与整体的不同含义。

整体具有的属性,部分也不必然具有。

157 胡乱联系
考官要将雍正皇帝杀头

诡辩者故意把一些毫无联系的事物强行联系在一起,为其谬论进行辩护,这就是是胡乱联系式诡辩。

国外有人把一年十二个月里开的花,每月选出有代表性的花种,像一月是迎春花,二月杏花,三月桃花,四月槐花,五月石榴,六月荷花等等,共计十二种花,接着分析这些花的特性,然后又把人按出生月份也分成十二种,每一种都和相应的月份开的花联系起来,由花的特性来推断某人的性格。有一个男青年同一个女青年恋爱了,感情挺好。可是当这个男青年知道他的女朋友是在三月份出生的以后,他便冷冰冰地对女友说:

“你是三月份出生的,三月属于桃花,你属于桃花类,毫无疑问你是轻浮的,咱们算了吧!”

结果恋爱告吹,造成一出悲剧。

三月出生的人与三月开放的桃花,仅仅因为是在同一个月发生的事,便推断人具有桃花的性格,这是极其荒唐的。

封建社会的文字狱更是胡乱联系式诡辩的突出典型。

据记载,清雍正年间,浙江人查嗣庭当江西乡试正考官,出的试题是“维民所止”,这本是《诗经》中的句子“邦畿千里,维民所止”,意思是国都附近千里之内,是人民居住的地方。可是,有人却告发说

"维止"二字是取"雍正"二字去其首也。结果,雍正皇帝以大逆不道
的罪名将查嗣庭逮捕入狱,还将他的妻子、儿媳罚作从军为奴,她们
怕受辱而自杀。查嗣庭死在狱中,死后又被戮尸。雍正皇帝还迁怒
于浙江所有的读书人,怕他们仿效查嗣庭,下令停止该省考试若
干年。

　　"维民所止"与"将雍正皇帝杀头"是风马牛不相及的两码事,可
是封建统治者却硬是将其牵扯在一起,大兴文字狱,将莫须有的罪
名强加在对方头上,足见其用心之险恶。

　　**胡乱联系式诡辩术的破斥:胡乱联系是一种拙劣的诡辩伎俩,
它的要害就在于论据与论题之间缺乏必然的联系,论题的真实性无
法得到证明。要反驳这种诡辩,就必须明确揭示对方论据与论题不
具联系的实质。**

　　请看这么一则趣闻:有一天,英国著名哲学家培根家里来了一
个犯了罪的客人,名叫荷格。法院对他起诉判刑。他来请求培根帮
他开脱。他说:

　　"荷格(Hog,意为猪)和培根(Bacon,意为熏肉)有亲戚关系,希
望多多关照。"

　　罪犯要培根为他开脱,理由是他们的名字有"亲戚关系",这就
是胡乱联系,无稽之谈。对此,哲学家幽默地说:

　　"朋友,你若不被吊死,我们是没法成为亲戚的;因为猪要死后
才能成为熏肉。"

　　培根引人发笑的回答充分显示了对方的荒谬性,表达了他的拒
绝态度,罪犯不得不识相地离去。

158　反向论证
你要剥夺我不坐的权利?

人们说话,不可能一句话对人世间一切事物情况都一览无遗地作出断定,总会有些没有谈到的;没有谈到的,并不等于说话者一概持否定态度。但是**诡辩者却往往喜欢在没有谈到的地方大做文章,你没有说什么,就是你否定什么,以此来达到其强加于人的诡辩目的,我们称这种诡辩为反向论证式诡辩**。比如:

陶铸同志 1960 年 5 月在华南师范学院与暨南大学给学生讲话中说:"你们也许想着自己将来成为航海家、科学家、文学家、工程师、教师。但是,所有这些想头,都是围绕着为人民服务,实现共产主义这一最崇高伟大的理想的。"

很明显,这里陶铸讲的"崇高的理想"是为人民服务和实现共产主义。可是"四人帮"却妄称陶铸同志这里只是"家、家、家","就是没有工农兵"。没有提到工农兵,就是反对工农兵。这就是典型的反向论证式诡辩。

王蒙的小说《雄辩症》对这种手法进行了淋漓尽致的揭露:

一位医生向我介绍,他们在门诊中接触了一位雄辩症病人。医生说:"请坐。"

病人说:"为什么要坐呢? 难道你要剥夺我的不坐的权利吗?"

医生无可奈何,倒了杯水说:"请喝水吧。"

病人说:"这样谈问题是片面的,因而是荒谬的,并不是所有的水都能喝。例如你如果在水里掺上氰化钾,就绝对不能喝。"

医生说:"我这里并没有放毒药嘛。你放心!"

病人说:"谁说你放了毒药呢?难道我诬告你放了毒药?难道检察院起诉书上说你放了毒药?我没有说你放了毒药,而你说我说你放了毒药,你这才是比放了毒药还毒的毒药!"

医生毫无办法,便叹了一口气,换一个话题说:"今天天气不错。"

病人说:"纯粹胡说八道!你这里天气不错,并不等于全世界在今天都是好天气。例如北极,今天天气就很坏,刮着大风,漫漫长夜,冰山正在撞击……"

医生忍不住反驳说:"我们这里并不是北极嘛。"

病人说:"但你不应该否认北极的存在。你否认北极的存在,就是歪曲事实真相,就是别有用心。"

医生说:"你走吧。"

病人说:"你无权命令我走。你是医院,不是公安机关,你不可能逮捕我,你不可能枪毙我。"

…………

这位雄辩症病人的诡辩手法就是在对方没有谈到的地方大做文章,比如,医生说"请坐",由于没有说"你可以不坐",他便得出"你要剥夺我不坐的权利"的结论,等等。这是典型的反向论证式诡辩。

反向论证式诡辩术的破斥:诡辩者的推断缺乏论证性,一句话没提某件事,无法得出就是反对某件事的结论。

杂文家刘征在《上纲法》的"无中生有法"里曾深刻揭露这类诡辩:

"施行此法,诀窍是在'无'字上狠下功夫。你说'要浇香花',但你没说'要锄毒草';你没说'要锄毒草',你就是鼓励放毒草,就是主张让毒草自由泛滥。你说'人必须吃饭'，但你没说'人必须革命'；你不说'人必须革命'，你就是放弃革命，背叛革命，你就是主张地主、资本家卷土重来，你就是个十恶不赦的反革命。你的丑恶嘴脸，不是昭然若揭了吗?"

159 虚假例证
连儿戏都不如的东西

俗话说，事实胜于雄辩。但并不是在任何情况下，任一事实都是如此。这是因为，有的事实只是对客观存在的事物、事件的外部联系和表面特征的真实表述，比如，"太阳早晨从东方升起，傍晚在西方落下"，这叫经验事实，它反映的是日地关系的表面情况；有的事实是对客观事物、事件内在的本质的联系的真实描述，比如，"地球绕太阳做公转"，这反映的是日地运行过程中的内在的实际联系，这叫理论事实，它只有在观察和实验中搜集到的大量感性认识的基础上，通过科学的思维才能把握。**在论辩中，只有从搜集到的经验事实的相互联系中，通过科学抽象找出其内在的本质联系，这样才是有说服力的；如果随意地找出一些经验事实作为论据，这是缺乏科学性的，甚至会流于诡辩，这种诡辩就是虚假例证式诡辩。**

比如说，上海等地 1988 年曾甲肝大流行。大量的事实已证明，发病原因是吃了来自同一地区的不洁毛蚶所致，上海这次甲肝患者有 87%～90% 有食毛蚶史；经过检查化验，从居民所食毛蚶中发现有甲肝病毒存在。通过对搜集到的大量事实的综合研究，专家们最后确认上海这次爆发流行的甲肝是食源性甲型肝类,爆发的直接原因是部分市民食用了被甲肝病毒污染了的毛蚶。这个结论是医疗卫生部门在大量的经验事实面前,通过科学的研究所作出的,从而揭示了这次爆发甲肝的本质原因,因此,它是证据确凿的东西,是科学事实。可是,有人却对此反驳道:

"上海有几万人没吃过毛蚶,为什么也得了甲肝?"

"我和××都吃了毛蚶,为什么没得甲肝?"

这就是典型的虚假例证式诡辩,这种以随意找出的经验事实为论据,是毫无说服力的。

列宁曾经指出:"在社会现象方面,没有比胡乱抽出一些个别事实和玩弄实例更普遍更站不住脚的方法了。罗列一般例子是毫不费劲的,但这是没有任何意义的或者完全起相反的作用,因为在具体的历史情况下,一切事情都有它个别的情况。如果从事实的全部总和、从事实的联系去掌握事实,那么,事实不仅是'胜于雄辩的东西',而且是证据确凿的东西。如果不是从全部总和、不是从联系中去掌握事实,而是片断的和随便挑出来的,那么事实就只能是一种儿戏,或者甚至连儿戏也不如。"①

虚假例证式诡辩正是被列宁所斥责的连儿戏也不如的东西。

虚假例证式诡辩术的破斥:只有从搜集到的经验事实的相互联系中,通过科学抽象找出其内在的本质联系,这样才有说服力。

①　《列宁全集》第 23 卷,人民出版社 1958 年版,第 279 页。

160 布佛氏论证
事先假定某观点是错的

布佛氏论证式诡辩，是指诡辩者事先假定某观点是错的，接着就径直解释它为何是错误的原因，这么一种诡辩方式。

"布佛氏论证"是英国 20 世纪著名的文学家、学者、批评家克莱夫·斯特普尔斯·刘易斯（Clive·Staples·Lewis，1898 年 11 月 29 日—1963 年 11 月 22 日）提出来的。"拆穿"（debunk）是刘易斯常用词汇。在他看来，现代思想盛产"拆穿家"（debunker）。所谓拆穿家，常常操持这一论调：所谓爱情，说穿了无非是荷尔蒙，是性欲之包装；所谓战争，说穿了无非是屠杀，是利益争夺；所谓宗教或道统，说穿了无非是意识形态，是剥削关系温情脉脉之面纱。因为这一拆穿理路十分习见，刘易斯专门给它发明了一个名字，叫"布佛氏论证"（Bulverism）。

布佛是刘易斯虚构的一个人物。布佛五岁时，就有了一项伟大发现："反驳并非论证的必要组成部分。假定你的论敌是错的，接着解释他的错误，世界就在你脚下。"

布佛氏论证预设了一个不当的前提：如果某个信念可以由不理性的因素解释，则我们不必理会这个信念。

"奶茶里不需要加入鲜奶，只要加入奶精就可以模拟出鲜奶的味道，因此这杯奶茶一定不含鲜奶。"

人们可以有合理的理由怀疑奶茶可能不含鲜奶，但不能据此断定某杯奶茶一定不含鲜奶或一定含有鲜奶。

这样的论证甚至是无往而不胜的。

"魔术师可以表演出徒手打碎十块瓦片的诈术,所以小华之前打碎二块瓦片一定不是真的。"

人们有合理的理由可以怀疑小华可能用诈术,但这不表示小华一定使用诈术,也不表示小华没有使用诈术。

"某人在网络上声称自己是女生,可是这人从来没露脸,还总是找各种理由推辞,想办法不在网友面前露面;而且在网络上,明明是男生却声称自己是女生的人很多,所以某人一定是男的。"

从某人的言行来看,人们可以合理地怀疑这人很可能是男生,但这不表示某人一定是男生或女生。

布佛氏论证式诡辩术的破斥:诡辩者事先假定某观点是错的但某观点并不必然就是错的,它也有可能是对的。布佛氏论证式诡辩缺乏充足的理由,违反了逻辑学的充足理由律。

161 举证责任错置
将举证责任推给质疑方

在辩论中,一向是谁提出观点,谁有举证责任。而有的诡辩者不会对自己的论点进行举证,而是将举证责任推给质疑观点的对方,如果对方无法证明这个论点不合理,便得出这个论点是合理的,这便是举证责任错置式诡辩。

先来看一则辩论:

甲："你用牛奶洗头,你原本花白的头发就会重新变黑。"

乙："胡说!"

甲："胡说? 你怎么知道这不灵?"

"用牛奶洗头会让白发变黑"是甲说的,那么他就应该为这个说法找证据,证明它是真的。可是,他却理直气壮地把找证据的责任推给了乙,这便是举证责任错置式诡辩。

举证责任一般归于对问题肯定的一方,而不是否定方。又比如:

甲："灯不亮了。"

乙："停电了。"

甲："凭啥这么说?"

乙："凭啥不这么说呢?"

这里乙的最后一句话就是杠精论调。既然他认为问题是停电了,他就有责任为此提供理由,因为肯定的一方要承担举证责任,他却将举证责任推给了质疑的甲。

所以,当听到"为什么不⋯⋯"的论调时,不要上当,对方很可能是要将举证责任推给你,逼迫你为了反驳对方的观点而寻找证据,从而会使你陷入论证,而对方却蒙混过关。

举证责任错置式诡辩术的破斥:举证责任在于对问题肯定的一方,肯定的一方需要举证而不是否定的一方。

162	孤 证

地球是球形的论证

孤证的意思为单一的证据。

在自然科学研究中，以及在法院审判、考古学、考据学等许多场合所作的论断，往往需要较多的论据来证明，才能确定其真实性。**如果只有一条证据支持某个结论，这个结论是不可靠的，这就叫孤证。如果诡辩者故意利用孤证来为其谬误辩护，我们称之为孤证式诡辩。**

比如，关于地球是球形的论证，就往往需要多方面的证据。

古代各个民族，都认为我们生存的世界是平面的。中国古人认为天圆地方；民间普遍流传着这样一种传说，大地驮在一条大鳖鱼背上，时间长了大鳖鱼就要翻一下身，大地便会颤动起来；古埃及人认为地球就是个盘子，漂浮在海洋之上；古印度的想象更加光怪陆离，他们认为地球是驮在大象背上的……

后来有不少学者提出了关于地球是球形的论证。

第一个提出地球是圆的人，是生活于公元前 6 世纪的古希腊数学家毕达哥拉斯。他从球形是最完美几何体的观点出发，认为大地是球形的。后来柏拉图进一步完善了大地球形说的观点，他认为对称的形式是完美的属性之一，人类所居住的地方也应该是对称的，上下对称，左右对称，各种对称，只能是球形了。古希腊最博学的人亚里士多德，他通过许多自己的观测和发现证明了大地球形说。比如越往北走，就会看到北极星离地面最高，越往南走，就会看到北极星离地面最低，如果地面是平的，就不会有这种情况。直到 15 世纪初，麦哲伦完成了从两个不同方向进行的环球航行时，才真正以实践证明了大地球形说的正确。

今天我们如何证明地球是球形的？

（1）观察海上船只。当一艘船驶向地平线时，它不会变得越来越小，直到它不再可见为止。相反，船体似乎先下沉到地平线以下，然后是桅杆。当船只从海上返回时，顺序相反：首先是桅杆，然后是船体，从地平线上升起。

（2）观察月食。月食是地球挡住了太阳射到月球表面的光芒所形成的阴影，而这个阴影呈弧形且逐渐遮挡住太阳光。

（3）乘坐飞机。乘坐飞机时，可以用肉眼分辨出地球弯曲的地平线。当距离地面约 1.8 万米以上时，弯曲的地平线会非常清楚。

（4）在太空中拍照。最令人信服的方法是乘坐宇宙飞船，在足够高的太空观看、拍照，从 45 000 公里之外看过去，地球就像是一颗很小的蓝色弹珠。

人们证明地球是球形的，便给出了较多的论据来证明。

孤证式诡辩术的破斥：自然科学、社会科学研究中，需要从不同的角度设计实验或寻找证据证明；不能仅仅根据某个单一的证据就作出推断，否则，就很有可能陷于孤证诡辩。

在司法活动中更是如此：孤证不立。证据问题是诉讼的核心问题，在任何一起案件的审判过程中，都需要通过证据和证据形成的证据链再现、还原事件的本来面目，依据充足的证据而作出的裁判才有可能是公正的裁判。

163 证明过多
过量补碘对人体无益

证明过多是偷换论题的一种表现,即在论证中论证了一个比原论题断定较多的命题。证明过多,原论题的真实性并不就得到证明,甚至原论题可能是真实的而所论证的论题却是虚假的。

如需要证明的论题是"过量补碘对人体无益",结果却去证明"补碘对人体无益"这就是证明过多。

很多人知道补碘有益于智力,但是他们并不知道,补碘并非多多益善,如果补碘过量,同样也有害身体健康。碘过量也会对机体的健康造成影响。补碘过量对人体健康的危害主要包括以下几个方面:

(1)导致疾病。补碘过量对甲状腺功能的影响最常见的是碘致甲状腺肿和高碘性甲亢,部分病人有眼部异常或突眼等。

(2)影响智力。补碘过量对智力的影响。多项在人群中开展的流行病学调查都显示,高碘地区学生的智商明显低于适碘区。大部分动物实验研究也已证明过量碘负荷确实可使动物脑重量减轻。

补碘过量的症状常见有:怕热、多汗、皮肤潮湿,也可有低热;易饿、多食、消瘦;心慌、心率增快,严重者出现心房纤维性颤动、心脏扩大及心力衰竭;收缩血压升高、舒张血压正常或偏低、脉压增大;肠蠕动增快,常有大便次数增多、腹泻;容易激动、兴奋、多语、好动、失眠,舌及手伸出可有细微颤抖;很多病人感觉疲乏、无力、容易疲劳,引起人体代谢紊乱表现为体重减轻、肌肉无力等症状。

过量补碘对人体无益,如果你却去论证"补碘对人体无益",就叫证明过多。因为如果碘缺乏而不补碘,同样会严重危害健康。

碘缺乏最主要的危害是引起碘缺乏病,碘是甲状腺合成甲状腺激素的原料。如果碘缺乏后甲状腺合成、分泌的甲状腺激素会减少,甲状腺激素最主要的作用是促进新陈代谢、生长发育,甲状腺激素与胎儿大脑的形成和成熟,以及骨骼的成熟密切相关。孕妇如果严重缺碘会引起胎儿流产、早产、死产、先天畸形、先天聋哑等,但孕妇一般每天的碘摄入量不要超过 300 微克。而婴儿出生两周岁以内是孩子脑发育的关键期,在关键期内大脑神经的生长必须依靠甲状腺激素,而制造足够的甲状腺激素需要充足的碘,如在此期间严重缺碘,会造成婴儿大脑发育不正常、智力落后,成为克汀病患者,成为矮、呆、聋、哑、瘫的病人;轻微缺碘则造成反应迟钝、智力不足和智商低下。

证明过多,不只得出了论者想要的结论,还能得出更多显然错误或不合理的结论,这种论证是失败的。

证明过多式诡辩术的破斥:这是偷换论题的一种表现,应紧扣论题,不得随意偷换。

164　证明过少
大量吸烟是有害的

证明过少是偷换论题的一种表现,即在论证中论证了一个比原

论题断定较少的命题。证明过少,原论题的真实性就未得到证明。

比如,需要证明的论题为"吸烟是有害的",结果却去证明"大量吸烟是有害的",这就是证明过少。

吸烟危害健康已是众所周知的事实。

香烟有大量有毒物质。吸烟产生的主要有毒物质为尼古丁、烟焦油、一氧化碳、氢氰酸、氨及芳香化合物等。一支香烟所含的尼古丁可毒死一只小白鼠,20 支香烟中的尼古丁可毒死一头牛。焦油在肺中会浓缩成一种黏性、致癌的物质,它能在它所接触到的组织中产生癌。烟草烟雾中含有 69 种已知的致癌物,这些致癌物会引发机体内关键基因突变,正常生长控制机制失调,最终导致细胞癌变和恶性肿瘤的发生。全部肺癌的 85% 是由吸烟引起的。在口腔癌中,50%~70% 与吸烟有关。有 10% 的婴儿猝死是由被动吸烟引起的。与吸烟者共同生活的人,患肺癌的概率比常人多出 6 倍。吸烟会造成肺癌、胃癌、食管癌、胰腺癌、膀胱癌、肾癌、粒细胞白血病、肝癌、口腔癌、喉癌、胆囊癌和子宫内膜癌等等。母亲吸烟,生的孩子智力迟钝和病态及畸形的较多;尼古丁通过血液渗入胎体,使婴儿患肝癌。吸烟还污染环境,殃及周围的人。吸烟者的近亲、密友的癌发病率比不吸烟者的高 3~4 倍。全世界因吸烟导致死亡的人数,每年约 300 万人。吸烟是人类第一杀手。吸烟已成为严重危害健康、危害人类生存环境、降低人们的生活质量、缩短人类寿命的紧迫问题。

吸烟是有害的,如果仅去证明"大量吸烟是有害的",这就是证明过少。事实是少量吸烟有害,被动吸烟也有害。

证明过少式诡辩术的破斥:这也是偷换论题的表现,应紧扣论题,不得随意偷换。

165 诉诸沉默

你不说话，就是承认了！

诉诸沉默式诡辩，又称默证，是认为你无法反驳或不去反驳某一主张，就是承认自己是错的这么一种诡辩手法。

比如，情侣吵架中，经常出现这样的情形：

"你不说话，就是你承认了！"

有这么一则故事：古时候，有个女的容貌不太端庄，脾气却非常暴躁。有一天，她跟和尚同船渡河，和尚无意间瞅了她一眼，她立刻破口大骂：

"大胆和尚，光天化日之下竟敢偷窥良家妇女！"

和尚一听，吓得连忙把眼睛闭上。

她一见，更生气："你偷窥我还不算，还敢闭上眼睛在心里想我！"

和尚无法跟她讲道理，又把脸扭到一边。

她双手叉腰，大声训斥道："你觉得无脸见我，正好说明你心中有鬼！"

和尚没有理睬这个女人，这个女人便发起连珠炮般的猛攻："你闭上眼睛，就是在心里想我！""你把脸扭到一边，就是觉得无脸见我，说明你心中有鬼！"等等。和尚没有吭声，这个女人便把各项罪名一股脑儿全部加到和尚身上，这就是典型的诉诸沉默式诡辩。

诉诸沉默式诡辩是荒谬的，因为沉默不代表认罪，嫌疑人有权保持沉默。和尚没和这女人争吵，也许是认为"好男不跟女斗"，和尚与女人在大庭广众争吵起来，总不是文明的表现。

在生活中也经常可见到这类诡辩。比如：

（1）甲："你看到我的钥匙了吗？"

乙：（沉默不语）

甲："我就知道一定是你拿走的！"

（2）甲："你懂英语吗？"

乙："懂啊。"

甲："我需要给几个标语加上英文，你能帮我翻译吗？"

乙："对不起，我还有事要忙，有空再谈。"

甲："我看你根本不懂吧！"

诉诸沉默式诡辩术的破斥： 诡辩者论证的前提和结论没有必然的逻辑联系。对方没有反驳某个论点，并不能成为对方默认该论点的理由。

166　无 法 证 伪
有外星人存在吗？

无法证伪式诡辩， 是指诡辩者提出一个无法被证明为错误的观点，因为无法加以验证，便断定该观点为真的诡辩方法。

古时候，有一个修道院院长自以为了不起，骄傲得很。有一天，国王把他召去，对他说：

"听说你是个聪明人，很有学问，我有三道难题问问你。第一道,海有多深?第二道,我骑着马绕地球一圈需要多长时间?第三道,天地之间有多长的距离?限你三个礼拜内作出回答。"

　　修道院院长回到家,挖空心思地想啊,想啊,可怎么也想不出答案来。眼看两周过去了,脑子里还是空空的。只剩最后一天了,修道院院长茶不思,饭不想,因为他知道,到国王面前丢丑,就等于宣布自己末日的来临。一个磨石工看到修道院院长愁苦的样子,禁不住问道:"老爷,什么事把你难成这个样子?"修道院院长看看衣服褴褛的磨石工,无奈地叹了口气,接着把三道难题告诉了磨石工。磨石工说:"这有何难?明天我替你去见国王。"

　　第二天,磨石工打扮成院长模样,到了皇宫。国王开门见山地问:"请回答吧,第一,海有多深?"磨石工说:

　　"在海里投块石子,海的深度正是石子从水面到海底的深度。"

　　国王点了点头,又问:"我骑马绕地球一圈要几天?"

　　"国王陛下,世界上没有比太阳走得慢的了,我们几乎感觉不到它在动。如果你的马跟太阳走得一样快,在太阳升起的时候上路,只要24小时就又回到太阳升起的地方,刚好绕地球一圈,时间并不长。"

　　国王和大臣们听了,连连点头。"最后一道题,天地之间相距多远?你可别含糊其辞,我要听精确的答案。"

　　"天地相距十二万九千八百七十二公里六米五分米四厘米三毫米。"

　　"精确得实在惊人,你是怎么算出来的?"

　　"请国王陛下去量一量,如果发现有半点差错,我情愿让您砍掉我的脑袋。"磨石工很自信地说。

　　磨石工对这三道题的答案,因国王无法证明答案为假,国王便只得承认答案为真。

也有些问题,现在无法证明它是真的,反对者便断定它是假的;现在也无法证明它是假的,支持者便断定它是真的。比如:

"有外星人存在吗?"

科学家现在无法证明有外星人存在,因而反对者断定根本就没有什么外星人;科学家现在无法证明没有外星人存在,支持者便断定宇宙空间浩瀚无际,必定会有外星人存在。谁也说服不了谁。又如:

"转基因食品对人类会有危害吗?"

因为有些危害可能需经历几代人才会显现,现在还无法证明它对人类会有危害,支持者便断定它无害;现在还无法证明它对人类没有危害,反对者便断定它有害。

在这些方面,人们争论得最为激烈。

无法证伪式诡辩术的破斥:有些论断看似无法证伪,但只要仔细分析、思考、求证,还是可以判断真假的。

比如,在 20 世纪末,就曾有过"1999 年是世界末日"的预言,有人恐慌不已,但其实那不过是有人故意散布谣言制造恐慌而已,事实证明,人类平安地进入了 21 世纪的新千年,没有承受毁灭的命运。

从前有个地主,对长工最刻薄。年三十长工去领工钱,地主问:

"你猜我的脑袋几斤重? 答不出来,扣你一年工钱。"

"六斤四两!"长工答道。

地主说:"错了,是六斤!"

"错不了!"长工说着从桌上拿起一杆秤,一把菜刀就说,"不信割下你的头来称一称!"

地主吓掉了魂,忙喊道:"你对,快放下刀,我把银子给你!"

长工接过工钱说:"往后别欺侮受苦人,受苦人也不是好惹的。"

地主无法证伪,诡辩最后以失败而告终。

167 　　　　　　　烂 理 由
大象是鸟

从逻辑学角度来说,演绎推理前提真实、推理形式正确,则结论为真;如果推理前提不真实,则结论不可靠,但并不必然为虚假。

比如,有的推论的前提是虚假的,但结论却可以是真的:

> 大象是会飞的;
>
> 鸟不是会飞的;
>
> 所以,大象不是鸟。

以上推论的前提均为虚假,推论形式正确,结论却是真的。

因而,在论辩过程中,如果指出对方的论据虚假,推论前提是错的,只能证明对方的结论不可靠,并不必然虚假。**有的诡辩者仅仅指出对方论据虚假,就断定对方论断必然为假,我们称之为烂理由式诡辩。**

比如,如果你因为上一推论的前提是错的,因此断定它的结论必定是错的,从而得出结论"大象是鸟"。这就是烂理由式诡辩。

烂理由式诡辩的形式为:"若 P 则 Q;P 为假;故 Q 为假。"这种形式是错误的,从条件推演规则来说,犯了否定前件到否定后件的错误。

　　烂理由式诡辩术的破斥：论据虚假，只能断定结论不可靠，结论并不必然虚假。某个论断是否正确，是不是科学真理，要看断定的情况是否符合事物实际情况，检验的标准是实践。

168　　形式谬误
推理形式错，但结论可以为真

　　在逻辑学中，演绎推理前提真实、推理形式正确，则结论为真；如果推理形式不正确，则结论可真可假，但并不必然为虚假。

　　比如，有的推论的形式是虚假的，但结论却可以是真的：

> 人有两只脚，
>
> 小王有两只脚，
>
> 因此小王是人。

　　这则推论形式是错误的。如果从三段论的角度来分析，犯有中项不周延的错误；如果从条件推演的角度来分析，犯有从肯定后件到肯定前件的错误。虽然推论形式是错的，但结论却是真的。

　　因此，在论辩中，如果指出对方的推论形式是错的，只能证明对方的结论不可靠，但结论并不必然虚假。**有的诡辩者仅仅指出对方推论形式是错的，就断定对方论断必然为假，我们称之为形式谬误式诡辩。**

　　比如，如果你因为上一推论形式是错的，因此断定它的结论必定是错的，从而得出结论"小王不是人"。这就是形式谬误式诡辩。

　　作为一个理性的人，你不能因为别人的推论形式中存在谬误或

者错误,就认为别人的观点一定是错误的。比如:

一个提倡健康饮食的人在电视上发表了很荒唐的饮食理论来推广健康饮食理念,小红看后觉得健康饮食就是骗人的,应该每天暴饮暴食才对。小红这一论断是形式谬误式诡辩。

形式谬误式诡辩术的破斥:推论形式是错的,只能断定结论不可靠,结论并不必然虚假。某个论断是否正确,是不是科学真理,是要看断定的情况是否符合事物实际情况,检验的标准是实践。

169 废话诡辩
我队输球原因是因为进不到球

有个牛奶商这样贴出广告:

"如果你能连续坚持 1 200 个月每天喝上一杯牛奶,你肯定能活 100 岁!"

这广告看似宣传喝牛奶大有益处,可以使人长寿,而且绝对是真话,但是却缺乏价值,对增进认知毫无帮助,是一句废话。像这样,**诡辩者用无意义的废话为其主张作出似是而非的论证,我们称之为废话式诡辩。**

2002 年 2 月 12 日,美国国务卿唐纳德·拉姆斯菲尔德(Donald Rumsfeld)阐述入侵伊拉克的理由 ——怀疑伊拉克萨达姆政权持有大规模杀伤性武器时,有这么一段发言:

"据我们所知,我们已经知道一些,我们知道我们已经知道一些,我们还知道,我们有些并不知道,也就是说,我们知道有些事情我们还不知道，但是，还有一些，我们并不知道我们不知道，这些我们不知道的，我们不知道。"

伊拉克本来就没有大规模杀伤性武器，为了论述发动战争的理由，便只好利用这么一段废话，绕来绕去，如同绕口令，来蒙骗世人。

有个球赛解说员这样解说道：

"我队输球的主要原因，是因为一直进不到球。"

这实际上就是一句废话。解说员本来应分析为何一直进不到球，却用这么一句废话来打发观众。生活中像这样的废话式诡辩不少。比如：

"小朋友，你是谁的孩子？"

"我是我爸爸妈妈的孩子。"

这话是真的，却是句废话，说了等于没说。

"据统计，未婚生子的人绝大多数是女性。"

能生子的当然是女性，男性能怀孕生子？

废话式诡辩术的破斥：要求用有价值、有意义的论据对主张作出论证，而不应该用废话来搪塞。

170　同语反复

鸦片为什么能引人入睡？

同语反复式诡辩，就是指论题与论据相同的议论。

明代浮白斋主人的《雅谑》中，有一篇《妄评文》的笑话：

迁公读书认不了几个字，却喜欢乱评文章。有一次他对人说：

"凡是写文章都是以趣味取胜。文章怎样才有趣呢？只有写得有趣味，文章才有趣味；如果文章写得没趣味，文章就没有趣味了！"

这个人的论题是文章要有趣味，论据仍是文章要有趣味，论题与论据相同，用有趣味来证明有趣味，这叫同语反复。又如：

欧洲中世纪的经院哲学家托马斯·阿奎那曾这样论证：

"铁之所以能够压延，是因为铁有压延的本性。"

用压延来说明压延，结果是什么也没有得到证明。

法国古典喜剧家莫里哀的剧作《假病人》中，有个情节写的是医学学士阿尔冈进行答辩。

博士问："请问你，什么原因和道理，鸦片可以引人入睡？"

阿尔冈回答："由于它本身有催眠的力量！"

用"具有催眠的力量"来论证"可以引人入睡"，它们的意义完全相同，说了等于没说。

"小明是单身汉，因为他还没有结婚。"

"单身汉"本身就包括了"还没有结婚"的意思。

同语反复式诡辩术的破斥：论据与论题不能等同。

171 　循环论证

平行线永不相交的原因

循环论证，又称为乞辞、丐题等。

　　论据是用来证明论题的,论题的真实性是由论据推出来的,这就要求,论据的真实性应当无可怀疑。可是有的诡辩者的论据的真实性又倒过来需要论题来证明,这就发生了循环,这叫循环论证式诡辩。比如:

　　一个瘦子问胖子:"你为什么长得胖?"

　　胖子:"因为我吃得多。"

　　瘦子:"你为什么吃得多?"

　　胖子:"因为我长得胖。"

　　胖子论证"为什么长得胖"时,要以"吃得多"为论据;证明"为什么吃得多"时又倒回来要用"长得胖"为论据,这就发生了循环,结果说了等于没说。又比如:

　　数学课上,有个学生问:"老师,为什么平行线永不相交?"

　　"因为它是平行的呀!"老师答。

　　"怎么知道它是平行的呢?"

　　"因为它们是永远不相交的。"

　　证明"平行线永不相交"要以"平行"为论据,证明"平行"时又倒回来要用"永不相交"为论据,这就发生了循环,结果是什么也没有得到证明。

　　化学课上,老师拿出两杯无色透明的溶液,要同学们辨别:哪一杯是酸溶液,哪一杯是碱溶腋。老师叫起了思想正在开小差的小王。只见小王眼珠一转,答道:

　　"酸溶液旁边的就是碱溶液,碱溶液旁边的就是酸溶液。"

　　"哈哈!"同学们大笑起来。

　　小王不以为然:"笑什么,二者必居其一嘛!"

　　同学们笑得更响了。

这也是循环论证，什么也没说清楚。

循环论证式诡辩术的破斥：论据是证明论题的，论据的真实性不能靠论题来证明。

第三章

杠精的语言魔术

语言是人类最重要的交际工具，同样也是诡辩的重要工具。

语言是社会约定俗成的音义结合的符号系统，在语音与语义的复杂结合中，有着千奇百怪、神秘莫测的无穷变幻，而这正好为诡辩者提供了混淆是非、颠倒黑白的工具。

第一节　诡辩的语义幻术

语义是语言表达式所代表的意义。

语言符号是语言的载体。什么语言符号表达什么语义,是社会约定俗成的。然而,有时同样一个语言符号可表达不同的语义,有时同一个语义不可用不同的语言符号表达,正因为语言符号与语义之间联系的复杂性,使得诡辩者借助语义为其谬论辩护提供了可能。

172　语义混淆
世界上所有的人都是男的

语言中的词往往是多义的,诡辩者有时会通过混淆不同意义之间的区别来达到其混淆是非的目的,这就是语义混淆式诡辩。

请看这么一段论辩:

甲:"我最近发现,世界上所有的人都是男的。"

乙："不对，不明明存在妇女半边天么？"

甲："我说这话是有根据的。《论语·颜渊》中说，'四海之内皆兄弟也'，意思是说，天下的人都是兄弟，而所有的兄弟都是男的，所以天下的人都是男的。"

甲的议论纯属诡辩，因为他混淆了"兄弟"的不同含义。

"兄弟"本来是指哥哥和弟弟的意思，在这种意义的基础上，人们应用比喻的方式产生了一种转义，即"团结友爱"的意义，这种转义又叫比喻义，原始义与比喻义是有区别的，而甲却故意混淆这之间的区别来混淆是非，这只能是诡辩。

语义有时会具有某种流变性，同样的词或句子在不同的交际论辩环境中，在与不同的语言单位组合的过程中，意义可能会有差异，甚至发生意义的转移。诡辩者则会利用语义的这种流变性，期望它在不知不觉之中转向于己有利而不利于对手的方面，进而将对手制服。请看这么一则推论。

> 人是动物，
>
> 小张是人，
>
> 所以小张是动物。

这一议论从推理的角度来说，并没有什么错误，并且大小前提都是真的，但这一结论却是小张无论如何也不愿意接受的。这是因为，大前提中"人是动物"中的"人"是作为生物的人；小前提"小张是人"中的"人"既可作为生物的人，又可作为社会的人；而在结论中，小张这个人却又仅仅是指社会的人。这之间的意义呈现了明显的流变性，发生了变化与转移，小张当然不可能接受将他与畜生等同的骂人性质的结论了。又如：

病人："医生，我眼睛有问题了，看不清远处的东西。"

医生指着窗外的太阳："那是什么?"

病人："太阳。"

医生："你还想看多远?"

病人的话意思是远处的东西看不清晰,医生却把它变换为远处的东西看不见。又如:

妻:"你怎么用吸管喝酒呢?"

夫:"是的! 医生不是叫我离酒远点吗?"

"离酒远点"是指不要喝酒,这人却把它偷换成喝酒时要离酒杯距离远些,纯属狡辩。

语义混淆式诡辩术的破斥:紧紧扣住某一语句的含义,不容对方随意混淆。

173　　　　借助歧义
日大还是月大?

自然语言中,有时一句话可以表达不同的含义,这就是歧义现象。比如:

"地上一个猴,树上 qi 个猴,一共几个猴?"

这句问话的答案可以是两个猴,也可以是八个猴。

在论辩中,诡辩者往往会利用语言的歧义来达到其混淆是非、颠倒黑白的诡辩目的,这就是偷助歧义式诡辩。 比如:

几个穷人来到财主家,对财主说:"我们有事求你帮助,希望你不要拒绝。"

"我尽力而为。"财主答。

"第一,请你答应借一千金币给我们的一个朋友,他急需钱用,我们大家都愿意为他担保。第二,请你答应,让他一年以后归还。"

"朋友们,如果人家提出要求,而某人只答应一半,那也不算吝啬了吧!"

"那当然。"大家同声回答。

"既然这样,那么,我就答应一半吧!我同意满足你们的第二个要求,出于对各位的尊敬,我甚至愿意把借期延长到两年,不过,请去向别人借吧!"

"答应条件的一半",本来是说答应借钱数目的一半,财主利用这句话的含混性、歧义性,将其偷换成两个条件中的一个,这就是借助歧义式诡辩。

偷助歧义式诡辩术的破斥:我们要揭穿对手借助歧义的诡辩伎俩,首先就必须明确有关概念、命题的含义,概念、命题的含义明确了,借助歧义式诡辩也就无法得逞了。比如:

甲、乙两人互相辩诘赌输赢。甲对乙说:

"请你回答一个问题,如果对了,我请你喝酒;答错了,你请我喝酒,但有一个条件,就是只能回答一次。"

乙说:"好,请出题吧!"

甲说:"日大还是月大?"

乙听了后想了想说:"在我回答之前,请你先解释一下,你所说的'日'和'月'的含义是什么?"

甲听了难为情地一笑:"你问得好,就算你赢了!"

"日""月"是有歧义的,它们既可以表达作为天体的"太阳""月球"的意思,这时"日"大于"月";它们还可以表示时间单位的"一天"

"一月"的含义,这时是"月"大于"日"。乙一眼识穿对方的诡辩意图,首先要求对方明确"日""月"的含义,对方的诡辩便宣告破产。

174　　　　　**滥用精确**
李商隐也是无知!

为了使论辩顺利进行,所使用的语词就应该是尽量精确的,所使用的语句不能包含歧义。但是,这种精确性的要求却并不是绝对的,并不是在任何情况下都是必要的,如果在不必要精确的地方吹毛求疵,就是滥用精确式诡辩。例如,去年说中国文化有 5 000 年历史,今年便说中国文化有 5 001 年历史,就是滥用精确。

有个行人向坐在家门口的妇女问路。

"请问,去超市的路怎么走?"

"往前走一百米,左拐弯有座桥,过了桥右转弯就到了。"

"桥有多长?"

"五十米。"

一会儿,行人又折返回来,怒气冲冲地责问妇女道:

"那座桥明明有一百米,你却说只有五十米,你是要我过桥到一半就右转弯,让我掉入河里淹死去吗?"

日常生活中许多交往的语言并不是绝对精确、分毫不差的,只是表达大致的意思。比如,这座桥的长度,一般老百姓也不会精确地去丈量,只是估个大致的数据。作为行人,你过桥后右转弯就是了,大可不必过桥到一半就右转弯,跳到河里去。这个行人就是玩弄滥用精确式诡辩。

在日常生活中,某些语句由于带有一定的感情色彩,难免不是与客观事物百分之百的吻合,但语意还是明确的,基本符合事实。而有的诡辩者往往会在这方面死抠字眼找岔子。

用户说:"你们厂生产的雨伞怎么老是漏水?"

厂方答:"别夸张'老是',只有下雨的时候才漏水,对吧?"

雨伞质量不行漏水就是漏水,可是厂方却故意在人家的"老是"一词上找岔子。又如:

顾客:"你们的饺子怎么没馅?"

经理:"你说话要实事求是,准确地说,是不是还有一点儿?"

这个经理不是检讨自己的饺子是否货真价实,却故意在对方"没"字上做文章,这就只能是狡辩。

另外,论辩双方在具体的语言环境中,往往会省略某些非常明确的成分,而诡辩者往往会在这方面大做文章。比如:

甲、乙两人在午间相遇,当时没有第三者。

甲:"吃饭了吗?"

乙:"你问谁呀?"

甲:"我问你呗,还有谁?"

乙:"我怎么回答你呢?"

甲:"吃了就吃了,没吃就没吃,这还不简单吗?"

乙:"问题是早饭、午饭还是晚饭呢? 是今天的、明天的还是后天的呢?"

滥用精确式诡辩术的破斥: 语言的表达应符合语言的习惯和特定语境的需要,如果在不需要精确的地方死扣字眼、乱找岔子,就难免流于诡辩。

175 望文生义
爷爷今天生的就这么大了?

望文生义式诡辩,就是不懂偏要装懂,仅仅根据字词的表面含义乱下定义、乱发议论的诡辩。请看这么一则对话:

孙子:"今天这么多好菜,今天是什么日子呀?"

爷爷:"今天是我的生日。"

孙子:"生日是什么意思?"

爷爷:"生日嘛,就是说爷爷是今天出生的。"

孙子听了,瞪大眼睛说:"嗬,今天生的怎么就长这么大了呀!"

爷爷关于生日的定义是不准确的。生日的定义应该是:出生的日子,也指每年出生的那一天。

望文生义不能达到揭示概念含义的目的,只会给人们的思维制造混乱。

一位法官考问儿子对法律常识掌握得如何,儿子对答如流。

法官:"什么叫法盲?"

儿子:"法国的盲人。"

法官:"什么叫法律?"

儿子:"法国的律师。"

"法盲"是指对法律一无所知的人;"法律"是指由立法机关制定,国家政权机关保证执行的行为规则。但是,这个儿子不了解其含义,仅仅从字面上来牵强附会,乱发议论,这就是望文生义式诡辩。又如：

甲:"何谓'先生'?"

乙:"所谓'先生',就是先出生的人。"

在我们日常交际中,作为称呼的"先生"是礼貌用语,它是对被称呼者的一种尊称。乙望文生义地把它曲解为"先出生的人",这是荒谬定义、歪曲概念。

某父子二人到北京戒台寺游览,听到和尚在朗朗诵经,儿子便问:

"爸爸,和尚是什么人?"

"是佛教徒。"

"为什么称佛教徒叫和尚呢?"

"佛教的人生哲学是主张一切调和,'和'是佛教徒所崇尚和必须遵守的,所以'和尚'就是以'和'为'尚'的人。"

其实,"和尚"是梵语的不太确切的音译,原义是"博学的人",是"亲承教诲的师傅"。这个父亲不懂装懂,望文生义,只能是满口胡说。

望文生义式诡辩术的破斥:必须准确地揭示出某个概念的真正含义,某个概念的真正含义揭示出来了,诡辩自然就会破产了。

176　定义过宽
天鹅就是脖子又长又弯的鸟

在饭店里,一个盲人和视力正常的人正在用餐。

"想喝点牛奶吗?"视力正常的人问道。

"什么是牛奶?"盲人问。

"牛奶嘛,就是白色的液体。"

"懂了,那么白色是什么呢?"

"嗯,白色就是天鹅的颜色。"

"什么是天鹅呢?"

"天鹅就是脖子又长又弯的鸟。"

"弯是什么意思?"

"我把我的胳膊弯起来你摸摸,你就知道什么是弯了。"

盲人小心地摸了他的向上弯曲的胳膊,然后兴奋地大喊:

"我现在知道什么是牛奶了!"

这个人为了解释什么是牛奶,下了一系列的定义。比如:

　　"牛奶就是白色的液体。"

　　"天鹅就是脖子又长又弯的鸟。"

这些定义是荒谬的。因为定义概念与被定义概念的外延应完全相等,而这些定义概念"白色的液体""脖子又长又弯的鸟"外延显然要比被定义概念"牛奶""天鹅"的外延大,这就叫定义过宽。

诡辩者为了达到其混淆是非的目的,往往会作出一些似是而非的错误定义,当诡辩者的定义概念外延大于被定义概念时,这就是定义过宽式诡辩。

比如,1990 年第三届亚洲大专辩论会的决赛辩题是:"人类和平共处是一个可能实现的理想。"关于这一辩题,正反双方首先就势必要定义"和平共处"这一概念的含义。

正方队:"人类的和平共处是与战争相对立的。根据联合国文件,人类的和平共处是指国家、民族、集团之间不使用武力地平安相处。"

反方队:"让我来谈谈我方对于和平共处的定义。我方的定义乃是参考'美国社会科学大辞典'的解释,从积极面来说,人类应该放弃用一切暴力的手段来解决彼此的冲突;而从消极面来说,人类应该免除暴力的威胁。"

对同样关于"和平共处"这一概念,正反双方的定义就有很大的差别,差别就在于定义概念外延的大小不一样。正方的定义概念与被定义概念的外延相符,是对"和平共处"这一概念的科学解释;而反方的定义概念外延就大大超出了被定义概念。因而,对于反方的论辩,正方曾不无幽默地反驳说:

"……对方同学已经把战争的外延无限地扩大,如果按照这个逻辑推下去,如果两个小孩子为了一块糖果而打了一架,这也是对人类和平共处的一种威胁吗?"

定义过宽式诡辩术的破斥:定义概念与被定义概念的外延应完全相等,不能过宽。

177 　　　　定义过窄
人咬伤狗,这就算新闻!

当定义概念外延小于被定义概念外延时,就叫定义过窄。比如:

"工业部门就是从事机器制造的社会生产部门。"

这就是定义过窄。因被定义项"工业部门"不仅包括定义项"从事机器制造的社会生产部门",还包括从事生活资料制造的社会生产部门,从事自然资源采掘的社会生产部门等。

有的诡辩者故意用定义概念外延小于被定义概念外延的方式来下定义,就是定义过窄式诡辩。比如:

有人向一名美国记者请教:"什么才算是新闻呢?"

记者答道:"新闻嘛,就是关于离奇的、非同一般的、出乎意料的事情的报道。比如,当一条狗咬伤人时,这就不算是新闻;但当一个人咬伤一条狗时,瞧,这就算新闻了。"

新闻是指报纸、广播电台、电视台对新近发生的事实的报道。这个记者下的"新闻"的定义就是荒谬的。因为其中的定义概念"关于离奇的、非同一般的、出乎意料的事件的报道",外延小于被定义概念"新闻"的外延。

定义过窄式诡辩术的破斥:要求定义概念外延应等于被定义概念外延。

178 循环定义
炸药就是能炸的药

定义概念直接或间接地包含了被定义概念,就叫循环定义;诡辩者故意用循环定义来进行狡辩,就叫循环定义式诡辩。比如:

"什么叫炸药?"

"炸药就是能炸的药。"

"炸药"是指受热或撞击后能立即分解并产生大量的能量和高

温气体的物质。将"炸药"说成"能炸的药",定义概念直接包含了被
定义概念,这叫同语反复,说了等于没有说。又如:

"什么叫偶数?"

"偶数是奇数加 1 的数。"

"那么什么叫奇数呢?"

"奇数就是偶数减 1 的数。"

"奇数"是不能被 2 整除的整数,"偶数"是可以被 2 整除的整
数。而将偶数定义为"奇数加 1 的数",这时要用奇数来说明;而定
义"奇数"时又倒过来要用"偶数"来说明:"奇数是偶数减 1 的数",
这就发生了循环,这就叫"恶性循环"。又如:

"什么叫富翁?"

"富翁就是比穷人富裕的人。"

"什么叫穷人?"

"穷人就是比富翁穷的人。"

循环定义式诡辩之所以是荒谬的,这是因为,被定义概念是意
义尚不明确的,需要用定义概念加以说明的概念,但是循环定义的
定义概念直接或间接地包含了意义尚不明确的被定义概念,定义概
念倒过来要用被定义概念来说明,结果是什么也没有得到说明。

**循环定义式诡辩术的破斥:要求定义概念不能直接或间接地
包含被定义概念。**

179 ‖滥解成语‖

怎么一开仗就把飞机丢失了？

成语是我国人民在长期生活中习用的有着固定的结构、特定的含义的短语或短句。成语不同于其他的短语，它的结构是固定的，不可以随意改变、增减；成语有着特定的含义，它的含义并不能简单地理解为它的组成部分的相加，而是几个成分合起来表示一个统一的不可分割的完整意义。而**有的诡辩者或出于无知，或出于诡辩的需要，往往随意歪曲成语的含义，这就是滥解成语式诡辩**。

20 世纪 30 年代，陈济棠起兵反蒋。战前，曾找算命先生扶箕卜吉凶。扶出的结果是：

"机不可失！"

于是，陈济棠立即决定出兵，他先派出几架飞机轰炸蒋军。不料，他的飞行员早被蒋方收买，一起飞就投靠蒋方了。陈军士气大挫，终至失败。当陈济棠追问算命先生时，他却振振有词地说：

"我说了'机不可失'嘛，怎么一开仗就把飞机丢失了呢？"

"机不可失"作为一个成语，它有着固定的结构、特定的含义，它的含义就是抓住机会办事，这是不可以随意歪曲的。如果陈军反蒋取胜，他当然会说算得准；而当陈军反蒋失败，却又随意篡改为"不可丢失飞机"，这就是滥解成语。

当然，滥解成语式诡辩也有的是由于不懂装懂而乱发议论。有这么个笑话：

从前有个秀才,自认为有满肚子的学问。一天,他到朋友家做客,朋友拿出一盘雪梨和红枣让他先尝尝。看到雪梨和红枣,秀才想起"灾梨祸枣"这个成语。他想显摆自己的学问,就对朋友说:

"记得古人说过'灾梨祸枣'吗? 这就是说,吃梨吃枣容易生灾招祸。看来这梨和枣还是不吃为好。"

"灾梨祸枣"本来是指乱印无用之书,因做雕版而使梨木和枣木无故受到糟踏。朋友好心招待他,他却滥解成语,胡说八道,真使人感到又好气又好笑。

滥解成语式诡辩术的破斥:成语有着固定的结构、特定的含义,不允许随意改变。

180　滥用褒贬
媒婆的花言巧语

语言学中的同义词是指意义相同或相近的一组词,它们虽然意义相同或相近,但并不都是完全相等的,它们之间的区别有时表现在词义的褒贬色彩不相同。而**诡辩者却会滥用词义的褒贬色彩,对自己褒,对别人贬,对自己喜欢的褒,对自己看不顺眼的就贬,以此来混淆是非,达到其诡辩目的,这就是滥用褒贬式诡辩,也有人称之为情绪语言式诡辩。**

滥用褒贬式诡辩多数情况是对自己或喜欢的人褒,对对方或厌恶的人贬。

比如,同是一个固执的人,喜欢他就说是"说一不二""坚持立场"，讨厌他就说"执迷不悟""顽固不化"；同是一个改变主意者，喜欢他，就说"从善如流"，讨厌他，就说"自食其言"；同是一名政府官员，喜欢他，就说是"人民公仆"，讨厌他，就说是"衙门官吏"。如此等等，不一而足。

　　媒人就很擅长这套诡辩术，不管遇到什么情况，都能说得冠冕堂皇，很少说人家的坏话，即使偶尔说上一句，也是为了装潢，以显得他的话真实。比如，对于家境贫困的，会说父母都不虚荣，保持一个朴实的家风；对于智商低的，那也无所谓，若是男的，就说是大器晚成的人，若是女的，就说是文静端庄的人；对于说话多的人，就说这个人很有个性；如果是一个好动的人，女的就说是活泼大方，男的就说是交际广泛。这可以说是滥用褒义词的典型。

　　有人构造的"你我他"定理，更是滥用褒贬式诡辩的生动写照：

　　我坚守原则，你不知变通，他冥顽不化。

　　我节俭，你小气，他嗜钱如命。

　　我妙语如珠，你喋喋不休，他语无伦次。

　　我经常想到更好的主意，你老是变卦，他出尔反尔。

　　我在沉思，你在发呆，他整天昏庸。

　　我三思而行，你迟疑不决，他反应迟钝。

　　我正值盛年，你年纪不小了，他棺材进了一半。

　　我好打抱不平，你容易动怒，他老惹是生非。

　　⋯⋯⋯⋯⋯

　　滥用褒贬式诡辩术的破斥： 我们要注意不被语言的表面现象所迷惑，而应透过现象看本质，抓住事物本质作出实事求是的冷静的分析和评价。

181 **断章取义**
截取适合自己需要的一两句

在论辩过程中，诡辩者引用他人语句时，不顾上下文的联系，孤立地截取其中适合于自己需要的一两句，肆意歪曲他人原意，以此来为其谬误作出似是而非的论证，这就是断章取义式诡辩。

断章取义式诡辩有这么两种情形：

一种情形是，诡辩者对一些经典著作中的语句断章取义，肆意歪曲，为他的诡辩目的服务。比如，有人主张用缩减非生产性的消费来增加资本积累，他论证道：

"马克思在《资本论》中说过：'资本不能从流通中产生。'这说明，我们通过缩减非生产性的消费来增加资本积累的做法是符合马克思主义理论的。"

马克思的原话是："资本不能在流通中产生，又不能不从流通中产生。它必须既在流通中又不在流通中产生。"这个人抹去了资本"不能不从流通中产生"的含义，只据一端，这就没有正确理解马克思原话的真正含义，从而导致诡辩。

断章取义式诡辩的另一种情形是，诡辩者不顾对方话语的前后联系，截取其中几句，乱加歪曲，将莫须有的罪名强加在对方头上。

有的时候，把某句话从原文中单独抽取出来，意义就有很大变化。

宋代朱熹《中庸或问》卷三："古语所谓闭门造车，出门合辙，盖言其法之同。"原文中"闭门造车，出门合辙"这句话原本的意思是用来赞颂"出门合辙"的，意思是关起门来把车造好，当把车推出去的时候，与其他车的车轮印是吻合的，是个褒义词，<u>丝毫没有贬义</u>。但不知什么时候后半段就被人截去了，现代这句话常常用来形容一个人固步自封，关起门自己一个人做事、不考虑现实情况等，纯粹是个贬义词了。

断章取义式诡辩术的破斥：要反驳断章取义式诡辩，就必须将诡辩者所引的话放回到所引的篇章结构、语言环境中，全面地进行分析，这样便可揭穿其诡辩阴谋。

比如，在首届国际华语大专辩论会决赛关于"人性本善"的辩论中，正方台湾大学队一辩为了论证其"人性本善"的观点，引用哲学家康德的话，说道：

"哲学家康德主张，人不分聪明才智、贫富美丑都具有理性。"

事实上，康德并不是性善论者，正方队这是在断章取义。对此反方复旦大学队一辩当即反驳：

"我先要指出一点的是，康德并不是一个性善论者。康德也说过这样一句话：'恶折磨我们的人，时而是因为人的本性，时而是因为人的残忍的自私性。'对方不要断章取义。"

反方队由于将对方所引的话结合康德的哲学观点全面地进行分析，这就有效地揭示了对方断章取义的谬误。

182　物觉故混

你闻了煎鱼香味，拿钱来!

物觉故混式诡辩，是指诡辩者故意把客观存在的事物与人们对它某方面属性的感觉混为一谈的诡辩术。请看这么一则论辩故事：

一个贫穷的行人蹲在一棵树下，吃他随身包袱中带的简单饭食，在他的旁边有个女摊贩正在煎鱼。女摊贩一直在仔细打量行人，瞧着他吃饭。等他一把饭吃完，她便朝他伸手说：

"给我二角五分银币，这是买煎鱼的钱!"

"可是，太太!"贫穷的行人抗议，"我连靠都没有靠近你的摊子，更不用说拿过你的什么鱼了!"

"你这个财迷，你这个骗子!"那娘们儿嚷起来，"谁没看见，你刚刚吃饭那阵子，一直都在品尝我煎鱼的香味呀! 没有这香味，你那大米加盐的饭菜，能那么可口吗?"

顿时聚集了大群围观的人，虽然大伙儿都同情穷行人，但也不得不承认，这风是从北方吹过来，当时风一定把煎鱼锅里的香味儿带给了行人。

最后，女摊贩和行人来到精通法律的公主面前。公主的判决如下：

"该女贩坚持说，该行人吃饭时利用了她煎鱼的香味，该行人不能否认，在他蹲下进食时，风确实把煎鱼的香味吹进过他的鼻孔，因此，他必须付钱。但如何确定煎鱼香味的价格呢? 该女贩声称，每盘煎鱼的价格是二角五分银币,兹命令该女贩和该行人都离开法庭,走到太阳光下面,该行人拿出二角五分银币,该女贩收下二角五分银币投下的影子。因为,既然一盘煎鱼价值二角五分银币,那么,一盘煎鱼的香味必然价值二角五分银币的投影。"

显然,客观存在的事物与人们对客观事物某方面属性的感觉是有区别的,煎鱼和煎鱼的香味是不同的,吃煎鱼和闻煎鱼的香味也是有区别的,贪婪的女摊贩故意混淆二者之间的区别而坚持向贫穷的行人索要一盘煎鱼的钱,这就是物觉故混式诡辩。对付这种诡辩以牙还牙是最有效的办法。又如:

有个无赖站在戏院前,拖住一个行人,要他交戏票钱。行人很生气,斥责道:"我没看戏,怎么要我出钱?"

"你没看戏,却听了戏的声音,好,减半出钱。"无赖说。

这时,聪明的龙发财正端了一笼包子出来,他听见了无赖的话,便问:"喂,你嗅嗅,我的包子坏了没有?"

无赖说:"没有,还有股甜味呢!"

龙发财说:"好,你既然嗅了包子气,也付我半笼包子钱吧!"

无赖吓得赶快溜走了。

坐在戏院里看戏与路过戏院外听见戏的声音是不同的。龙发财以其人之道还治其人之身,要无赖嗅包子的气味并要他付半笼包子的钱,有效地驳斥了这个无赖。

物觉故混式诡辩术的破斥:揭示客观存在的事物与人们对它某方面属性的感觉之间的区别,也可以其人之道还治其人之身加以惩治。

183　以名乱实
你应该往半桶水里掺牛奶

请看这么一则外国小幽默：

牛奶场老板："你今天是不是往牛奶里掺水了？"

新助手："是的，先生。"

老板："你难道不知道这是不道德的吗？"

新助手："是的，先生。可是您不是亲口说过……"

老板："我是说，以后应该先准备好半桶水然后再往里面倒牛奶。这样我们便可以心安理得地对人们说，我们可没往牛奶里掺水。"

这个牛奶场老板玩弄的便是以名乱实这一拙劣的诡辩术。

名，即反映某一客观事物的语词；实，即某个语词所反映的客观事物。要使论辩能顺利进行，就必须做到名实相符，语词符号必须正确指谓实际事物。然而，众所周知，"往半桶牛奶里掺水"与"往半桶水里掺牛奶"虽然语言形式不同，但是就他们出售的牛奶掺了假这一点来说，却又是一样的。牛奶场老板反对"往牛奶里掺水"，却又坚持"往水里掺牛奶"，故意用"往水里掺牛奶"的语言形式去否定"往牛奶里掺水"的实质。像这样，**诡辩者列举事物的荒谬的语言表达形式，来否定事物的实质含义，以达到其混淆是非的诡辩目的，就是以名乱实式诡辩。**

早在二千多年前，我国著名哲学家荀子就曾对"用名以乱名"

"用实以乱名""用名以乱实"等诡辩手法有过深刻的研究,并探索了反驳这些诡辩的方法。其中的"用名以乱实"与我们这里以名乱实的含义相同,他指出,"验之名约,以其所受悖其所辞,则能禁之矣。"也就是说,只要用人们关于某一概念、语词的约定俗成的含义去验证,用对方所赞成的去反驳他所反对的,揭示出对方的逻辑矛盾,那么这种诡辩就无处售其奸了。

以名乱实式诡辩术的破斥:用人们关于某一概念、语词的约定俗成的含义去验证,揭示出对方的逻辑矛盾,那么这种诡辩就破产了。

184　以实乱名
你见过长毛的鸡蛋吗?

　　语言具有社会性,语言的使用是受社会制约的。什么样的事物用什么样的语词形式表示,某个语词所表示的意义是什么,是决定于一定的社会集体的意志,决定于约定俗成的社会习惯的,生活在这个社会中的人都得遵守这个习惯。可是**诡辩者为了达到其混淆是非的诡辩目的,便列举事物的个别的、片面的、表面的现象来否定事物的语言表达形式,这就是以实乱名式诡辩。**

　　请看这么一则论辩:甲、乙看见一条白狗,于是便争论起来。

　　甲:"这是白狗吗?"

　　乙:"当然是白狗,你没见它全身的毛色都是白的么!"

　　甲:"我说是条黑狗。"

　　乙:"你这是颠倒黑白!"

甲："如果以毛的颜色为根据,这条狗的毛是白的,可以叫它为白狗。但是,如果以眼睛的颜色为根据,这条狗的眼睛是黑的,所以就可以称它为黑狗。这就如同,一条狗的眼睛瞎了,我们可以叫它瞎狗,那么,一条狗的眼睛黑,我们为什么不可以叫它黑狗呢!"

甲的议论是荒谬的,纯属诡辩,这叫以实乱名式诡辩。毛色是白色的狗大家都叫它白狗,这是社会约定俗成的,任何个人都不可以随便改变,可是甲却不遵守这个习惯,而是列举事物的局部之实"眼黑"来否定事物之名"白狗",这就只能是诡辩。这是以事物局部之"实"来乱整体之"名"。又如:

"高山与湖面是同样高的。为什么? 有些较低的高山与高山上的湖面不一样高么?"

一般地说,高山高于湖面,而诡辩者却以个别的高山与个别的湖面来否定这个一般之"名"。

有的诡辩者以可能之"实"来乱现实之"名"。比如:

"你见过长毛的鸡蛋吗? 实际上鸡蛋是有毛的。鸡蛋可孵化出小鸡,小鸡有毛,怎能说鸡蛋没有毛呢?"

鸡蛋能孵化出小鸡是可能的,但并非必然,如果鸡蛋没有受精或煮熟了就无法孵化出小鸡,诡辩者这是以鸡蛋的未来的可能之"实"来乱现实的"卵无毛"之名。

诡辩者有时以过去时态之"实"乱现实时态之"名"。比如:

"蛤蟆是有尾巴的。因为蛤蟆幼时为蝌蚪,蝌蚪有尾巴,所以蛤蟆是有尾巴的。"

尽管蛤蟆幼时的蝌蚪有尾,但并不能证明蛤蟆有尾。

有的诡辩者以现实状态之"实"乱过去状态之"名"。比如:

"孤驹是没有母亲的,有母亲的就不叫孤驹,所以孤驹从来就没有母亲。"

现实状态的孤驹没有母亲,并不能证明孤驹从来没有过母亲。

以上就是战国时期的一些著名诡辩命题:"白狗黑""山与泽平""卵有毛""丁子有尾""孤驹未尝有母"等。这些命题之所以是荒谬的,就是因为诡辩者旨在以事物片面的、表面的"实"来否定事物之"名",是以实乱名式诡辩。

以实乱名式诡辩术的破斥:用什么样的语词形式表示什么样的事物,是社会约定俗成的,不允许随意改变。

185　名实混淆
锅底写个火字能烧好菜吗?

请看这么一段对话:

甲:"你读完研究生需要多久?"

乙:"两秒。'研究生',读完了。"

在这则对话中,甲所说的"研究生"是指国民教育的一种学历,研究生就读年限为 2 年、3 年、4 年、5 年或更长。而乙所说的"研究生",是反映国民教育这种学历的词语,"研究生"这三个汉字。客观世界的某件事物与反映该客观事物的语言形式是不同的,乙的谬误就在于混淆了这两者的区别。像这样,**诡辩者故意混淆某一客观事物与指称该客观事物的语言形式的区别,以此来为其谬论辩护的诡辩手法,就叫名实混淆式诡辩。**又如:

甲:"火是热的吗?"

乙：“不，火不是热的。”

甲：“怎么？火不是热的？”

乙：“如果火是热的，那么，在地上写一个‘火’字，赤脚踩在上面，脚会烫伤吗？没燃料了，在锅底写个‘火’字，能烧好菜吗？停电了，在电饭煲下写个‘火’字，能做好饭吗？”

同样，甲这里说的是作为自然界中“火”这一事物的特性，而乙却是对反映“火”这一事物的语词形式“火”大发议论，貌似相合，实质相异，乙这样说是在诡辩。再如：

学生：“老师，‘丁’字怎么讲？”

老师：“‘丁’在古代指人。”

学生：“那我认识很多人，您为啥说我‘目不识丁’呢？”

在古代，“丁”是人，这里是指人这一客观事物；“目不识丁”则是指“连‘丁’字也不认识”，这里，“丁”是指称人这一事物的语言形式。这个学生就是通过混淆两者之间的区别来狡辩的。

名实混淆式诡辩之所以是荒谬的，这是因为，某一客观事物与反映该客观事物的语言形式是不相同的。我们的周围有许许多多的客观事物，我们的思维要反映它，就必须借助于语言。反映客观事物的语言形式与客观事物有一定的联系，但是，这二者之间又是有区别的。客观事物是第一性的东西，我们的思维是对客观事物的反映。反映的对象与对事物对象的反映并不相同。比如，自然界中的鸟这一动物是会飞的，但是，反映这一动物的语词形式“鸟”却是不会飞的。名实混淆式诡辩却故意混淆两者之间的区别，这就难免导致谬误，形成诡辩。

名实混淆式诡辩术的破斥：明确客观事物与反映客观事物的语言形式的区别，不容混淆。

186 层次混淆

我已经用这词造了个句子

先请看以下论辩：

（1）老师："王小明，请你用'绠短汲深'这个词造句。"

王小明不懂"绠短汲深"的含义，便挠挠后脑勺，答道："我不知道用'绠短汲深'造句。"

老师："你上课怎么不认真听讲？"

王小明学习不认真，可倒会狡辩，答道：

"老师，用'绠短汲深'造句，就是造一个句子，里面用上'绠短汲深'这个词，可我刚才说的'我不知道用"绠短汲深"造句'，这实际上就是已经造了一个句子，这里面已用上了'绠短汲深'这个词。老师，我有什么可指责的呢？"

（2）学生："老师，是不是所有的词都可以作主语？"

老师："不对，虚词一般就不作主语。"

学生："我认为所有的词都可以作主语。比如说，句了'"很"是副词'，其中的'很'作主语，同时又是副词。任何词都可以仿照这种形式造一个句子，这不就是所有的词都可以作主语了么？"

（3）学生："老师，我认为一切事物都是固定不变的才对。"

老师："不对！辩证唯物主义认为，一切事物都不是固定不变的。"

学生："既然'一切事物都不是固定不变的'，那么这个命题本身也是一样事物,它也会变,只要它略微变一变,岂不是可以得出'一切事物都是固定不变的'这一结论了么?"

以上学生的几则议论,显然是诡辩,那么这些学生议论的错误在什么地方呢?

以上议论中,学生是错的。他们的错误就在于混淆了语言的层次。

语言是分为对象语言与元语言等不同的层次的。对象语言是作为研究对象的语言,是被研究的语言,而元语言是研究对象语言时所使用的语言。我们必须注意对象语言与元语言的区别,如果混淆了对象语言与元语言,就可能导致谬误,构成矛盾。**而诡辩者却往往通过混淆对象语言与元语言的区别来达到其混淆是非的诡辩目的,这就是层次混淆式诡辩。**

我们以第一则为例分析如下:

在人们的生活中,存在着这么一种状况:吊桶的绳子很短,却要打很深的井里的水,就如同一个人能力薄弱,却要完成重大的任务,为了指称这种事物情况,人们用"绠短汲深"这个语词去表达,在这种场合下,"绠短汲深"是对象语言。"'绠短汲深'是由四个汉字组成的""'绠短汲深'是一个词",等等,在这些语言场合中,"绠短汲深"所表示的并不是那种关于打水的意义,而是对对象语言"绠短汲深"这个词语本身加以研究的,这是元语言。这两者的含义是有区别的。老师要王小明用"绠短汲深"这个词造句,是要他在对象语言的意义下来使用"绠短汲深"这个词;"我不知道用'绠短汲深'这个词造句",这是在元语言的意义下使用这个词的。王小明用元语言意义下的词来偷换对象语言意义下的词,这就混淆了层次,导致诡辩。

反驳层次混淆式诡辩最有效的武器是语言层次论。

层次混淆式诡辩术的破斥：明确对象语言与元语言的区别，不容混淆。

187　　　　　　　**语 义 悖 论**
我正在说假话

由某个命题真，可以推出该命题假；由该命题假，又可推出该命题真，这样的命题就叫悖论。利用悖论来使对方陷入困境，将对手制服，这也是诡辩者常用的手法之一，我们称之语义悖论式诡辩。

语义悖论最有名的要数"说谎者悖论"。

甲："'我正在说假话'，这个命题是真的还是假的？"

乙："是真的。"

甲："如果是真的，那么我正在说假话，说假话的话就不应当是真的了。"

乙："对，是假的。"

甲："如果是假的，那么我没有说假话，我说的话就又应当是真的了。我这句话到底是真还是假？"

这就是"说谎者悖论"。由"我正在说假话"这句话为真，可推出该语句为假；由"我正在说假话"这句话为假，可推出该语句为真。又如：

柏拉图："亚里士多德的断言是真的。"

亚里士多德："柏拉图的断言是假的。"

　　我们假设柏拉图的断言是真的,而柏拉图断言"亚里士多德的断言是真的",那么,亚里士多德的断言是真的;但是亚里士多德断言"柏拉图的断言是假的",那么,柏拉图的断言是假的。我们由"柏拉图的断言是真的"推出了"柏拉图的断言是假的",构成矛盾。反之,我们由"柏拉图的断言是假的"推出了"柏拉图的断言是真的",也构成了矛盾。类似这样的对话,通常被称为"说谎者循环",这一链条可以足够长,最终构成一个封闭的循环。悖论真是一个令人头晕目眩的谜题。

　　悖论是一个难解之谜。在过去相当长的历史时期里,曾使无数学者伤透了脑筋。相传公元前四世纪古希腊,有一位名叫"柯斯的菲利塔斯"的学者,为了寻找"说谎者悖论"的答案而积劳成疾,终至夭亡了。1947年美国哈佛大学学生威廉·哈克哈特和西奥多·卡林制造出世界上第一台准确、高速的能用于解决逻辑问题的计算机(即图林机),有人相信用这台计算机能解决"说谎者悖论",但当他们把"我正在说的这句话是谎话"这一命题输入这台计算机,结果计算机不但不能解开悖论之迷,而且自身也陷入反复振荡、来回倒腾的困境。他们便立即让计算机停止工作,以免这台价值昂贵的计算机被悖论这个魔鬼折腾坏了。

　　悖论的要害就在于混淆了语言的层次,我们用语言层次理论分析"说谎者悖论"如下:

　　"我正在说假话",它表示"我正在说一句话并且这句话是假的",这是语言的第一层次,是对象语言;"'我正在说一句话并且这句话是假的'是真的",这是语言的第二层次,是元语言。它们分别属于不同的层次,具有不同的意义。元语言中是真的,对象语言中是假的,并不构成矛盾。不能以元语言是真的而证明对象语言中

"我正在说的一句话"也是真的,它仍可以是假的。这正如同,对象语言中"鸟不是一个汉字"与元语言中"'鸟'是一个汉字"不能构成矛盾一样。

　　语义悖论式诡辩术的破斥:运用语言层次理论,揭示诡辩者混淆对象语言与元语言的谬误。语言层次明晰了,诡辩也就破产了。

第二节 诡辩的语形花样

语言是语形与语义的统一体。语义是语言的内容，语音是语言的形式。文字则是记录语言的书写符号系统。

语义总是要凭借一定的语音形式来表达。同样的语义可用不同的语音表达，叫一义多音；同样的语音形式也可表达不同的语义，即一音多义。正因为语音与语义之间结合的微妙复杂的关系，使得诡辩者玩弄语形花样来达到其诡辩目的有了可能。

188 滥拆词语

布谷鸟有什么用处?

滥拆词语式诡辩，是通过对词语随意进行拆合来混淆是非的一种诡辩手法。请看下例中"板子官"的一则趣闻：

清朝光绪二十七年（公元 1901 年）间，湖北宜都县有位知县姓王名国锋，系江西人氏，任职期间，为官还算清廉，只是缺少文墨，办事粗鲁，大堂上用刑频繁，所以人们给他取了个外号"板子官"。

有一次，一个姓"鲜于"名"光明"的人来衙门打官司，他早就听说过王知县有先打后问的坏习惯，一上大堂先跪下行过大礼，低头递上状纸，生怕惹怒了知县大人。王知县接过状纸大声念："鲜于光，明年四十岁。"

只见王知县将状纸往地上一扔，气愤地骂道：

"大胆刁民，大堂之上竟敢耍弄文墨，戏弄本官，你今年 39 岁就是 39 岁，还报什么明年 40 岁，先打鲜于光 30 大板！"

没等鲜于光明辩解，30 大板已挨上了身。

"鲜于光明"本是一个人的姓名，"鲜于"是姓，"光明"是名，是不能随意拆开的，而这个糊涂的王知县对此随意进行拆合，这就难免得出荒谬的结论。

滥拆词语之所以是荒谬的，是因为词是有特定意义和固定结构的一种语言单位。因为词的结构有固定性，所以是不能随便拆开的，如果随意加以拆合，就往往会歪曲词的原意。又如：

老师问小王："你知道布谷鸟有什么用处？"

小王答："布能裁衣，谷能当粮，鸟能供我们玩！"

同样，"布谷鸟"也是一个词，是不能随意进行拆合的，小王这是以滥拆词语的诡辩术来掩饰他的无知。

滥拆词语式诡辩不只存在于汉语中，其他语言中也有。

1929 年，美国堪萨斯州成立了一个"笨人俱乐部"，成员都是由社会上的绅士组成。这些绅士们也搞学术研究，他们研究的成果之一是：鸡是植物。理由是：鸡蛋是鸡生的，所以，可以说鸡是"鸡蛋工厂"。在英文中，"egg"是鸡蛋的意思，"plant"是工厂的意思。既然鸡是鸡蛋工厂，那么，"鸡"这个词也应该由"egg"同"plant"合成。

所以,"鸡"就应为"eggplant"。但是,"eggplant"一词在英文中却是
"茄子"的意思,而茄子是植物,既然茄子是植物,所以,鸡也是植物。

这些精神空虚的绅士们论证"鸡是植物"这一谬论使用的就是
滥拆词语的诡辩手法。

**滥拆词语式诡辩术的破斥:明确词是有特定意义和固定结构
的一种语言单位。词语不能随便拆合,否则就往往会歪曲原意。**

189　滥用语序
"人家睡着了都还摸着书!"

**语序是汉语的重要的语法手段,语序不同,表达的意义就可能
不同。诡辩者往往借助不同的语序来达到其混淆是非的诡辩目的,
这就是滥用语序式诡辩术。**

从前,一个私塾里学生们正在听老先生讲课。一会儿,有两个
学生靠在桌子上睡着了。"啪!"老先生一戒尺打醒了那个穿得破破
烂烂的学生,说:

"你一摸到书就睡着了,你看他——"老先生指着旁边那个穿戴
阔气的学生说,"人家睡着了都还摸着书哪!"

于是学生们纷纷议论起来,教室里乱得像一窝蜂。

同样是学生靠在桌子上睡着了,老先生嫌贫爱富。对穷学生,
"摸到书就睡着了",是说太不爱看书了,一摸到书就睡,是贬义。对
富学生,"睡着了都还摸着书",是太爱看书了,睡着了还摸着书,是
褒义。老先生滥用语序,同样的事,顺序一颠倒,意义就完全不同,

对穷学生痛加贬斥,对富学生则大加赞美,这就是滥用语序式诡辩。又如:

清代曾国藩在镇压太平天国起义军时,几遭挫折,连连失败。他打算请求皇上增援军队,于是就草拟了奏章,作为面奏时的"腹稿",其中讲到战绩时,不得不承认"屡战屡败"。一位师爷看了这个提法后,马上联想到不久前发生的"一幕":一员大将面奏时,也曾讲到"屡战屡败",因触怒龙颜而遭贬谪。他不禁为主子捏了一把汗。但是,对皇上又不容谎报军情,他在"屡战屡败"前苦思良久。

猝然间他灵机一动,将"战"与"败"两字调换一下位置,这样"屡战屡败"变成"屡败屡战",从而使这句话的意思起了质的变化。"屡战屡败"表现为无能,"屡败屡战"却表现为英勇。

次日,皇上听了曾国藩面奏"臣屡败屡战"一语后,果然龙颜大悦,认为他在失败面前斗志不灭、百折不挠,从此他福星高照,连连受皇上恩泽。

这位师爷为主子开脱罪责进行辩护,就是通过改变"屡战屡败"中的语序来达到目的的。

滥用语序式诡辩术的破斥:必须透过语序准确把握某一语句的真正含义,而不被对方似是而非的语序变换所迷惑。

清朝末年,江苏常熟县有一群纨袴子弟,饱食终日,无所事事。每当夕阳西下时,他们便策马疾驰于虞山言子墓(言子游墓)之间,寻欢作乐,扰乱治安。光绪二十三年(公元1897年)暮春的一天,公子哥儿周某因马术不精而伤人致死,遂被控下狱。其父周惟贤在讼师陆芝轩的授意、伙同下,贿赂了县署代书诉状的小吏,将状词中的"驰马"改为"马驰"。驰马伤人,是指人乘马飞驰伤人,罪在人;马驰伤人则是指马脱缰而伤人,这属意外事故,周某不构成犯罪。昏聩的县令竟也如此上报。当时主持江苏省司法的按察使朱之榛,审阅了该县所呈"详文"后,觉内中有诈,便写了批文,指出详文中"马驰伤人"含义不清,诘问:

"究竟马系厩中,脱缰而伤人乎? 抑人乘马背,疾驰而伤人乎?"
这样滥用语序式诡辩便败露了。

190　滥用停顿
民可使由之不可使知之

语句中停顿的位置不同,表达的含义就可以有所不同,有时甚至会截然相反。比如《论语·泰伯》中有这么一句:

"民可使由之不可使知之。"

由于古书没有标点,因而不同的人出于自己的需要对该语句做出不同的停顿,所表达的意义就相去甚远。持批判态度的人说,孔子这句话是愚民政策,因为他说:

"民可使由之,不可使知之。"

那是说,人民只可以去奴役他们,不可以让他们知道什么。而持赞美观点的人说,这句话有较高的民主意味,因为他说:

"民可,使由之;不可,使知之。"

那是说,当人民觉悟较高,让他们自由行动;思想觉悟不高,就让他们懂得道理。

有的诡辩者却会故意通过改变语句的停顿来达到其诡辩目的,

这就是滥用停顿式诡辩。比如，算命、相面、占卜之类的江湖骗子，他们骗人的手法之一便是通过滥用停顿来说活络话，正说也行，反说也通，随机应变，视情而解。

当问到父母有殁情况时，他们爱说一句："父在母先亡。"

如果事实上母亲先死了，就断为："父在，母先亡。"

如果事实上父亲先死了，又可断为："父在母先，亡。"

如果父母均已去世，这总该有个先后，可以解得通；如果父母均还健在，又可说是在预言未来。因而，这就使人觉得他的话永远都是正确的，其实这不过是地道的诡辩。又如，当有人问工作、婚姻情况时，他们又爱说：

"有事不能闲呆。"

"有妻不能光棍。"

如果你有职业、有妻子，他们就这样停顿：

"有事，不能闲呆。"

"有妻，不能光棍。"

既然有职业，就不能在家闲呆着；既然有老婆，当然就不是光棍。如果你没有职业、没有妻子，他们又会这样停顿：

"有事不能，闲呆。"

"有妻不能，光棍。"

既然没有职业，只好在家闲呆着；既然眼下没有妻子，就只能算是光棍了。不管在哪种情况下，他们的话都是灵验的。

滥用停顿式诡辩术的破斥：首先要求明确语句的停顿，不容随意改变。

191 文字拆合
中国传统重女轻男的根据

汉字是表意文字，每个字都有一定的意义。汉字有大量是合体字，一个字由几个汉字组合而成。文字拆合式诡辩，就是通过对汉字的结构进行随意拆合来混淆是非、颠倒黑白的诡辩手法。比如：

中国向来是重男轻女的，但是有人却通过使用文字拆合的方法得出相反的结论。

甲：事实上，中国传统上不是重男轻女，而是重女轻男。

乙：不对，我国向来重男轻女，你这样说有何根据？

甲：中国的文字就是一个根据，什么叫"好"？"好"就是"女""子"，而不是女子的就"孬"，不是女子的只能是男人。所以，中国人历来认为男子孬，女子好，这不是重女轻男么？

"好"字在甲骨文中是个会意字，左边是半跪着的妇女，胸前抱着一个婴儿，在当初大概是以多子女的母亲为好，但是以赞美母亲而得出重女轻男的结论却是缺乏充足理由的。

有个叫李相文的同学，上课朗读课文，将"诞生"读成了"延生"。王老师提醒他："这是'诞生'，怎么能读成'延'呢？这又不是形声字！"李相文自以为是，答道：

"左边是'言'，右边也是'延'，怎么就不能念'延'呢？"

"李目文同学啊，你说得真好啊！"王老师笑了。

"报告老师，我叫李相文，'宰相'的'相'！"李相文一脸委屈。

"左边是'木',右边也是'目',怎么就不能念'目'呢?"王老师笑着反问道。

李相文滥用拆字法为自己狡辩,王老师随即根据对方的逻辑将其名字中的"相"字读成"目"字,反驳得恰到好处。

更有人通过对汉字进行拆合来预测吉凶,这就是所谓测字。比如,从前有个皇帝化装成一般的老百姓出游,见有个测字先生正在给一个人测字,那个人写了个"帛"字。测字先生说:"你家有丧事,因为白巾就是戴孝。"

皇帝也跟着测字,同样也写了个"帛"字,然而测字先生看出对方非同一般,就对"帛"字作出了完全不同的解释说:

"帛字是皇字的头,帝字的脚,您贵有天下!"

同一个字不同的人所测的结果竟然会有天壤之别。

将汉字拆合发挥讲解,本是一种文字游戏,完全不顾汉字的真正结构和实际情况,而按测字术士的需要随心所欲地进行解释。又如:

有一天,宋高宗微服出行,在街上遇见测字术士谢石。高宗用手杖在地上画了一横,让谢石测,谢石一看来人不凡,便说:

"土上一横为王,阁下并非庶人,必是当今皇上无疑!"

于是对皇上纳头便拜。

是否真有其事实在难以考证。但即使真有其事,这也不过是谢石察言观色、望文生义、随意附会罢了。

文字拆合式诡辩术的破斥:将汉字拆合讲解,只是一种文字游戏,与客观事物并无必然联系,不可相信。

192 语调混淆

彼君子兮, 不素餐兮!

所谓语调, 就是指句子里声音高低升降的变化。同样一句话因语调不同, 所表达的效果、产生的作用也就不同。比如:

"这个项目少了你不行。"

"这个项目少了你不行?"

前一句语速略快, 语调尾音稍抑, 用的是降调, 说起来语气诚恳, 表达出对方在这个项目中不可或缺的作用;后一句尾音上扬, 用的是升调, 表达出明显的嘲讽意味。由于语调不同, 它们表达的意义就大不相同, 对方听了产生的感受自然也就会截然相反。因而, 在论辩中我们不能不注意选用恰当的语调。同样, **诡辩者也往往通过偷换不同的语调来达到其混淆是非、颠倒黑白的诡辩目的, 这就是语调混淆式诡辩。**

人们对《诗经·伐檀》一诗的不同理解就是一个典型的例子。

《诗经·伐檀》中有这么一句:

"彼君子兮, 不素餐兮!"

它的语调是上扬的强烈反问语调, 意思是:

"这些大人君子们难道不是白吃食的吗?"

它表达了奴隶们对不劳而获的奴隶主的强烈憎恨。而奴隶主、贵族、封建统治者及其文人则将该句变为下降的感叹语调, 意思是:

"这些君子大人们是不会白吃食的啊!"

有人认为,这些大人君子们是要吃好菜的,"非肉不饱";也有的人解释说,这些君子大人们是理想的圣君贤相,可使天下太平,他们是不会白吃食的,等等。由于语调不同,人们对同样一句诗的理解竟然会有如此巨大的差别!这些封建统治者及其文人们偷换语调,这就严重歪曲、篡改了原意,我们不能不说他们是在玩弄语调混淆式诡辩术。

语调混淆式诡辩术的破斥:结合上下文和特定的语境,确定某一语句的语调,不容混淆和偷换。

193 偷换重音
这点房租还想屋顶漏香槟酒?

为了突出某种特殊的思想感情,把句子里的某些词语读得较重些,这就是语句重音。句子中语句重音的位置不同,该语句给人的感受也就会不完全相同。**偷换重音式诡辩,就是通过随意变换某一语句的重音位置来偷梁换柱,以达到其诡辩目的的方法。**

西方民间流行这么一条规诫:

"你不要对你的邻居作假证。"

有人故意对其中的"你的邻居"加以强调读成:

"你不要对你的邻居作假证。"

这样,这句话给人的感受也就变了,似乎只要不对邻居作假证而对其他人作假证并没有关系，这就是偷换重音式诡辩。又如：

"我无法再忍受了！从屋顶不停地往我的房间里漏水！"房客对房东诉苦说。

"你还想怎么样？每月就交那么点房租，难道还想漏香槟酒不成？"

房客的话重音在"漏"字上，房东却把重音偷换成"水"字上。

使用偷换重音式诡辩有时会产生极其荒唐的诡辩效果。比如：

老板对出纳员说："有人对我讲，你偷了我们公司的钱！"

出纳员说："怎么！难道您要我在您这里当出纳员，却要到别的老板那儿去偷钱？"

老板的重音本来是在"偷"这一音节上，意思是不能偷钱，不应该偷钱。可是，出纳员却将重音偷换到"我们"上来理解，而将对方的话歪曲成"偷的钱为什么是我们公司的而不是别的公司的"，这样，本来是鼠窃狗盗的丑行，却变得气壮如牛、盛气凌人。

偷换重音式诡辩术的破斥：偷换重音式诡辩主要诉诸于人们对该语句的主观感受，语句的重音位置不同，人们的感受就不一样，但它们客观的真假意义却仍是一样的。要反驳这种诡辩，我们除了要正确把握该语句重音的正确位置之外，还必须正确把握该语句所表达的真正的逻辑含义。又如：

某厂办公大楼水槽上方写着"此处不准倒剩茶叶"几个大字。对此，几个青年人展开了一场争论。

甲："'此处不准倒剩茶叶'，就是说，可以倒好茶叶。"

乙："你这理解略嫌片面。应该说，这句话的意思是：'除了剩茶叶之外，什么东西都可以往里边倒。'"

丙："你们俩都是在瞎说！"

甲和乙之所以是瞎说,是因为他们使用的是偷换重音式诡辩。

194 **借助谐音**
如来、老子、孔子都是妇人?

有些汉字字形、字义不同,但是它们的读音却相同或相近,这种现象就叫谐音。有则古代笑话讲道:

某地方官拜见巡抚大人。

巡抚:"你那里的百姓如何?"

地方官:"白杏有两棵,红杏倒不少。"

巡抚:"不是问杏树,是问黎庶。"

地方官:"梨树很多,只是结的果不大。"

巡抚:"什么梨树杏树,我是问你的小民。"

地方官:"下官小名叫狗子。"

地方官之所以答非所问,就是因为百姓与白杏、黎庶与梨树、小民与小名声音相近或相同。**诡辩者往往借助谐音现象来达到其混淆是非、颠倒黑白的目的,这就是借助谐音式诡辩。**

四川的吴坤斋喜欢说笑话。一天,邻居造了新屋,他庆贺道:

"这房做得妙!"

吴坤斋利用"妙"与"庙"音同现象,讥讽人家的住宅是寺庙。

《唐阙史》中记载有这么一个故事——戏子李可及在宫中演滑稽戏,并声称自己精通三教。于是皇帝问:"你既然精通三教,那释迦如来是什么人?"

"妇人。"李可及答道。

"为什么是妇人?"皇帝吃了一惊,问道。

"《金刚经》云:'敷座而坐',有夫有儿,不是妇人又是什么?"

皇帝一听哈哈大笑,又问:"太上老君是什么人?"

"也是妇人。《道德经》云:'吾有大患,为吾有身,及吾无身,吾有何患?'如果不是妇人,怎么会有娠呢?"

皇帝又是一笑:"文宣王是什么人?"

"也是妇人。《论语》云:'沽之哉!沽之哉!我待价者也。'如果不是妇人,干吗要等待出嫁呢?"

本来,释迦牟尼、老子、孔子都是男人,但是,李可及根据"敷""而"跟"夫""儿"音同,"身"跟"娠"音同,"价"跟"嫁"音同,并利用这些音同现象把他们都说成是妇人,这就非常荒唐可笑了。他这是借助谐音式诡辩。

借助谐音式诡辩术的破斥:诡辩者利用字词的音同、音近等来偷换概念,我们要制服这种诡辩,就必须首先确定它们的精确含义,使得对方无法偷换。

195　借助双关
吃发菜可以发财

修辞学的双关,是依靠语言环境的帮助,利用语言的声音或意义上的联系,使一句话同时关涉两个事物的一种修辞手法。恰当地运用双关手法,可使语言幽默、饶有风趣,也能适应某种特殊语境的需要,使表达含蓄曲折、生动活泼,以增强语言的表现力。

有的诡辩者也会借助双关的手法来为其谬论进行辩解,这就是**借助双关式诡辩**。比如:

"苹果"谐"平",认为吃苹果可图家人平安。

"芫荽",谐"延岁",寓意延岁长寿。

南方还有"发菜",谐音"发财",认为吃发菜可以发财。

有的地方禁忌在屋前种桑,因"桑"与"丧"谐音,门前桑是望门丧。有的地方认为在院中栽梅树寓意主人好色,克妻败家,因"梅"与"媚"谐音。河南方城一带忌院内种桃树,说种桃树主逃荒要饭,因"桃"与"逃"谐音。有人认为斜门不宜,因为"斜门"与"邪门"同音,会带来意外事件。

这些都是借助双关式诡辩。

借助双关式诡辩术的破斥:双关的两类事物之间仅仅是音同或音近并无必然联系。

其实,以上的"苹"与"平"、"芫荽"与"延岁"、"发菜"与"发财"、"桑"与"丧"、"梅"与"媚"、"桃"与"逃"、"斜门"与"邪门",等等之间,并没有必然的联系,仅仅是声音相同或相近而已,是谐音双关。

196 借助对偶

琵琶琴瑟八大王,王王在上

对偶就是使用结构对称、字数相等的两个句子来表达相似、相反或相关意思的一种方法。对偶这种方法在古代人们的论辩中较为常用,同样也是诡辩者乐于采用的方法。**诡辩者为了达到制服对手的目的,常常出其不意地出对句要对方来对,如果对不出来或对得不恰当,这样诡辩者就占了上风。**

19 世纪末,美、英、法、俄、德、意、奥、日八国联军,对中国发动了疯狂的侵略战争,先后占领了天津和北京。腐败的清政府毫无抵御能力,急忙屈膝求和。一次,清政府与八国"议和"。会议开始之前,有一个帝国主义国家的代表,想借机欺辱中国,并显露自己的才能。他起身离席阴阳怪气地对清政府代表说:

"我听说你们中国有一种独特的文学形式叫作对联,要求语词对称,音调协调,严密工整。现在我出一上联,要你们对出下联! 我这上联是:'琵琶琴瑟八大王,王王在上',请对下联吧!"

八国代表马上明白了他的含义,发出一阵得意的狂笑,交口称赞,并乜视着中国代表们,看他们如何对应。然而,腐朽无能的清政府代表,面对帝国主义分子的挑衅和戏弄,虽然胸有不平,但一时无词对答,只是尴尬地苦笑。八国代表越发得意忘形,恣意大笑。就在这时,只见一位清政府代表身后的秘书霍然站起,正义凛然,两眼圆睁,两道目光犹如电光扫过全场。全场顿时鸦雀无声。片刻,他以洪亮的声音说道:

"既然外国人能想出上联,中国人就能对出下联! 下联是:'魑魅魍魉四小鬼,鬼鬼犯边'!"

这对仗严谨、词锋犀利的对答震慑群魔,使挑衅者相顾愕然,瞠目结舌。

八国联军代表在这场论辩中,使用的就是借助对偶术,以"八大王""王王在上"来显示他们耀武扬威、目空一切的骄横气势,而这位秘书巧对下联,斥责对方为侵犯我国边境的"小鬼",给了对方以有力的反击。

清代文学家魏源，自小性情直爽，疾恶如仇。在魏源的家乡，有一个无耻无能的举人，专好抄袭别人的诗作。一次被 11 岁的魏源揭了老底，举人恼羞成怒，便想借题发挥，加以报复。他指着灯笼里的蜡烛，说道：

"烟蘸蜡烛，烛内一心，心中有火。"

魏源应声而对："纸糊灯笼，笼边多眼，眼里无珠。"

举人挨了骂，不肯罢休，又气冲冲地说："屑小欺大乃谓尖。"

魏源又立即回敬道："愚犬称王即为狂。"

举人本想借助对偶来报复小小的魏源，但魏源巧妙应对，反而弄得这个妄自尊大的举人面红耳赤、狼狈不堪。

借助对偶式诡辩术的破斥： 要对付诡辩者借助对偶术的挑衅，我们必须具备扎实的语言学基础和灵巧的随机应变能力，能随时想出很恰当的句子来应对。

第三节 诡辩的语用手腕

语用即语言的运用。人们语言的运用离不开特定的语言表达式、语言表达式的意义,以及语言使用的语境因素。诡辩者往往会借助语用的各方面因素来颠倒是非、混淆黑白,我们需要提高警惕。

197   **荒唐比喻**
"茶壶茶杯"怪论的由来

荒唐比喻式诡辩就是用不伦不类的比喻手法来论证自己荒谬主张的诡辩。

辜鸿铭是 19 世纪末、20 世纪初中国的一个怪才,文理兼通,学贯中西,而且精通 9 门语言,获得 13 个博士学位,对西方各国的风土人情了如指掌。但他却坚决拥护"一夫多妻制",他本人就有一妻一妾。每议论到纳妾,他就眉飞色舞。一日,他与两位美国小姐谈到妾的时候说:"妾字为立女,妾者靠手也,所以供男人倦时做手靠也。"

美国小姐反驳道："岂有此理?! 如此说,女人倦时,又何尝不可将男人做手靠? 男子既可多妾多手靠,女人何以不可多夫乎?"

她们洋洋得意,以为难倒辜鸿铭了。不料,辜鸿铭说:

"非也,非也。汝曾见一个茶壶四只茶杯,但世上岂有一个茶杯配四个茶壶者乎?"

这就是辜鸿铭"茶壶茶杯"怪论的由来。

辜鸿铭论证歪理喜欢用比喻,辜鸿铭玩弄的就是荒唐比喻式诡辩术。

使用比喻虽然形象生动,但结论并不可靠。这是因为:

第一,这是由比喻这一修辞格的本质所决定,比喻不具有论证性。学过比喻的都知道,本体与喻体必须是相去甚远的事物,只是一些表面的相似而已。表面的相似不能得出断定事物的本质相同的结论。从论证的角度来说,"茶壶茶杯"与人类婚姻,风马牛不相及,谈何论证性? 又如:

当年欧洲,在哥白尼的日心说刚被提出来时,曾经引起教会方面极大的不安和反弹。当时有一种比较流行的反驳论证是这样的:

"太阳是被创造出来照亮地球的。这是因为人们总是移动火把照亮房子,而不是移动房子被火把照亮。因而只能是太阳绕地球旋转,而不是地球绕太阳行。"

这个比喻是很形象、很有力的,也很符合人的常识。因此,直到19世纪中叶,还是有一些教会拒绝日心说的假设……但是我们现在知道,一个命题的正确性,并不会因为比喻的生动、贴切与否,或者它是否符合人的常识,而增加或者减少分毫;一个命题的正确性,关键是看它断定的情况是否符合事物的实际情况。

古罗马奴隶制时代,贵族为了维护自己的统治,有这么一套说辞:

"国家就是放大版的人,贵族是头脑,奴隶是手足。手足显然要听命于头脑,人才能生存和自由活动。因此,奴隶理应无条件服从贵族,这是自然的天性。"

这段比喻也很形象,当时的很多奴隶也接受了这套说辞。但这套逻辑是很荒谬的,仅仅是比喻,不具有论证性。

第二,同一个比喻本体,选用不同喻体来作比时,结论便大不相同,有时甚至截然相反。当我们要反驳荒唐比喻式诡辩时,便可选用不同喻体来打比方。

比如,有个人骄傲自满,脱离群众,他却辩解道:

"只有羊啊,猪啊,才是成群结队的,狮子老虎都是独来独往的。"

对此,著名杂文家马铁丁同志反驳道:

"狮子、老虎固然是独来独往的,刺猬、癞蛤蟆、蜘蛛又何尝不是独来独往的呢?"

那个骄傲自满的人以动物来作比方,用猪、羊的习性讥讽联系群众的观点,用狮子、老虎来类比得出自己的行为是高尚的这个结论。马铁丁同志选用不同的事物来打比方,得出了与对方观点针锋相对的结论,揭露了对方观点的荒谬性,反驳得恰到好处。

荒唐比喻式诡辩术的破斥:比喻可增添语言的形象性,但并不具有论证性,也可选用不同的比喻与对方构成对抗。

198　滥用拟人

你能叫得这萝卜答应你么？

拟人就是把物当作人来描写的方法，在论辩中恰当地使用拟人的方法，可使我们的语言栩栩如生，有助于表达我们鲜明的爱憎感情。然而，**诡辩者也会借助拟人的方法来蛮横无理地混淆是非，我们称之为滥用拟人式诡辩。**

请看鲁迅小说《阿Q正传》中，阿Q与尼姑的一场论辩。

阿Q走到静修庵的墙外，四面一看，并没有人，便爬上矮墙，跳到里面去了。他忽然惊喜地发现一畦老萝卜。他于是蹲下便拔，赶紧拔起四个萝卜，拧下青叶，兜在大襟里。然而老尼姑已经出来了。

"阿弥陀佛，阿Q，你怎么跳进园里来偷萝卜！……啊呀，罪过啊，啊唷，阿弥陀佛！……"

"我什么时候跳进你的菜园里来偷萝卜？"阿Q且看且走地说。

"现在……这不是？"老尼姑指着他的衣兜。

"这是你的？你能叫得他答应你么？你……"

萝卜是植物，不是人，更不会讲话。可是阿Q在偷了人家的萝卜之后，为了抵赖，便把萝卜当作人，要对方能叫得萝卜答应，才能算是她的，这就是滥用拟人式诡辩。又如：

有个游手好闲、拍马溜须的所谓"学者"，一天，他在市场上买了6只来自中国的麻雀，决定用它们去讨好国王。

按照这个国家的习惯，7是大吉大利的数据，要是送去6只，国王兴许会不高兴的。国王一发怒，可就麻烦了。但是，中国麻雀只有 6 只，怎么办呢？他想了半天，决定混进一只本国麻雀，凑足 7 只献给国王。

国王一见，果然高兴。他仔细地把它们逐一玩赏一遍，突然发现有一只本国麻雀混在里边，立即大怒，责问他：

"这是怎么回事？是不是你自恃博学多识，欺我寡陋无知？"

"学者"一听，知道自己闯了大祸，吓得索索地抖。突然，他想起一个理由，忙对国王说："陛下，这只本国麻雀是一位翻译。"

只有人类才有语言，而且不同的民族有不同的语言，要出国，就有所谓翻译问题。而动物既没有语言，更没什么翻译。这个溜须拍马的所谓学者面临绝境，忽然眉头一皱，计上心来，利用拟人的手法将这只麻雀说成是一位翻译，以此来达到为自己开脱的目的。当然，国王并不是学者，他看重的不是科学表达和严格推理，他喜欢的是臣民的奴颜婢膝，学者的忠心与机巧，这个学者终于博得了国王的欢心。

滥用拟人式诡辩术的破斥：拟人只是把物当成人，并不是真的人，不要被假象迷惑。

199　滥用拟物

拱什么，谁不知道是猪年？

在公园里，栏杆外盛开的月季沉甸甸地垂下来。一个小伙子紧挨着姑娘讨好地说：

"你是世界上最美丽的姑娘。你看,那鲜花在你面前都羞得抬不起头来了,而只有我,才配作烘托你的绿叶。"

姑娘用手指着旁边的仙人掌说:"不!你看,那仙人掌为什么还直挺挺地站在我的面前?"

"怎么能用呆头呆脑的仙人掌来和你相提并论呢?它皮厚,身上净是刺,令人讨厌!"

姑娘莞尔一笑:"是啊,它为什么还不知道害羞呢?"

姑娘使用的是拟物手法。她表面上是说仙人掌,实际上表达了对对方不知羞耻的厌恶之感。

滥用拟物式诡辩,即把人当作物来描写,以此来对论敌进行人身攻击。

正是上下班高峰时间,公交车上人挤人,某甲好不容易挤了上去,长吁了一口气,不小心碰到了前面的某乙。

"拱什么,谁不知道今年是猪年!"乙不客气地说。

甲一听,火了:"狗年都过去了,叫唤什么!"

甲把乙比拟成猪,乙把甲比拟成狗,这是语言不文明的表现,应该杜绝。

滥用拟物式诡辩术的破斥:把人说成是物,只适合用来对敌人的斗争,比如《社会主义好》的歌词"帝国主义夹着尾巴逃跑了"把敌人说成狗,就很有战斗力。而在人民与朋友之间,则会影响团结,不宜使用。

200　滥用反语
骑鸡、穿篱笆的人

　　反语就是说反话,是运用跟本意相反的词语来表达本意的修辞方法,通常表现为正话反说或反话正说。

　　一个少年很喜欢说反语,有次骑了一匹马到邻居老翁家讨酒喝。

　　老翁:"我倒是有一坛酒,可惜没有下酒的菜。"

　　少年:"把我的马杀了下酒吧!"

　　老翁:"你把马杀了骑什么呢?"

　　少年指着院子里的鸡说:"骑它!"

　　老翁笑着说:"家里虽然有鸡,但没有柴禾烧。"

　　少年:"把我的衣服脱去烧。"

　　老翁:"你烧了衣服穿什么呢?"

　　少年指着门前的篱笆说:"穿它!"

　　这个少年说的就是反语。这个少年表面是说要杀马、烧衣服,实际的意思是要杀鸡、烧篱笆。

　　在很多场合,反语往往含有否定、讽刺以及嘲弄的意思,带有强烈感情色彩。**诡辩者往往使用反语来讽刺、挖苦论敌,这就是滥用反语式诡辩术。**

　　某甲:"我的京剧唱得如何?"

　　某乙:"唱得很好。"

某甲:"唱得比谁好?"

某乙:"唱得比我家黄牛好多了!"

某乙这样说是在用反语对某甲进行讽刺挖苦。又如:

某甲:"你认为我们班长工作能力怎样?"

某乙:"我们班长干什么都行。"

某甲:"就没有半点缺点吗?"

某乙:"只有两点不行。"

某甲:"哪两点不行?"

某乙:"这也不行那也不行。"

某乙这样说也是在用反语对他人进行讽刺挖苦。要知道,在同学、同事与朋友间滥用反语,往往严重危害人与人之间的关系,最后落得孤立无援的下场。

滥用反语式诡辩术的破斥:或者列举相反事例进行反驳,或者不予理睬。

201　错误比较

木与夜孰长?　智与粟孰多?

比较是把两个或两个以上事物或同一事物内部的不同方面并举出来,进行相互比照的一种论辩方法。使用比较的方法必须注意,比较的标准必须同一,标准必须合理,材料必须真实,分析必须全面,所作的比较与推断必须有必然联系。如果违反了以上各点,这种比较就是错误的。而**诡辩者往往会用错误的比较形式来为其**

谬论辩护，这就是错误比较式诡辩。

错误比较式诡辩有以下表现：

（1）比较的材料不真实。

农夫老王决定盖一所仓房。他请来一位泥瓦工，商议盖房的工期和工钱。

泥瓦工说："这所仓房10天可盖好，我的工钱是每天6元，共计60元。不过另外还得一个下手——"

"我给你当下手好了，不必另找人。"老王说。

仓房如期完成后，老王却只给了泥瓦工50元，泥瓦工认为少给了他10元。这时老王却说：

"得了，兄弟，别不知足了。你瞧你才干了这么几天活，就捞到了不少钱。可你瞧我，我给你当了十来天下手，连一个子儿也没捞到！"

农夫老王将泥瓦工和自己比较，说自己"一个子儿也没捞到"就是虚假的，因为他得到了仓房，仓房凝结了人们的劳动，是有价值的。

（2）比较的标准不合理。

明朝诗人李东阳得到一匹好马，把它送给朋友陈师召。陈师召骑着这匹马上朝，上朝途中，作了两首诗。回来以后，他便把马还给李东阳说：

"平时我骑马上朝，一来一回能作六首诗，这次骑这匹马却只作了两首诗，还是把它还给你吧，这不是好马。"

李东阳笑着说："马是以走得快为好。"

陈师召沉思了半晌，点点头又骑着这匹马走了。

陈师召以作诗多少作为评价马好坏的标准，这个标准是不合理的。

（3）比较的事物不同类。

《孟子·告子下》中记载了这么一则论辩：

任人问屋庐子说："礼与食哪样重要？"

屋庐子答："礼重要。"

任人："色与礼哪样重要？"

屋庐子："礼重要。"

任人："用礼的方式来取食物，则不能得到食物饥饿而死；不用礼的方式来获取食物，则能得到食物，那么是不是一定要遵守礼呢？明媒正娶，则不能得到妻室；不明媒正娶，则可以得到妻室，那么一定要明媒正娶吗？"

屋庐子不能回答，便去请教孟子，孟子说：

"这个问题有什么难呢？如果不衡量一下屋子的基脚，而只比较顶端，那么寸把厚的木块放在高处也可以比高楼还高。金子比羽毛重，难道说三钱重的金子会比一车羽毛重吗？拿吃的重要方面和礼的细微末节比较，哪里仅仅是食重要呢？拿婚姻的重要方面和礼的细微末节比较，岂止仅仅是娶妻重要呢？你可以这样回答他：扭断哥哥的手臂，夺下他手中的食物，就会得到吃的；不扭断哥哥的手臂，就不能得到吃的，那你会去扭吗？爬过东邻家的院墙去搂抱人家姑娘，就可以娶得妻子，不去搂抱，就娶不到妻子，那你去搂抱吗？"

任人与屋庐子的论辩中使用了比较的方法，但是比较的事物不同类。孟子则对这种诡辩给予了淋漓尽致的反驳。

墨子对这类诡辩也有过精辟的分析：

"异类不比。"

"木与夜孰长？智与粟孰多？"

不是同一类的事物是不能进行比较的。木头可与木头相比，冬夜可与夏夜相比，木头与夜却不能进行比较。同样地，智慧与粟也是不能在同一标准下进行比较的。

错误比较式诡辩术的破斥：明确要求，比较的材料必须真实，比较的事物必须同类，标准必须合理，分析必须全面，所作的比较与推断必须有必然联系。

202　滥用俗语
舍得孩子，就一定能套住狼！

俗语是通俗并广泛流行的定型的语句。大多数俗语是劳动人民创造出来的，反映了人民的生活经验和愿望，具有简练、形象、生动的特点。在论辩中恰当地引用俗语，可以产生一种幽默风趣、出人意料的论辩效果。**同样地，诡辩者也会使用俗语来达到其混淆是非的诡辩目的，这就是滥用俗语式诡辩。**

有个秀才，娶了个猎人的女儿做老婆。他老婆天天数落他是没用的东西，手无缚鸡之力。一天，秀才火气来了，跟老婆说：

"我也会套狼，不信今天就套只狼给你看！"

说着，抱起小儿子就往外跑。他老婆大惊失色：

"你套狼，抱儿子去干什么？"

秀才振振有词地说：

"俗话说，舍不得孩子套不住狼，我舍得孩子，就一定能套住狼!"

这秀才为证明自己能套住狼,借用了一句俗语"舍不得孩子套不住狼",但由此俗语并不能证明他就能套住狼,因为他的推论是错误的。他的话包含这么一则推理:

> 如果舍不得孩子,就套不住狼,
>
> 我舍得孩子,
>
> 所以我就能套住狼。

这秀才使用的是条件推演否定前件的荒谬形式,因为舍得孩子,并不就能套住狼。

另外,必须注意的是,在老百姓中广为流传的"俗语",很多已被断章取义、歪曲篡改,不足为凭。

例如"舍不得孩子套不着狼"这一俗语,原话为四川方言"舍不得鞋子套不着狼",意思是说要想打到狼,就要不怕跑路、不怕费鞋。这是因为狼能奔善跑,猎人若想逮住它,往往要翻山越岭、跑许多山路,爬山路是非常费鞋子的一件事情,而方言中"鞋子"与"孩子"音同,都读为"háizi","鞋子"便变成了"孩子",实际上套狼与孩子没有丝毫关系。又如:

俗语"无毒不丈夫",原话为"无度不丈夫",指不能小肚鸡肠、要有度量才算是真正的男子汉、大丈夫。

俗语"无奸不成商",原话为"无尖不成商",指卖东西时量斗不仅要装平,还要冒出个尖来的人才能成为合格的商人。

俗语"三个臭皮匠,顶个诸葛亮",原话为"三个臭裨将,顶个诸葛亮",指三个貌似平庸的普通军官凑在一起,也能抵得上诸葛亮的才能。

滥用俗语式诡辩术的破斥:指出对方引用的俗语不可靠,不能

证明对方的论点。

203　咬文嚼字
你应该说跃，不该说跳！

从前，有一个秀才下乡，一条水沟挡住了去路。他取出书来，仔细翻看，却怎么也找不到过沟的办法。一个农夫说：

"一跳不就跳过去了？"

秀才听了他的话，双脚并拢，往上一蹦，竟落到沟中。农夫说，不是这么跳法。说罢，单脚起跳，一跃而过。秀才看了埋怨道：

"单脚起步为跃，双脚起步为跳，你应该说跃，不该说跳。"

这个秀才这样说便是咬文嚼字、死抠字眼、不知变通，结果吃亏的还是自己。

有的诡辩者也会故意死抠字眼、与人争辩，我们称之为咬文嚼字式诡辩。

小王自学了古代汉语后，便喜欢用古汉语的语言现象与人争执。

他说："现代人颈项混用而古代人颈指脖子前部，项指脖子后部。比如，曲项向天歌，就不说曲颈向天歌。"

有一次小王踢球时撞掉了一颗门牙，大家关心地问他是否牙撞掉了，他正色说："这是齿。没听说过唇亡齿寒吗？口腔后面的槽牙才叫牙。"

同学让他开宿舍门时，他也会习惯性纠正："古人说：单扇为户双扇为门。地位较高的人家的门是双扇的称为门,穷人家只开了单扇的门就叫作户了。这是单扇的你们应该请我把户开一下,才对。"

有一次小王发烧了躺在床上,室友关心地问:"你病了吗?"

他翻了一下白眼说:"这不是病而是疾。疾是小病,疾比病轻。病则是重病甚至垂死。"

室友为他打来了饭菜对他说:"你一定饿了吧,快吃饭吧。"

他固执地纠正道:"我只是饥了不是饿。饿是严重的饥饿会导致死亡的。"

…………

这个小王死抠字眼、卖弄学识、与人争辩,就是典型的咬文嚼字式诡辩。

有的诡辩者也会故意咬文嚼字、死抠字眼来刁难人。比如:

两个姑娘在湖边散步,因为天气炎热,决定游泳消暑。她们刚要下湖的时候,只听得一个男人喊道:"对不起,小姐,这里不准游泳。"

"那你为什么不在我们脱衣服的时候告诉我们?"一个姑娘抗议道。

"可是,规定并不禁止在湖边脱衣服哇!"那人说。

在当时情景下,两个姑娘脱衣服当然是为了下湖游泳,那男的是死抠字眼刁难人。

咬文嚼字式诡辩术的破斥:语言是不断演变发展的,在词汇方面表现为旧词消亡、新词产生、词义变化。应以当代约定俗成的社会习惯为准。

204 诱导提问
让对方说出自己想要的答案

在电视剧的法庭辩论场合,常常有这样的情形:当一方律师向原告、被告或证人发问的过程中,另一方律师向法官提出抗议:

"对方律师这是诱导式提问,我反对!"

法官:"反对有效。"

这时律师的提问只得停止,或变换提问方式。

那么,什么是诱导式提问? **诱导式提问又称"暗示询问",是通过明示或暗示的手法来诱导回答者给出提问者想要的答案的提问方式。**诱导式提问的核心在于:"答案镶嵌于问题之中"。比如:

"你是否听到那个人说,'我刚刚杀死了他?'"

这是典型的诱导提问,就是预设一个说话内容要你来回答是或否。

诱导式提问通常有以下形式:

(1)确认性提问。设计使答案只能支持特定的观点,常将问题的前半句作为一种事实断言,然后要对方加以确认。比如:

"你将参加七点的见面会,对吗?"

"你 2017 年 2 月 14 日晚上在家,不是吗?"

"你没有用力掐被害人的脖子,对吗?"

(2)强制性提问。提供有限的选项而没有足够的解释,然而回答者可能不愿意接受所有选项。比如:

"你喜欢日剧还是韩剧?"

(3)偏问性提问。在选择性问题中,某一选项是非常清晰的,另一选项则是概括、含糊的。比如:

"被害人是长发、直发还是其他什么发型?"

"你看到的这个人身材高大魁梧还是其他样子?"

(4)预设性提问。问题之中含有预设的争议事实,对方无论如何回答,都是对预设的争议事实的确认。比如:

"你现在还会打儿子吗?"

"你是不是用石头砸死了被害人?"

"你将被害人撞到后,有没有下车查看过被害人的情况?"

"当你知道被害人死亡后,你是不是很难过?"

(5)重复性提问。重复询问一个问题,诱使回答者觉得之前的回答是错的而改变答案,直到得到想要的答案为止。比如:"你觉得陈某某身高是多少?""160公分。""确定吗? 再给你一次机会,好好想想。""我觉得是160公分。""你要不要再考虑一下?"

诱导式提问用不恰当的提问方式限缩、操控回答者的回答,往往会使答案不能确实反映回答者内心的真实想法。在法庭上,由于辩护人与公诉人都可能出现诱导性发问的可能,而这是法律所不允许的。

诱导式提问的场景可能出现在生活中各种地方,比如商场里的销售人员会用诱导性提问推销产品。据说,香港一般茶室因为有些客人在喝可可时要放个鸡蛋,所以,服务员在客人要可可时必问一句:"要不要放鸡蛋?"老板却建议服务员不要问"要不要放鸡蛋",而是问:

"您需要放一个鸡蛋,还是两个鸡蛋?"

这样提问就缩小了对方的选择范围,更利于自己的生意。

面试的时候,主考官会设定一个特定的背景条件,让求职者作出回答。例如,主考官问:

"依你现在的水平,恐怕能找到比我们企业更好的公司吧?"

如果你答案是"yes",则说明你这个人"身在曹营心在汉";如果你的答案是"no",那么说明你的能力有问题或是对自己自信心不足;而如果你说"不知道"或"不清楚",则又有拒绝回答之嫌。总之,这样的问题让求职者左右为难。

诱导提问式诡辩术的破斥:洞察诡辩者提问背后隐含的不良居心,跳出圈外,不被对方的提问所左右。

205　答非所问
"这是你的手指"

疑问句就是表示询问的句子,它要求对方对该句子作出回答。但有的诡辩者为了掩饰自己的无知,或是为了回避论辩锋芒,往往会避开原来的问题另作回答,回答的内容并不是问话所要求的,这就是答非所问式诡辩。

在地理课堂上,地理老师用手指指着地图上的一个地方问一个叫伯特的学生:"这是什么? 伯特。"

伯特不知道是什么地方,但又不愿说不知道,就说:"是你的手指。"

"不,我问你我手指指的是什么地方?"

伯特又答道："是地图。"

"不对。我问的是地图上的符号表示的是什么?"

"表示地球上的一个实际地方。"

老师都气糊涂了,可又说不出伯特的回答错在哪儿了,只好让他坐下。

这个学生是答非所问。又比如:

有这么一段对话:

老师:"西班牙在十五世纪发生了多少次战争?"

"六次。"一个学生很快就答出来了。

"哪六次?"老师又问。

"第一次,第二次,第三次,第四次,第五次,第六次。"

老师要求的是让学生回答具体时间、具体地点发生的六次战争,可是这个学生却用空洞的第一至第六次来回避,这当然只能算是诡辩。

答非所问式诡辩术的破斥:明确回答提问的要求,不容对方回避。

206　文过饰非

看到了吗?　这样是打不中的!

所谓文过饰非式诡辩,是指诡辩者故意用虚伪、漂亮的言辞对错误进行掩饰的诡辩手法。

课堂上,小刘低着头正在那儿打瞌睡。他的头猛地沉下去,又抬起来;一会儿头又猛地沉下去,又抬起来……所以学生上课打瞌睡又被戏称为"钓鱼"。班主任走到他的课桌旁,小刘惊醒了过来。

班主任问:"小刘,你为什么闭着眼睛?"

"我在思考问题。"小刘答。

"你为什么老在点头?"班主任又问。

"我认为你说得对!"

"那你为什么流口水?"班主任再问。

"您课讲得好,我听得津津有味,都入迷了。"

这个小刘同学用一套虚伪、漂亮的言辞,把他打瞌睡的行为说得冠冕堂皇,这就是文过饰非式诡辩。

某连打靶,一个战士打了五发子弹,一发也没打中。连长非常生气,对那名战士训斥道:"真是个饭桶,吃馒头数你多,打靶一发也上不去,这不又给连里抹黑了吗?"于是,连长拿起枪,很内行地看了看扳机、准星、缺口,没发现枪有什么问题。连长便走到射击位置上,装上子弹,干脆利索地将五发子弹射了出去,不一会儿,前面报靶的示意:一发也没射中。连长站起来,拍了拍身上的土,瞪着那个战士说:

"看到了吗? 这样是打不中的!"

原本连长是教战士如何打靶才能打中,可是当他自己打不中时,为了掩饰自己的过失,他反而理直气壮地说是在做打不中的示范,这种示范谁不会做呢?

文过饰非式诡辩术的破斥:文过饰非式诡辩的根本特点是掩饰错误,既然是掩饰错误,其论辩就不可能是无懈可击的,我们可以通过揭示其论辩中的谬误来进行反驳。比如,《雅俗同观》一书中的一则盗牛者说话的故事:

　　有一偷牛者被抓，戴着枷锁，熟人路过看到这一情况，便问他："因为什么事呀？"

　　"晦气来了，倒霉呀！"他说。

　　"你的晦气从哪里来的呀？"

　　"刚才在街上走着，看到地上有一条绳子，觉得有用，就捡起来了。"

　　"那你捡一条绳子有什么罪呀？"熟人问道。

　　"哪里想到，绳子那头拴着一头小牛哇！"他又答道。

　　熟人听到不禁惊讶。盗牛者明明是偷了人家的牛，偏不承认，轻描淡写地说是拾了一条绳，"绳子那头拴着一只小牛"，把偷牛说成捡了一根绳子，文过饰非，强词夺理。

207　装聋策略
佯装听不见，回避锋芒

　　在论辩过程中，诡辩者为了回避一些不利的问题，有时会采用装聋的办法，佯装听不见，借以岔开话题，回避论辩锋芒，这就是装聋式诡辩术。

　　有这么一则美国幽默故事：

　　伊西家的电话铃响了。伊西拿起话筒，听见听筒里响起了接线员的声音：

　　"哈罗！是长途，有人找你说话。"

　　伊西说："那就请他讲吧。"

"哈罗！你是伊西吗？我是亚倍。"

"我就是伊西，亲爱的亚倍，你有事吗？"

"伊西，我穷得快要饿死了，你能借给我100美元吗？"

"什么？我听不清楚！"

亚倍在那边大声说："我要向你借100美元！"

伊西说："我仍旧一点也听不清你的话！"

接线员插话了："我听得很清楚，怎么你会听不清？"

伊西对接线员说："你听得清楚，那么就请你借100美元给他吧！"

这个伊西回避对方借钱的要求，使用的就是装聋的策略。

装聋式诡辩术在一些官僚主义者那里表现得更为充分。比如，印度作家克里山·钱达尔在他的《一头驴子的自述》一书中，描述了一头会说话的驴子为它不幸遇难的主人——一个洗衣匠的妻儿们在政府各部门申请救济的情形。在第四个窗口，只见一个长着鹰钩鼻子的干瘪老头趴在翻开的登记簿上打瞌睡。

我说："喂，老兄！你听我说，一个托比（印地文中的洗衣匠）被一条鳄鱼吃了。"

老头把手放在耳旁问："什么？你说什么呀？"

我提高嗓门："一个托比被一条鳄鱼吃了！"

老头呆傻的脸上露出了一丝奇怪的笑容："一个托比吃了一条鱼有什么大惊小怪的？很多托比都吃鱼。如果不吃，我们的渔业部怎么办？"

我说："不是托比吃了鱼，而是鳄鱼吃了托比！"

他若有所悟地说："噢，不是托比，而是鳄鱼吃了一条鱼。好！好！这又有什么值得抱怨的呢？大鱼吃小鱼嘛！不吃，它怎么活？"

我高声喊道："你听清楚，一个托比，一条大鳄鱼，这个托比在河边洗衣服。"

"好，你说吧，一个托比，一条大鳄鱼，托比在河边洗衣服，还有呢？"

"就在洗衣服时，一条鳄鱼咬住了他的腿！"

"咬住了什么？大声点，我耳朵有点背。"

"咬住了他的腿！腿！"我高声叫道。

"鸡腿！"老头笑嘻嘻地叫了起来。

"不是鸡腿，是托比的腿！"

"托比的腿我可从来没吃过。什么味儿？"

我恼火了："托比在河里洗衣服的时候，一条大鳄鱼游过来把他拽进水里吃掉了！"

"哦！懂了！洗衣匠在洗衣服时来了一条大鳄鱼，把他的衣服吞吃了。"

这个办事员官职不大官架子倒不小，在关键的问题上便采用装聋策略千方百计地回避问题的实质。

装聋策略式诡辩术的破斥：有声语言交流装聋，不妨改用文字书写方式。

208　歪曲语境
母乳喂养优点是便于携带

语境，是指某句话的前言后语以及说话者当时的自然环境、社会环境等。论辩总是在一定的语境中进行的,我们要确定某句话的含义,也往往要结合特定的语境。

消防队的电话里传来了焦急的呼救声:"救火! 救火!"

"在哪里?"消防队的接线员问。

"在我家!"

"我是问着火的地点在哪里?"

"在厨房!"

"我是问我们怎么样去你家呢?"

"你们不是有救火车吗?"

"我是问我们怎么开到你家?"接线员显然有些生气。

"难道你们没有司机?"报警的人火气更大。

在日常生活的语境中,这人的话没毛病;但在报火警的语境中,这人便是答非所问。

诡辩者却往往会通过歪曲特定的语境来达到其混淆是非的诡辩目的,这就是歪曲语境式诡辩。比如:

某医学系的学生进行儿科考试。

老师问:"简述母乳喂养的优点。"

学生答:"便于携带。"

关于"母乳喂养婴儿的优点"这样的问题,如果从日常生活的语境来说,回答"便于携带"也许说得通;但是在医学系儿科考试这种特定的语境中,就只能从母乳的营养特点、免疫功能等方面去论述。这个学生显然是在歪曲特定语境来进行狡辩。又如:

美国一所法律学校,有一天考刑法。

教授向学生提出的第一个问题是:"什么叫诈骗罪?"

一个学生回答说:"如果您不让我考试及格则犯诈骗罪。"

教授非常诧异："怎么解释？哪个学生能解答这个问题？"

一个学生说："根据刑法，凡利用他人的无知而使其蒙受损失的人则犯诈骗罪。"

这个学生的谬误就在于歪曲了教学讨论的特定语境。

歪曲语境式诡辩术的破斥：要反驳歪曲语境式诡辩，就必须将某一语句结合特定的语境来具体分析，决不允许对方随意偷换。

请看这么一则外国幽默故事：

有位丈夫给妻子打电报："你知道叔叔家的地址吗？"

妻子回电："知道。"

如果离开打电报这种特定的语境，妻子的答复并没有什么可指责的地方。但是，在打电报的特定语境中，丈夫的电报不仅仅是询问妻子是否知道叔叔家的地址，还可表达如果知道请把地址告诉他的意思。妻子这样说是歪曲语境，玩弄诡辩。

第四章

诡辩的阴谋诡计

智谋是千百年来人类与自然、社会斗争的智慧结晶，是人类知识宝库中最为璀璨夺目的一颗明珠。然而，诡辩者为达到其混淆是非、颠倒黑白的诡辩目的，也会玩弄种种阴谋诡计，诱使人们上当受骗，我们必须提高警惕。

第一节　诡辩的对抗招式

强烈的对抗性是论辩的重要特征,没有对抗性便不能成其为论辩。诡辩者为达到其诡辩目的,也往往会使用各种招式来与人对抗,这正是本节所要探讨的内容。

209　引申对抗

爸爸和儿子哪一个聪明?

所谓引申对抗式诡辩术,是指诡辩者故意从与对方相同的前提中引申出一个与对方观点针锋相对的结论来与对方相对抗的诡辩手法。

甲乙两个人都喜欢诡辩。有一天,二人争论起"爸爸和儿子哪一个聪明?"的问题。

甲:"儿子比爸爸聪明,因为人所共知,创立相对论的是爱因斯坦,而不是爱因斯坦的爸爸。"

乙:"恰恰相反,这个例子只能证明爸爸比儿子聪明,因为创立相对论的是爱因斯坦,而不是爱因斯坦的儿子。"

以"爱因斯坦创立相对论"这同一事实为前提,甲和乙以偏概全、轻率概括,分别得出了"儿子比爸爸聪明"与"爸爸比儿子聪明"的尖锐对立的结论,这就是引申对抗式诡辩术。又比如:

有一天,银行贷款部职员对一名顾客说:

"你欠这么多债至今没有还,你根本不讲信用。"

"要是我的信用靠不住,那么我怎么可能欠下你们那么多债呢?"顾客反驳道。

从同一个前提"这名顾客欠银行很多债没有还",银行职员由此得出这名顾客不讲信用的结论;而这名顾客却从中得出了一个针锋相对的结论:他的信用是可靠的,因为如果不讲信用,他就不可能欠这么多债。这名顾客这里玩弄的就是引申对抗术。

引申对抗式诡辩术的破斥:引申对抗式诡辩术之所以是诡辩,就是因为他的推论是错误的,由前提无法引申出结论,结论是荒谬的。

就以上面这名顾客来说,欠债不还就是不讲信用的表现,由此是无法得出讲信用的结论的,他的结论显然是荒谬的。

从同一个前提中引申出的相互对立的结论,到底孰是孰非,实践便是最好的检验。请看《吕氏春秋·别类》中记载的这么一则论辩:

从前,有个叫高阳应的人,打算建一栋房子。木匠说:

"现在还不行,木料还是生的,泥土也太湿。木头是生的,就会弯曲;泥土是湿的,房子不结实。刚做起来时似乎还可以,不久便会倒塌。"

高阳应针锋相对地反驳说：

"照你那样说来，房子恰恰不会倒塌。因为木料越干就越直越有力，泥土是湿的，就会越轻越结实，用越来越直而有力的木头和越来越轻而结实的泥土做房子，房子肯定不会倒塌。"

木匠辩不过高阳应，只好奉命而行。房子刚落成时还好，不久果然倒塌了。尽管高阳应施用引申对抗诡辩术说得头头是道，但实践却无情地证明他的论点的荒谬性。

210 虚无对抗
从虚无中引申出论据

在论辩中，要确定某个论点为真，就必须有充足的论据，并且能从论据合乎逻辑地推出论点，这样的论证才是有充分的说服力的。**但是有的诡辩者所用来论证他的论点的论据却为零，他的论点是从虚无中引申出来的，这就是虚无对抗式诡辩。**

多年前，某校园内，一个流里流气的青年牵着一条大狼狗神气活现地招摇过市，并不时唆使狼狗追逐学生寻开心，看到学生被狼狗吓得东跑西奔的样子，那青年竟然开心得哈哈大笑。闻讯赶来的刘校长气愤地上前指责道："你为什么带着狼狗来学校扰乱秩序？"

那青年居然还振振有词："你说我带狼狗来学校扰乱秩序，那你说说法律上哪一条规定不准带狼狗到学校里玩？"

针对这个青年的狡辩，刘校长据理反驳："不错，法律上确实没有不准带狼狗到学校里玩的规定。不过，请问，法律上难道有哪一条规定可以带狼狗到学校玩吗？你把学生吓成这样，作为一校之长，我负有维护学校秩序和保护学生安全的责任，我就非管不可！"

这个青年由法律上没有不准带狼狗到学校玩的规定，得出可以带狼狗到学校玩的结论，这就是虚无对抗式诡辩。又如：

随着社会文明的不断进步，如今在医院、学校、幼儿园、公交等若干公共场合都有禁烟规定，然而在以前是没有相关规定的。有一天，公共汽车上，人挨着人，拥挤异常。可是在这挤得水泄不通的公共汽车上，却竟有几个年青人在悠闲自得地抽着香烟，烟雾呛得周围的人直咳嗽。这时，一个女同志说：

"这么挤的公共汽车，请不要再抽烟好吗？"

可是，那年青人却阴阳怪气地说："不可以抽烟？谁说不可以抽烟？抽烟犯了哪门子法了？法律上有哪条规定了不可以抽烟？找出来，我们就不抽！"

确实，那时法律上可能并没有规定不可以抽烟，但并不能就此得出可以在任何场合随意抽烟的结论，这青年的说法只能是诡辩。

虚无对抗式诡辩术的破斥：当诡辩者从虚无中引申出不禁止某事物、行为的结论时，我们同样也可从虚无中引申出不允许某事物、行为的结论与之构成尖锐对抗。

211 类比对抗

酗酒使人短命还是长寿？

类比是一种灵活、机动、变幻无穷的论辩方法，但是，类比的结论却是或然性的,并不绝对可靠。有时,对同样一个事物,用来类比的事物不同,所得出的结论就不相同,甚至会尖锐对立。**诡辩者常常用类比的方法得出相反的结论来混淆是非,这就是类比对抗式诡辩。**

一个人常喝醉酒,屡误正事。朋友劝他:

"酒是不宜多喝的! 你看,酒店里那些盖酒坛口的布,往往不久就霉烂掉。人常喝酒,会短命啊!"

"不一定吧! 你没有看见,放在酒糟里的肉,不是不容易腐烂么? 所以,常喝酒,可长寿啊!"酒鬼回答道。

朋友用盖酒坛口的布不久就霉烂掉来类比,得出人常喝酒会短命的结论;酒鬼却用放在酒糟里的肉不容易腐烂来类比,却得出常喝酒可长寿的结论。

类比对抗式诡辩术的破斥:类比推论的结论是不可靠的,不要被假象所迷惑。也可构造相反的类比来与对方对抗。

212 谐音对抗
酒鬼的抬杠

读音相同、相近,而意义却不同的词,就叫谐音现象。诡辩者也会根据谐音这种音同或音近而意义却不同的条件,来达到与他人对抗的目的,这就是谐音对抗式诡辩。

有个人十分贪杯,常常喝得酩酊大醉。朋友都很痛心,一再劝他不要滥饮,无奈他就是听不进去。大家商量来商量去,决定设一条妙计,吓唬他一下,也许能吓住他。

一天,他大醉大吐后,朋友们弄来一块猪肝,沾些污物,给他看过,说:

"人有五脏才能活命,现在你喝酒无度,吐出一脏,只有四脏了,生命已经十分危险,今后不要再喝了。"

哪知这人人醉心不糊涂,他故意撒酒疯:

"唐三藏都能上西天取经,何况我还有四脏呢?"

酒鬼运用谐言,把"藏"与"脏"牵扯到一起,与朋友们相抗争,令朋友们感到无可奈何。

谐音对抗式诡辩术的破斥:诡辩者借助谐音来偷换概念,应以同一律为武器,不允许对方对概念进行偷换。

213 　语序对抗
事出有因,查无实据

语序对抗诡辩,是指通过变换语句中的词序来达到与对方构成对抗的目的。比如:

从前有人查一宗贪污案,因查无实据,难下结论,就批了八个字:

"查无实据,事出有因。"

这就是说,所以查不到确凿的证据,那是有原因的,可能是罪犯弄了手脚。后来换了另外一个人去办理,这个人事先受了贿赂,就把这两个分句的顺序倒了一下,变成:

"事出有因,查无实据。"

这是说,把人家当贪污犯是有原因的,但结果是查不到任何真凭实据,于是贪污嫌疑犯便变得无一罪责了。

语序对抗式诡辩有时竟会取得如此荒唐的效果,不能不引起我们的警戒。

语序对抗式诡辩术的破斥:准确把握不同语序形式下的语句表达式所蕴含的确切含义,不被诡辩者的花言巧语所迷惑。

214 停顿对抗
养猪大如山老鼠头头死

同样一句话,停顿的位置不同,意义就可能不同,甚至构成尖锐的对立、对抗,诡辩者用不同的停顿来与对方构成对抗,我们就称之为停顿对抗式诡辩。

比如,古时有人在大门口挂了副对联:

养猪大如山老鼠头头死
酿酒缸缸好造醋坛坛酸

由于古时不用标点符号,因而不同的人,用不同的停顿来诵读,对联的含义便大不相同。

甲:"养猪大如山,老鼠头头死;酿酒缸缸好,造醋坛坛酸。这对联好!"

乙:"养猪大如山老鼠,头头死;酿酒缸缸好造醋,坛坛酸。这对联不是诅咒人的吗,有什么好?"

甲、乙两人停顿的位置不同,含义竟天差地别。

祝枝山是明朝的一位才子,少年时就才气显露。当时乡里有个财主为富不仁,临近年关,财主的妻子又生个儿子,可把财主高兴坏了。祝枝山便想戏谑他一番。年三十夜里,祝枝山偷偷写了一副对联,贴到财主家的门上:

今年真好晦气全无财帛进门

夫人分娩妖孽不是好儿好女

财主念道:"今年真好晦气,全无财帛进门;夫人分娩妖孽,不是好儿好女。"财主顿时气得口眼歪斜,发现是祝枝山所为,便找祝枝山算账。

"我是仰慕老叔的为人,特地送上这副对联祝贺新春的。"祝枝山说,"这副对联大吉大利,别人我还不送呢! 有的人不会念,歪曲了我的原意。我写的是:今年真好,晦气全无,财帛进门;夫人分娩,妖孽不是,好儿好女。"

对联上没有标点,究竟是"六—六"读,还是"四—四"读,并没有规定,财主明知道祝枝山作弄人,可却欲怒不能,只好自认倒霉。

停顿对抗式诡辩术的破斥:当代文字书写已有规范的标点符号,根据文意恰当、准确地使用标点符号,停顿对抗式诡辩就无计可施了。

215 问句对抗
以问句对抗问句

问句对抗式诡辩,是指当诡辩者面对一个难以回答的问题时,便借机向对方提出一个令对方难以回答的问题,构成问句对抗的形式,使难题得到化解的诡辩方法。

据《吕氏春秋·离谓》载:齐国某人受雇于人,按照社会习惯,主人如果有危难,仆人应以死相救。可是当主人有危难时,某仆人并没有以死相救,反而自己先逃跑了。逃跑途中,他遇到一个老朋友。

老朋友问他:"主人有难,你怎么不以死相救呢?"

某人回答说:"凡是受雇于人,是为了自己的利益。以死相救于己不利,所以我要逃跑。"

老朋友问他:"你这样做,还有脸见人吗?"

某人回答:"你以为人死了,反而可以有脸见人了吗?"

这个"某人"缺乏社会公德,受雇于人却见死不救,眼中只有私利。当老朋友责怪他见死不救"还有脸见人吗?"时,他却以问制问,"你以为人死了,反而可以有脸见人吗?"从而构成尖锐的问句对抗。

问句对抗式诡辩术的破斥:揭露诡辩问句所包含的谬误本质,不容对方狡辩。

216 立场对抗
《水浒传》与《荡寇志》

所谓立场,就是认识和处理问题时所处的地位和所抱持的态度。对于同样一件事物,各人的立场不同,所获得的感受就有可能不同,对该事物所作的结论也就有可能尖锐对立。**诡辩者往往会通过变换观察事物的立场来得出与对方论断尖锐对立的结论,以此与对方相抗衡,这就是立场对抗式诡辩。**

曾经有过一场关于春运火车票"站票半价"的网上大讨论。

甲:"无座旅客没能享受与全价所匹配的服务,这是一笔'花同样钱,受更大罪'的糟糕经济账。"

乙:"买站票的人,都是对时间更敏感的人群,他们的要求近乎只有一个,就是赶上这趟车,把他们送到目的地。从商业角度讲,商家就应卖给他们更贵的票。"

甲:"你花牛肉的钱,给你称馒头你干不干?买站票的需求确实是刚性需求,一票难求时,只要能回家,心甘情愿买站票甚至是涨价票的确是大有人在。更多的人是盼着和家人团聚,他们买不到坐票或者买不起卧铺票,不得已才买站票回家。如果只追求经济效益,火车上就不该设座,全部是站票,这样营运部门不就更发财了吗?铁路客运更应该承担另外一个重要的角色——社会福利甚至公益的角色。"

由于春运期间铁路运载能力有限,所以时常会一票难求。站在旅客的立场,希望站票半价;如果站在商家的立场,替商家说话,则要给站票涨价。立场不同,所得出的结论便大不相同,从而构成尖锐对抗。又如:

宋徽宗宣和年间,当时宋皇室衰颓、腐败,宋徽宗贪图享受,滥用坏人蔡京为宰相,穷奢极侈,对人民又横征暴敛,弄得民不聊生,逼得许多人铤而走险,盗贼四起。当时被逼上梁山的起义军聚在梁山泊,打出"替天行道,劫富济贫"的大旗,聚集了许多好汉,甚至一些小官吏和商人都加入了这个队伍。

这些梁山好汉的事迹为世人津津乐道,编成了剧本,写出了故事。最后,由元末明初的施耐庵将它们整理,重新创作而成一部长篇小说《水浒传》,作者热情歌颂了劫富济贫、替天行道的英雄好汉,揭示了官逼民反的主题思想。

然而,同样针对这场农民起义,清代浙江山阴有个叫俞万春的人,却写了一部叫《荡寇志》的小说。俞万春早年曾多次随父镇压农民起义,对农民起义军有刻骨仇恨。他们父子均对《水浒传》表示强烈不满。由于受父亲嘱托,俞万春用 22 年时间,写成把水泊梁山 108 将斩尽杀绝的长篇小说《荡寇志》,用以诋毁《水浒传》的影响。

《荡寇志》以金圣叹"腰斩"的《水浒传》为依据,自第七十一回开始续写,到第一百四十回结束,完全抛开了原著的结果部分,循序渐进地又设计了退役官员陈希真及其女儿陈丽卿、祝家庄子弟祝永清等一批所谓雷部神将降生的英雄好汉与梁山作对,最后以宋朝经略张叔夜出兵,宋江于夜明渡被两个渔夫贾忠、贾义擒获献与张叔夜正法,宋江凌迟,武松累死,花荣中箭,三阮淹死,孙立、石秀等人剖心割舌……梁山众好汉被屠戮净尽。

俞万春的《荡寇志》极力歌颂了统治阶级对农民起义的残酷

镇压。

针对同一场农民起义的两部小说,作者所持阶级立场不同,所得结果却截然相反:一边是歌颂劫富济贫、替天行道的英雄好汉;另一边却把他们写成是打家劫舍、杀人放火、无恶不作的强盗,必须赶尽杀绝。这就构成了尖锐对抗。

立场对抗式诡辩术的破斥:以正义的、进步的、科学的立场为准,对诡辩者颠倒是非、混淆黑白的谬论进行反驳。

217 反推对抗
我儿子又不是让你闻的玫瑰!

一位老师对一名学生的家长说:"你应该好好地给你的小莫里茨洗个澡了,没有一个同学愿意同他坐在一起,没有一个人忍受得了他的臭味!"

家长说:"这关你什么事?我把儿子送到您这儿是为了让他学习,而不是送他来让您闻的,他又不是玫瑰!"

这个家长的议论看起来气势汹汹,其实是缺乏论证性的。因为他使用的是肯定条件命题的后件,从而得出肯定其前件结论的错误形式:

> 如果是玫瑰,就是让人闻的,
> 我儿子不是玫瑰,
> 所以我儿子不是让人闻的。

这个推论是荒谬的。因为,一个真的条件命题,前件真,则后件必真;前件假,后件则可真可假。也即:有之必然,无之未必不然。**反推对抗式诡辩,就是诡辩者故意使用由否定某个条件命题的前件从而得出否定其后件结论的错误形式来构成尖锐对抗的诡辩手法。**

反推对抗具有极强的杀伤力,不管你的话如何正确,都可以被诡辩者弄混淆。比如:

"如果一个人被砍头,那么他就会死亡。"

这话再明确不过为真,可是诡辩者却可以反驳得振振有词:

"如果一个人被砍头,那么他就会死亡。可是,贝多芬没有被砍头,他还活着吗? 肖邦没有被砍头,他还活着吗? 柴科夫斯基没有被砍头,他还活着吗? 舒柏特没有被砍头,他还活着吗? 莫扎特没有被砍头,他还活着吗? ……这些世界闻名的大音乐家都没有被砍头,可有谁还活着呢?"

反推对抗式诡辩术的破斥:牢牢记住条件推演的规则,不能使用由否定前件得出否定后件的结论。

218 顺推对抗
你当过犯人,才熟悉监房

顺推对抗式诡辩,就是诡辩者故意使用由肯定某个条件命题的后件,从而得出肯定其前件结论的错误形式来构成尖锐对抗的诡辩手法。

一名旅客到旅馆投宿。他仔细地察看了房间后,对服务员抱

怨说:

"这房间又黑、又闷,连窗都没有一个,像监房一样。"

"先生,看来你这个人一定当过犯人了。要不怎么这样熟悉监房?"服务员说道。

服务员使用的诡辩包含这么一种推论方式:

> 若是因犯,就熟悉监房;
>
> 你熟悉监房,
>
> 所以你是因犯。

服务员是由肯定条件命题后件而得出肯定前件的结论,是荒谬的。一个真实的条件命题前件真则后件必真,后件假则前件必假,但后件真前件却不一定真。

同样地,反推对抗具有极强的杀伤力,不管你的话如何正确,都可以被诡辩者弄混淆。比如:

> "如果一个人被砍头,那么他就会死亡。"

这话再明确不过为真,可是诡辩者却可以反驳得气壮如牛:

> "如果一个人被砍头,那么他就会死亡。可是,贝多芬死了,他被砍头了吗? 肖邦死了,他被砍头了吗? 柴科夫斯基死了,他被砍头了吗? 舒柏特死了,他被砍头了吗? 莫扎特死了,他被砍头了吗? ……这些世界闻名的大音乐家都死了,可有谁被砍头了呢?"

面对诡辩者这样咄咄逼人的发问,一般人可能只会无所适从。

顺推对抗式诡辩术的破斥: 牢牢记住条件推演的规则,不能使用由肯定条件命题的后件从而得出肯定其前件的结论。

219 倒打一耙

病人都没有按医书生病

所谓倒打一耙式诡辩,就是诡辩者明知自己错了不但不承认,反而恼羞成怒,强词夺理,一味地把过错推给对方。

有这么一则日本幽默故事:

有一个名叫薮井竹庵的医生,来找他看病的人总是治不好。他老婆感到奇怪,问他道:

"我说,你给人看病怎么总是无效呢? 这么说,你的医道是很差劲啦!"

听了这话,竹庵医生说:"不,不。我的医道是高明的,可是病人都差劲,所以治疗不能见效。"

"照你说,病人怎么个差劲法呢?"

"我是按医书上写的施行治疗,可是来找我的病人,没有一个是按医书上写的那样生病的。"

这个医生明明自己是个庸医,不学无术,治疗无效,他不但不认错,反而将过错全盘推给病人,说病人没按他的医书来生病,这就是十足的倒打一耙式诡辩。又如,有个强盗被抓后狡辩说:

"我偷他们东西,也不能全怪我,谁让他们不把自己的东西看好,使我有机可乘呢? 我的罪责他们也应该分担一半!"

强盗倒打一耙,反而把罪责推给受害人。

两名小偷被抓了,小偷竟然抱怨失主密码设置太简单、未安装

防盗门,"害他坐牢"。嫌疑人何某对失主说:

"是你的手机密码设置太简单,你如果设置复杂点,就不会害得我今天坐牢。"

失主反问何某:"被偷难道还是我的错了?"

何某反驳道:"你把防盗门安好,贼能进你屋里把东西偷走?"

显然,这也是倒打一耙式狡辩。

更有甚者,一个流氓强奸了一个姑娘,当警察审问他为什么这样做时,他竟抵赖说:

"谁让那个姑娘长得那么漂亮?她的容貌和体态对我产生了一种无法抗拒的诱惑,存在决定意识嘛,我的犯罪根源在她,应由她负责!"

所有这些,都是倒打一耙式诡辩。

倒打一耙式诡辩术的破斥:倒打一耙式诡辩之所以是荒谬的,就是因为他们所陈述的理由是荒谬的,由理由推不出他们的论点。制服这类诡辩的最好方法,就是以事实为根据,以法律为准绳,给他们以应有的惩罚,这样就能让他们闭口了。

220 强词夺理

谁叫你家大门对着我的嘴巴!

强词夺理式诡辩,是指诡辩者明明没理,却硬说有理,无理强辩。

明代浮白斋主人的《雅谑》中,有这么一则故事:

迂公外出喝醉了酒,双眼蒙眬,冲冲撞撞地赶着路。当他路过鲁参政住宅大门时,一阵恶心反胃,"哇"地一声吐了一地,腥味难闻,令人掩鼻。门人见了大怒,喝道:

"哪来的酒鬼狂徒,竟敢对着大门吐泻!"

迂公不服气,醉眼也斜地说:"你咋唬什么? 谁叫你家大门对着我的嘴巴开的!"

门人失声笑道:"大门早就这样建的,又不是今天才朝着你嘴巴!"

迂公指着自己的嘴巴说:"嘿,我这张嘴巴,也生了好几十年了!"

迂公对着人家大门呕吐,反而责怪人家大门不该对着自己的嘴巴,这就是典型的强词夺理式诡辩。

又比如,有这么一则争辩:小李走在街上,看见前面一个很像他老朋友的人,便跑上前去,在那人背后重重地捶了一下。那人转过头来,小李一看傻了,原来是一个陌生人。

"你为什么捶我?"那人责问道。

"我以为你是我的老朋友老张呢!"小李解释说。

"即使我是你的那位老朋友老张,你也不该捶这样重啊!"

小李顿时火冒三丈:"我捶老张一下,跟你有什么相干呢?"

小李狠狠地捶了人家一拳,不仅不好好道歉,反而狡辩说捶的是老张,与对方毫不相干,小李这就是强词夺理式诡辩。再如:

住院患者:"这样低劣的饭菜,叫病人怎么吃呢?"

医院厨师:"你住医院,是来吃药的还是来吃饭的?"

病人住医院,不但要吃药,当然也要吃饭,这个厨师是在强词夺理,无理强辩。

诡辩者玩弄强词夺理式诡辩,往往是自恃其强,自恃其权势、体力等方面胜过对方,至少不会低于对方。有这么一个寓言故事:

有一天,在山上奔跑的饿狼抓到了一只兔子,并准备吃掉它。

兔子抗议道:"你为什么这样横暴? 你们这些狼老欺负我们兔子,我们兔子可从来没有欺负过你们狼啊! 这太不公道了!"

狼说:"这有什么! 我无非是找点吃的嘛,难道你们什么东西也不吃?"

兔子回答说:"我们只是吃点儿青草,可从来没吃过一只狼啊!"

狼大叫起来:"嗬嗬? 难道青草就该是你们吃的吗? 你还谈什么公道? 你们吃了那么多青草,可青草什么时候吃过一只兔子呀? 我要吃掉你们,正是为了给青草报仇。这不算公道,还有什么公道!"

这样一来,狼为了主持公道,就理直气壮地把兔子吃掉了。

狼吃兔子的理由是因为兔子吃了青草,按照狼的说法,兔子吃草不公道,同样狼吃兔子也不公道。兔子不能吃草,同样地,狼也不能吃兔子。狼之所以强词夺理,无理强辩,是因为其体力上强于兔子而有恃无恐。

强词夺理式诡辩术的破斥:向有关上级主管部门投诉或向司法部门求助,是可行的方法。

第二节　诱人圈套

在论辩中,诡辩者有时故意设置种种"圈套",诱使对手落入他的"圈套"之中,进而将对手制服,这就是诱人圈套式诡辩。

诡辩者设置圈套的方式有许多,下面举例说明。

221　语言圈套

什么东西最喜欢问为什么?

语言圈套式诡辩,是通过令人迷惑的语言为你设置一个陷阱,让你在毫不设防时掉进去。比如有这么一则对话:

甲:"你知道什么东西最喜欢问为什么吗?"

乙:"不知道。"

甲:"猪!"

乙惊奇地问:"为什么?"

甲:"相当明显,当然是猪才最喜欢问为什么啦!"

乙还是不明白："为什么？"

不知不觉之间，乙已落入甲为之精心设计的语言陷阱之中，无意间承认自己是"猪"。

在日常生活中，利用语言设计陷阱的情况并不少见。比如：

一个卖苹果的在市场吆喝：

"谁买苹果，进口货！"

人们纷纷选购。有一人看看苹果外形尝尝味道说："这不是很平常的国产苹果吗？怎么说是进口货？"

"怎么不是进口货呢？张嘴一吃，苹果不进口了吗？"卖苹果的狡辩道。

语言圈套式诡辩术的破斥：警惕诡辩者语言中所隐藏的诡计，注意不要落入其中。

222　虚假预设

什么能和帝国大厦跳得一样高？

预设是一个语句预先假定的内容。比如：

"长江是中国的一条河。"该语句预设："长江是一条河。"

预设有真有假，利用虚假预设来制服对方，往往是诡辩者的一种手段。

比如，有一次，晚会主人这样发问：

"你们能猜出这样一种动物的名字吗？它有眼不能看，有腿不能行，却能和帝国大厦跳得一样高。"

大家绞尽脑汁、冥思苦想,还是猜不出来,最后只好放弃努力,等候揭晓谜底。

"答案是,一匹木马。"主人说,"它有眼不能看,有腿不能走。"

"但它又怎能与帝国大厦跳得一样高呢?"

"帝国大厦不能跳哇!"主人解释道。

"能和帝国大厦跳得一样高"这句话预设:这动物能跳,帝国大厦也能跳,两者跳的高度齐平。然而,事实是这两者都不能跳,这句话的预设为假。

又如,一位老绅士对公证人口授自己的临终遗嘱,声音低得勉强可以听见:

"凡是在我这里工作 20 年以上的人,我答应给他一万美元。"

"这真了不起,多么慷慨啊!"公证人感叹道。

"不,完全不是那么回事",垂危的老绅士嘟哝道,"要知道,没有一个人在我这儿留够一年以上的,可是把这份遗嘱登到报纸上,多么冠冕堂皇啊。"

老绅士的遗嘱:"凡是在我这里工作 20 年以上的人,我答应给他一万美元"中,预设"有在我这里工作 20 年以上的人",然而这一预设是虚假的,不过是想凭借这一虚假预设来显示自己的冠冕堂皇。

虚假预设式诡辩术的破斥: 将对方语句中的虚假预设揭示出来,不要上当。

223　　　　　狡诈诘问
你掏人家钱包给逮住过吗?

　　所谓狡诈诘问式诡辩,是指诡辩者故意利用包含某种虚假预设的问话来询问对方,对方不管回答"是"或"否"都是承认这一虚假的预设,诱使他人落入圈套,从而将某种错误观点强加给对方的一种诡辩手法。请看下面一段相声:

　　甲:你打过群架吗?

　　乙:没有。

　　甲:你侮辱过妇女吗?

　　乙:没有。

　　甲:你掏人家钱包给逮住过吗?

　　乙:没有——不对,我什么时候掏人家钱包啦?

　　这里甲的第三句问话就是狡诈诘问。"你掏人家钱包给逮住过吗?"预设"你掏过人家的钱包",而这预设对乙来说是虚假的。因此,如果对这一问句简单地回答"是的",则表明掏过人家的钱包并且被逮住过;若回答"不",则表明自己以前掏过人家的钱包并且没有被逮住过。乙不管回答"是"或"否",都得承认曾经掏过人家的钱包。甲正是利用这种狡诈诘问式诡辩术企图诱使对方落入他的圈套,进而将莫须有的罪名强加在对方头上。又如:

　　秘鲁小说《金鱼》一书中有这样一段故事:

　　瓜达卢佩船船长拉巴杜要渔工霍苏埃合伙走私。霍苏埃不干,同船长发生搏斗。船长失足落海，被鲨鱼吞食。船长老婆向法院起诉霍苏埃谋杀拉巴杜。刑事法庭开审，庭长问：

"你对被害人是否早就怀恨在心？"

"不是被害人，因为这并不是一桩犯罪行为。"霍苏埃纠正他的说法，"这是一件意外事故。"

"你只要回答问题，不得无礼。这里使用什么词是我的事，你是被告人，不管是不是有罪。"

"我从来没有想到过是否怀恨在心。先生。"

这位庭长也是在玩弄狡诈诘问式诡辩。对于他的提问"你对被害人是否早就怀恨在心？"如果回答"是"，则表明承认船长是被害人并且对船长早就怀恨在心；若回答"不"，则表明承认"船长是被害人""自己对船长最近才怀恨在心"，不管怎样，都得承认船长是"被害人"和"自己对船长怀恨在心"。

狡诈诘问式诡辩术的破斥：要对付狡诈诘问式诡辩，就必须将诡辩者问句中的虚假预设揭示出来，并明确加以否定。

古希腊的一个诡辩学者向哲学家梅内德谟提出一个问题：

"你是否已经停止打你的父亲了？"

梅内德谟不论回答"是"或"否"，都得承认自己打过父亲。回答"是"，表明以前打过父亲现在不打了；回答"否"，表明以前打过父亲现在仍在打父亲。对此，梅内德谟回答道：

"我不存在是否已经停止打我父亲的问题，因为无论过去和现在，我都没有打过我的父亲。"

这样，便使对方的诡辩落了空。

224 谐音圈套
一担米、两只猪、三坛酒

谐音圈套式诡辩,就是利用语音相同或相近而语义却不同的语言来设置圈套的诡辩手法。

据说张班和鲁班是师兄弟,木匠的手艺也很高超。

有一次,张班给一个财主修建台阁。财主和他口头约定,如果修建的台阁合他的心意,赏五马驮银子,外带一担米、两只猪、三坛酒。

台阁修好了,财主里里外外都检查遍了,半点毛病也找不出来,该按约定条件付报酬了,财主叫家丁牵来五匹马,并排站着,背上横搁一块大木板,木板上放了一块比指甲还小的银子。财主说:"这就是五马驮银子。"

接着,财主拿来用鸡蛋壳装的米粒说:"这就是外赏你的'一蛋米'。"

然后,财主又从纸匣里拉出两个蜘蛛,说:"这是'两蜘蛛'。"

最后,他把手指头在只装有半杯酒的酒盅里蘸了一下,向前弹动三下,对张班说:"这是'三弹酒'。"

这里,财主就是利用"一蛋米""两蜘蛛""三弹酒"与"一担米""两只猪""三坛酒"的谐音,利用"五马驮银子"的歧义,混淆是非,企图赖账。如果当初用文字书写下来,精确规定其含义,财主的诡辩就注定要破产。

谐音圈套式诡辩术的破斥：诡辩者是利用字词的音同、音近等来偷换概念，我们要制服这种诡辩，就必须首先确定它们的精确含义，使得对方无法偷换。

225 歧义圈套
冰镇汽水儿俩伍毛!

有的语句有多种可能的解释，可以这样理解，也可以那样理解，这就是歧义。比如：

"还欠款 5 000 元"，其中"还"就是有歧义的。可以理解为"还（hái）欠款"——仍旧、剩下欠款 5 000 元，也可以理解为"还（huán）欠款"——此次偿还了欠款 5 000 元。

诡辩者利用带有歧义的语句诱使对方上当，让对方觉得对他有利，当对方上当后，随即对语句作出诡辩者所需要的解释，这就是歧义圈套式诡辩。

正值三伏天气，烈日当空，大树下有一个小商贩在大声叫卖："冰镇汽水儿俩伍毛，快来喝吧!"

有一个外地的过路人听到叫卖声，来到摊子跟前说："给我拿二瓶!"

小商贩立即打开两瓶递了过来。过路人喝完汽水，递给小商贩五角钱就要走，小商贩说："哎，别走，钱不够。"

过路人说；"怎么不够？你刚才不是吆喝'冰镇汽水儿俩伍毛'吗?"

小商贩说："是啊，一瓶汽水儿俩伍毛，你喝了两瓶，应该是四个伍毛，还差三个伍毛哇！"

过路人一听，登时气得说不出话来，他又掏出一元伍角狠狠地甩给了小商贩。

"冰镇汽水儿俩伍毛"中的"俩"是有歧义的，既可以指两瓶汽水，又可以指两个伍毛即一元钱，小商贩正是利用这种含有歧义的语句诱使他人落入他的圈套之中的。又比如，街头的广告宣传：

"布料便宜十元一米！"

"衬衫便宜十元一件！"

消费者往往一厢情愿地理解成"布料便宜，十元一米"，而商家则认定："布料每米比原价便宜十元。"这原价究竟是多少，解释权则完全在商家。消费者想想布料已扯下，衬衫已拆封，陷入这样的陷阱，也只能忍气吞声地挨宰了。

歧义圈套式诡辩术的破斥：诡辩者是利用字词歧义来偷换概念，我们要制服这种诡辩，就必须首先确定它们的精确含义，使得对方无法偷换。

226 二难圈套
两亲家抬杠

设置二难推理，诱使对方落入自己的圈套之中。比如：

两亲家好开玩笑。一次，甲亲家办喜事，宴请乙亲家，请柬写道：

"来，就是好吃；不来，就是见怪。"

请柬实际上包含有这么一则二难推理：

> 如果你来，那么你就是好吃；
> 如果你不来，那么你就是见怪；
> 你或是来，或是不来；
> 总之，你不是好吃，就是见怪。

这则二难推理足以使人进退两难。不过，乙亲家还是包了一份礼物，大大方方地去参加宴会。礼物包装上还写着一句话：

"收下，就是贪财；不收下，就是嫌礼轻。"

礼物包装上的话也包含有这么一则二难推理：

> 如果你收下礼物，那么你就是爱财；
> 如果你不收礼物，那么你就是嫌少；
> 你或是收下礼物，或是不收礼物；
> 总之，你不是爱财，就是嫌少。

这两亲家斗法使用的就是二难推论，企图诱使对方落入圈套里。

二难圈套式诡辩术的破斥：可以考察前提中条件命题是否虚假。比如，来并不必然就是好吃，那么多参加宴会的都是好吃么？不来，也许有急事，并不就是见怪，等等。

也可构造相反的二难推理，与之构成对抗。

227　词类偷换圈套

铁锤锤鸡蛋锤不破！

　　语言中的词存在所谓兼类现象，它们形体相同，读音相同或相近，意义也有一定的联系，但在不同的语境中属于不同的词类，具有不同的词汇意义和语法特点。诡辩者会故意利用这种词的兼类现象来混淆是非，诱人上当，这就是词类偷换圈套式诡辩。

　　有一次，甲与乙打赌。甲说："铁锤锤鸡蛋锤不破！"

　　乙说："锤得破！"

　　"锤不破！"

　　他们争来争去，没有结果，于是请来证人，立下条约："铁锤锤鸡蛋，锤不破，乙请一桌酒席；锤破了，甲请一桌酒席。"

　　乙拿来鸡蛋和铁锤，用锤使劲砸下去，鸡蛋碎了。

　　"这不是破了吗？"乙说。

　　"蛋是破了，可我说的是锤不破啊！"

　　在"铁锤锤鸡蛋锤不破"这一语句中，第一个"锤"是名词，表示一种工具；第二个"锤"是动词，表示一种动作行为；第三个"锤"可以理解成名词，也可理解成动词，似乎都说得通。甲正是利用词的这一兼类现象使得乙上当受骗。又如：

　　"奖给你西服一套。""套"可作量词，奖给对方一套西服；也可作动词，用西服在你身上套一下，算是奖赏。

　　"奖给你帽子一顶。"同样"顶"可作量词，奖给对方一顶帽子；也可作动词,用帽子让你的头顶一下,算是奖赏。

"奖给你钢笔一打。""打"可作量词,奖给对方十二支钢笔;也可作动词,用钢笔打你一下,算是奖赏。

词类偷换圈套式诡辩术的破斥:碰到这样的诡辩者,我们要注意词的兼类现象,千万别上当。

228　歪曲语境圈套
"纽约有夜总会吗?"

有些语句在特定的语境中是正确的,但脱离特定的语境便有可能变为谬误,诡辩者往往会将对方的话语,脱离特定的语境来肆意歪曲、强加于人,诱人上当,这就是歪曲语境圈套式诡辩。比如:

某主教听说到纽约后很可能被媒体拖入预设的圈套,所以格外小心。在机场,有个记者一见面就问他:

"你想上夜总会吗?"

主教想支开这个问题,就笑着反问道:

"纽约有夜总会吗?"

没想到还是落入圈套。因为第二天报道这次会见的大标题是:

"主教走下飞机的第一个问题:'纽约有夜总会吗?'"

主教的话如果结合当时特定的对话语境,便微不足道,毫不奇怪。但是记者将它从这特定的对话语境中单独抽取出来,即成了耸人听闻的奇谈怪论,被记者当作一枚攻击主教的重型炮弹。这个记者使用的便是歪曲语境圈套式诡辩。歪曲语境圈套式诡辩是媒体记者惯用的手法之一。

又如,当你在饭店门口看到这样的告示:

"明天吃饭不付钱!"

千万别信以为真。因为这句话必须相对于一定的语境才能成立。"明天"究竟指哪一天? 要弄清这告示就必须借助语境,即写此告示的日期。而饭店老板为了吸引食客就故意不署上日期,引诱粗心的食客上当。

歪曲语境圈套式诡辩术的破斥: 将有关语句放回到原有的语境中综合考虑,不允许随意歪曲。

229 语义流变圈套
"你是人还是东西?"

有时,某些词、语句在不同的组合过程中,语义会发生流变,变得令人难以接受,诡辩者有时会利用语义流变的情形诱使论敌落入他们精心设计的圈套之中,这就是语义流变圈套式诡辩。比如,下一则论辩:

甲:"你是人还是东西?"

乙:"我是人。"

甲:"那么你不是东西。"

乙:"什么,我不是东西? 我为什么不是东西?"

甲:"你是个东西。"

乙:"是个东西? 是个什么东西呀? 唉,不! 不! 我不是东西……"

在这则辩论中,东西本来是指"物品"的意思,不具褒贬色彩。可是,当它与"不是"组合而成"不是东西"这种形式时,它的意义就变得与原来毫不相干,纯粹变成了一句骂人的话。

语义流变圈套式诡辩术的破斥:了解一些常见的语意流变现象,有备而无患。

230 思维定式圈套
六月穿丝棉袄烤火炉

诡辩者有时也会利用人们的思维定式,故意制造假象,诱使人们落入其圈套之中,这就是思维定式圈套式诡辩。比如:

清人采蘅子的《虫鸣漫录》一书中记载有这么一件事:

有个恶讼师在六月天替别人写状子。他明知官司必定败诉,但因贪图贿赂而不肯推辞,于是就穿上厚厚的丝棉袄,坐到烧得通红的火炉边写成了状子。不久官司果然没赢,官府追究诬告罪,一直追到这个恶讼师。在公堂上,恶讼师与告状人对质时,故意问道:

"我什么时候写的状子? 你能把当时的情况说出来吗?"

"那时是六月天,当时你穿着厚厚的丝棉袄,坐在通红的火炉边写的。"告状人回答说。

县官冷笑道:"哪有六月还穿丝棉袄烤火炉的? 分明是你在胡说八道!"

于是便判告状人诬告罪,把恶讼师释放了。

　　这个恶讼师借助于人们大热天不会穿棉袄烤火炉这一思维定式，制造假象，使县官乖乖地钻进了他精心设置的圈套之中。

　　思维定式圈套式诡辩术的破斥：打破常规思维习惯，不被假象迷惑，识破诡辩者的诡计。

　　设置圈套式诡辩是一种极其险恶的诡辩伎俩，具体用来设置圈套的方法还有许许多多。我们要对付这种诡辩，就必须事先了解清楚诡辩者所隐藏的企图，掌握诡辩者的进退途径，绕过论敌设置的圈套，只要我们不落入其中，诡辩者也就无计可施了。

第三节　诡辩的其他诡计

诡辩者诡计多端,防不胜防,我们应有思想准备,事先心里有个底。下面再看看他们还有什么花样。

231 无谓纠缠
故意把问题搅乱,纠缠不清

诡辩者在论辩中故意搅乱论域,搞无谓争论,像跑野马一样,一次又　次地偷换论题,纠缠不清,这就是无谓纠缠式诡辩。

请看相声《蛤蟆鼓儿》中的对话:

甲:蛤蟆叫出来的声音怎么那么大呀?

乙:因为它嘴大、脖子粗、肚子大啊! 所以叫出的声音就大。

甲:我们家里那个纸篓子,嘴大、脖子粗、肚子大,它怎么不叫唤?

乙:纸篓子有叫的吗? 那是竹子编的,不光不叫,连响都不响。

甲：那和尚吹的那笙，也是竹子编的，怎么响呢？

乙：你没看见那上边儿有窟窿吗？有窟窿的就响。

甲：那筛子那么多窟窿，我吹了半天也不响啊？

乙：有吹筛子的吗？筛子是圆的扁的，圆的扁的不响。

甲：戏台上打的锣，也是圆的扁的，敲着好大响声哩！

乙：锣不是有脐儿吗？有脐儿的就响。

甲：我们家那铁锅，这么大的脐儿，打了半天也不响啊？

乙：锅不是铁的吗？铁的不响。

甲：庙里挂的那钟，也是铁的，一撞那声音可响啦！

乙：钟不是挂着的吗？铁的挂起来就响。

甲：我们家那秤砣挂了三年啦，一回也没响过呀？

乙：秤砣要响不成了妖精吗？秤砣是死固膛儿的，死固膛儿的不响。

甲：炸弹也是死固膛的，怎么响呢？

乙：炸弹不是有药吗，有药就响。

甲：药铺怎么不响呢？

…………

在这场对话中，甲故意混淆概念，偷换论题，把问题搅乱，由蛤蟆扯到纸篓子、笙、筛子、锣、铁锅、钟、秤砣、药铺等上面，纠缠不清，这就是无谓纠缠式诡辩。

无谓纠缠式诡辩总是纠缠不清，永无休止，对于这种诡辩，最好的办法是立即终止，主动退出。

《艾子杂说》中记载了这么一则论辩：

营丘有个读书人特别喜欢辩论。一天他跑到艾子那里，问道："大车下面和骆驼颈项上总是挂着铃子，那是为什么？"

艾子说:"车子和骆驼体积大,夜间走路狭路相逢难以回避,挂个铃子,对方听见铃声就好准备让路了。"

"宝塔上也挂着铃子,难道也因为要夜间走路而互相避让吗?"

"鸟雀喜欢在宝塔上做窝,鸟粪会把宝塔弄脏,挂个铃子,风吹铃响,就可把鸟雀赶开。"

"鹰和鹞的尾巴上也挂着铃子,难道鸟雀也会到鹰和鹞的尾巴上去做窝吗?"

"鹰和鹞出去捉鸟雀,飞行林中,缚在脚上的绳子会被树枝绊住,只要它一拍翅膀,铃就会响起来,人们就会循着铃声去寻找,怎么可以说是为了防止鸟雀做窝呢?"

"我见过大车出来,前面有个人摇着铃子,嘴里唱着歌,从前我总不懂这是什么道理,现在才知道是因为怕被树枝绊住脚,但不知缚在那人脚上的绳子是皮绳呢?还是麻绳呢?"

艾子实在不耐烦了,就说:"那是给死人开路的,因为死人生前爱和人瞎争,所以摇摇铃子让他开心哪!"

这个营丘人无谓纠缠,难怪艾子最后要毫不客气地说他几句了。

无谓纠缠式诡辩术的破斥:指出对方违反同一律和推理规则的地方,或者不予理睬立即终止,主动退出。

232 指鹿为马

上帝把烤乳猪变成了人白薯

明明是一头鹿,却偏偏说它是马;明明是假的,却又偏偏说它是

真的,像这种赤裸裸地颠倒是非、混淆黑白的诡辩方式,就是指鹿为马式诡辩。

玩弄指鹿为马式诡辩的典故出自秦丞相赵高阴谋篡位的故事。他担心大臣们未必信服他,就设下一个阴谋,借此铲除异己。

这天,赵高献一头鹿给秦二世,他指着鹿说:"这是一匹世上少有的良马,臣献给陛下。"

秦二世笑道:"丞相弄错了吧? 这明明是一头鹿,怎么说是一匹马?"

赵高逼上一步,大声说:"不错,这就是一匹马,陛下不信,可以问问左右大臣。"

满朝文武百官都面面相觑。胆小怕事的吓得不敢出声,对赵高吹牛拍马的都说是马,一些耿直的大臣坚持说是鹿不是马。结果那些说实话的都让赵高捏造罪名给害死了。

后世的人就把赵高这种蓄意混淆是非、颠倒黑白的言论,称为"指鹿为马"。

诡辩者实施指鹿为马式诡辩要达到预期效果,总是要凭借一定的条件、工具和力量,赵高凭借的是他的处于一人之下、万人之上的丞相的权势。如果不凭借一定的条件,指鹿为马式诡辩是注定要破产的。

西方也有一个类似的故事:

有一天,一户有钱人家在过命名日,来了许多客人,其中有一个是牧师。这些天恰逢大斋戒,牧师照例是不准动荤腥的。主人准备了各种各样的佳肴款待客人,桌子中央摆着的一盘烤乳猪更是油光闪闪,香气扑人。主人抱歉地对牧师说:"啊,对不起,牧师! 乳猪不能吃的话,我叫人给您做点素菜吧!"

牧师对乳猪早已垂涎三尺,他举起手来在胸前画了个十字,指着乳猪喃喃地说:

"上帝啊! 万能的主,为了我,您已把这罪恶的小猪变成了大白薯,可是凡人俗子仍毫不察觉,只有我这上帝的仆人才心明眼亮,让我把这大白薯吃了吧!"

于是,牧师心安理得地吃起烤乳猪来。

这桌子上明明是一只烤乳猪,但垂涎欲滴的牧师却硬说它是一个大白薯,这个牧师"指鹿为马"所凭借的是万能的上帝的力量,既然上帝是万能的,当然把烤乳猪变成大白薯也就不费吹灰之力了。

指鹿为马式诡辩术的破斥:明确揭示事实真相,不容对方狡辩。

233　　　晓之以害
伙夫李满救回赵王

晓之以害式诡辩,是故意危言耸听、夸大其辞,甚至捏造事实、无中生有,用关于某一事物的可怕后果恐吓对方。

据《史记·张耳陈馀列传》载:

战国时期,赵王与张耳、陈馀率领军队驻扎在燕国边境,准备攻击燕国。一次赵王出去散步,遇上了燕国的军队而被俘,燕军提出,要分得一半土地,才放赵王回去。赵国派去的好几个使臣都被杀掉了。看来要救赵王,非得分割土地给燕国不可。张耳、陈馀非常着急,这时,赵军中有个叫李满的伙夫说他有办法让赵王和他一同回

来。于是李满去了燕军的大营,燕军的主将接见了他。李满对燕将说:

"你知道张耳、陈馀是什么样的人吗?"

"是贤人。"燕将答。

"你们知道他们想要怎么样?"

"不过是想要回他们的赵王罢了。"

李满却笑着说:"你们还不知道他们想要干什么呢!赵王的武臣张耳、陈馀他们都有野心自立为王,只是还没有机会。现在你把赵王囚禁起来,他们表面上装着想要回赵王,其实是想燕国把他杀掉,这样他们就可以分赵地为王了。赵国实力强大,如果两个贤王联合起来,以声讨杀王之罪为名,燕国很快就会被消灭掉。依我之见,还不如把赵王放了。"

燕将觉得李满说的话有理,就把赵王释放了。

李满故意捏造事实,用囚禁杀害赵王的严重后果来恫吓对方,结果顺利地达到了目的。

晓之以害式诡辩术的破斥:立场坚定、不惧恐吓威胁,诡辩者便无可奈何。

234 诱之以利
勋章和奖金大大的有!

诱之以利式诡辩,是指故意利用金钱、享受去引诱别人,以达到其诡辩目的的诡辩。

　　《红灯记》中,鸠山在劝说叛徒王连举叛变革命时有这样一段话:

　　"年青人,快讲实话,谁是地下共产党? 谁是同党接应人? 交通员藏在哪里? 密电码落到谁的手里? 统统地讲出来,我这里勋章和奖金大大的有啊!"

　　在这里,鸠山就是利用王连举贪生怕死、贪图金钱的心理,施展诱之以利式诡辩,来达到其劝降目的的。

　　诱之以利式诡辩术的破斥:立场坚定,不为威胁、利诱所动,诡辩者便无可奈何。

　　诱之以利所凭借的就是某些人的贪财心理,它可以使得贪生怕死的王连举等败类叛变;但是,如果一个人不贪财,不义之财不取,诡辩者也就无从下手了。比如:

　　东汉时期杨震居官公正廉洁。他到东莱上任太守时,路过昌邑,县令王密于夜间携带黄金十斤赠送杨震,并说:"天色已晚,不会有人知晓,你就收下吧!"杨震对此正颜厉色反驳道:

　　"你顶天而来,天知道;踏地而来,地知道;金赠予我,我知道;你怀金而来,你知道。既然天知、地知、我知、你知,怎能说没有人知道呢?"

　　杨震的坚决态度和掷地有声的语调中,体现着一身正气。王密听后十分惭愧,只好尴尬地夹起金子退了出去,他的诱之以利以彻底的失败而告终。

235 **两面三刀**
当面一套、背后一套

　　所谓两面三刀式诡辩，是指诡辩者阴一套、阳一套，当面一套、背后一套，采用各种欺骗方法迷惑对手，以便达到其取胜目的的诡辩伎俩。

　　一只皮球破窗而入，进了唐太太的厨房。不久，一个小男孩来揿门铃说："爸爸一会儿就来给你装玻璃。"

　　果然不错，一个男子走上台阶，唐太太把皮球还给了那个孩子，孩子走了。那人把玻璃换好后，说："10块钱。"

　　"什么？你不是他的爸爸？"唐太太问。

　　"什么？你不是他的妈妈？"那人反问。

　　这个小男孩跟唐太太说，"我爸爸一会儿就来给你装玻璃"。小男孩又跟装玻璃的师傅说，"要装玻璃的是我妈妈"，两个成人竟然被一个小孩子耍弄了。小男孩既拿走了球，摆脱了自己的困境，又逃避了赔偿，这个孩子运用的就是两面三刀的方法。

　　两面三刀式诡辩是一种极为阴险狡猾的诡辩伎俩，其要害是思维缺乏首尾一贯性，违反了同一律。比如：

　　据《战国策》载：东周想种植水稻，西周知道这个消息后，便利用自己处在河水上游的地理优势，阻断水流。东周缺水，水稻无法播种。东周国君忧心忡忡。这时，有个叫苏代的人对国君说："我有办法使西周放水下来。"

国君听说他有办法，便给了他许多金子。苏代跑到西周，对西周国君说：

"大王啊，你的做法是大错特错的。现在你不放水到东周，这正好可以使东周的人富裕起来。为什么？因为他们见没有水便都种上了麦子，不种水稻了。大王想加害东周，我看最好的办法是先放水让东周种的麦子泡在水里烂悼。这样他们就必定再种植水稻；等他们种了水稻后，又把水阻断，让他们的水稻旱死，这样，东周就会老老实实地听候你的摆布了！"

西周国君一听，此计不错，也给了苏代许多金子。

苏代对东周说可以使西周放水，他获得东周的利益；对西周说，放水后又不放水，使其水稻全死掉，又获得了西周许多金子。他到处游说、论辩不是为了伸张正义、探求真理，而纯粹是为了从中获得私利，这种人正如《红楼梦》第六十五回兴儿评价王熙凤所说的"嘴甜心苦，两面三刀""上头笑着，脚底下使绊子""明是一盆火，暗是一把刀"。

两面三刀式诡辩术的破斥：害人之心不可有，防人之心不可无，对玩弄两面三刀式诡辩术的人需严加提防。

236 阿谀奉承

陛下就是救苦救难的观音哪！

贾某擅奉承。一天，他请了当地几位有名的人到家里来吃饭。当客人接踵而至时，他笑容可掬，临门恭候，用同一句话挨个问道：

"您是怎么来的呀?"

第一位客人说:"我是坐小汽车来的。"贾某立即用感叹加赞美的语调说:

"啊,华贵之至!"

第二位客人听了,一皱眉头打趣道:"我是坐飞机来的!"贾某赞曰:

"高超之至!"

第三位客人眼珠一转:"我是坐火箭来的!"贾某大喜:

"勇敢之至!"

第四位客人坦白地说:"我是骑自行车来的。"贾某脱口而出:

"朴素之至!"

第五位客人羞怯地说:"我是徒步走来的。"贾某合掌作揖:

"太好了,走路可以锻炼身体,健康之至呀!"

第六位客人成心出难题了:"我是爬着来的。"贾某谄媚地一笑:

"稳当之至!"

第七位客人讥讽地说:"我是滚着来的!"贾某毫不脸红,恭维道:

"真是周到之至呀!"

贾某这样说话就是十足的阿谀奉承。**阿谀奉承式诡辩,就是通过对对方曲意逢迎、吹牛拍马来取悦对方,使对方接受他的错误观点,以达到其诡辩目的的方法。**

唐太宗继位后,有个叫法琳的僧人写了本宣扬佛教的书——《辩正论》,结果引起唐太宗的不满。太宗一怒之下,把法琳关进大牢,并对他说:"朕听说念观音者,刀枪不入,现在让你念七天,然后试试我的宝刀。"法琳吓得魂不附体。七天一到,法琳面见太宗时便说道：

"七天以来，我没有念观音，只念陛下，因为陛下就是救苦救难的观音哪！"

法琳和尚在生死危急关头，通过赞美对方是救苦救难的观音菩萨，保住了自己的性命。

人们的心理总是希望别人尊重自己，所以阿谀奉承者特别注意把握对方的嗜好、习性乃至性格、脾气和情感，选用令对方最感兴趣的事物来吹拍。不管在什么情况下，阿谀奉承者总能找到好话来奉承。对于玩弄阿谀奉承式诡辩术的人，我们应特别提高警惕，不要为其甜言蜜语所迷惑。

阿谀奉承式诡辩术的破斥：学会理智地分析问题，不被对方的花言巧语所迷惑。

参考文献

［1］金岳霖主编,《形式逻辑》,人民出版社,1979。

［2］胡世华、陆钟万著,《数理逻辑基础》,科学出版社,1981。

［3］王雨田主编,《现代逻辑科学导引》,中国人民大学出版社,1987,1988。

［4］华玉洪、姜成林著,《诡辩术》,延边大学出版社,1988。

［5］赵传栋著,《雄辩绝招101》,福建科学技术出版社,1994。

［6］赵传栋著,《诡辩伎俩曝光》,江西教育出版社,1994。

［7］赵传栋著,《论辩胜术》,复旦大学出版社,1995。

［8］赵传栋著,《论辩原理》,复旦大学出版社,1997。

［9］赵传栋著,《论辩史话》,复旦大学出版社,1999。

［10］《二十五史》,上海古籍出版社、上海书店出版社,1986。

［11］《百子全书》,岳麓书社,1993。

［12］司马光撰,《资治通鉴》,岳麓书社,1990。

［13］张晓芒著,《诡辩思维的陷阱》,企业管理出版社,2006。

［14］刘源沥编著,《诡辩之谬》,蓝天出版社,2011。

［15］(英)阿拉斯泰尔·博尼特著,魏学明译,《学会辩论:让你的观点站得住脚》,中国人民大学出版社,2018。

［16］刘琳著,《逻辑表达力》,古吴轩出版社,2019。

［17］张晓芒著，《逻辑思维与诡辩》，台海出版社，2019。

［18］华玉洪、华丽著，《诡辩与逻辑：发现诡辩者的逻辑漏洞》，现代出版社，2019。

［19］达夫著，《简单的逻辑学：逻辑学入门很简单》，中国华侨出版社，2019。

［20］格桑著，《逻辑学入门：清晰思考、理性生活的 88 个逻辑学常识》，中国纺织出版社，2020。